高等院校信息技术规划教材

# SQL Server数据库基础及应用实践教程

周 奇 编著

清华大学出版社

北京

## 内 容 简 介

本书根据应用型本科教育的特点,结合教学改革和应用实践编写而成。本书采用实例方式讲授 SQL Server 2014 数据库的应用,以理论够用、实用,重实践为原则,使读者能够快速、轻松地掌握 SQL Server 数据库技术与应用。全书共 13 章,内容包括数据库技术基础、SQL Server 2014 系统概述、数据库及其管理、数据库中表的基本操作、SQL Server 2014 的数据查询、索引及其应用、视图及其应用、存储过程与触发器、SQL Server 2014 的安全管理、SQL Server 2014 程序设计、数据库日常维护与管理、SQL Server 2014 编程接口以及在线考试系统开发实例。

本书内容全面翔实,适用于应用型本科或高等专科学校,可以作为数据库初学者的入门教材以及数据库系统工程师的培训教材,也适合作为 SQL Server 应用开发人员的参考资料。

**图书在版编目(CIP)数据**

SQL Server 数据库基础及应用实践教程/周奇编著. —北京:清华大学出版社,2019(2022.1重印)
(高等院校信息技术规划教材)
ISBN 978-7-302-52019-1

Ⅰ. ①S… Ⅱ. ①周… Ⅲ. ①关系数据库系统—高等学校—教材 Ⅳ. ①TP311.132.3

中国版本图书馆 CIP 数据核字(2019)第 006114 号

责任编辑:焦 虹 战晓雷
封面设计:常雪影
责任校对:胡伟民
责任印制:朱雨萌

出版发行:清华大学出版社
　　　　　网　　　址:http://www.tup.com.cn,http://www.wqbook.com
　　　　　地　　　址:北京清华大学学研大厦 A 座　　　　邮　　编:100084
　　　　　社 总 机:010-62770175　　　　　　　　　　　邮　　购:010-83470235
　　　　　投稿与读者服务:010-62776969,c-service@tup.tsinghua.edu.cn
　　　　　质量反馈:010-62772015,zhiliang@tup.tsinghua.edu.cn
　　　　　课件下载:http://www.tup.com.cn,010-83470236
印 装 者:涿州市京南印刷厂
经　　销:全国新华书店
开　　本:185mm×260mm　　　　印　　张:25.5　　　　字　　数:637 千字
版　　次:2019 年 4 月第 1 版　　　　　　　　　　　印　　次:2022 年 1 月第 2 次印刷
定　　价:59.00 元

产品编号:080291-01

# 前言 foreword

应用型本科是高等教育的重要组成部分，它的目标是培养学生成为具有高尚的职业道德、大学本科理论水平和较强的实际动手能力，面向生产第一线的应用型人才。这些应用型人才的工作不是从事理论研究，也不是从事开发设计，而是把现有的规范、图纸和方案实现为产品，转化为财富。在教学过程中，应用型本科应注重学生职业岗位能力的培养，有针对性地进行职业技能，以及学生解决问题的能力和自学能力的训练。

本书是经过多年课程教学、产学研的实践以及教学改革的探索，同时根据应用型本科教育的教学特点编写而成的，它的特点是以理论够用、实用、强化应用为原则，使 SQL Server 数据库应用技术的教与学得以快速和轻松地进行。

全书共 13 章。第 1 章为数据库技术基础；第 2 章为 SQL Server 2014 系统概述；第 3 章为数据库及其管理；第 4 章为数据库中表的基本操作；第 5 章为 SQL Server 2014 的数据查询；第 6 章为索引及其应用；第 7 章为视图及其应用；第 8 章为存储过程与触发器；第 9 章为 SQL Server 2014 的安全管理；第 10 章为 SQL Server 2014 程序设计；第 11 章为数据库的日常维护与管理；第 12 章为 SQL Server 2014 编程接口；第 13 章为在线考试系统。每章开始都有教学提示和教学目标，每章末附有本章实训和习题。实训部分给出了实训目的、实训内容和步骤以及部分代码。本课程建议教学时数为 64~80 学时，授课时数和实训时数最好各为 32~40 学时，并要求先学习 ASP 或 C 语言程序设计。

作者在编写本书的过程中得到中山大学电子与信息工程学院孙伟教授的全程指导，孙伟教授还审核并编写了部分章节。广东东软学院的部分同学对本书的编写给予了大力支持和帮助，唐金连同学对全书进行了校对。软件工程专业的全部同学参与了教材的试用，找出了不少问题。在此对他们的辛勤劳动表示诚挚的感谢！

本书涉及的数据、程序、开发案例等相关资料均可在清华大学出版社网站(http://www.tup.com.cn)下载,作者的电子邮件地址是 zhoudake77@163.com,欢迎大家与我交流。

由于作者水平有限,时间仓促,不妥之处在所难免,衷心希望广大读者批评指正。

作　者

2019 年 1 月

# 目录

*contents*

# 第1章

# 数据库技术基础

**教学提示**：本章介绍数据库的基础知识和基本理论，使读者对数据库管理系统有初步的认识，这将对后续章节的学习打下坚实的理论基础。

**教学目标**：本章主要介绍数据库概述、数据库系统的发展历史、数据库系统的模型和结构、数据库管理系统以及相关的概念。读者应该掌握数据库的基本概念、模型和结构，理解认识范式、关系表的基本术语，了解数据库发展的历史，能对本章习题的表做一些简单应用。

数据库是数据管理的实用技术，是计算机技术的重要分支，它的出现极大地促进了计算机应用向各行各业的渗透。本章将介绍数据库技术的基本概念、特点、各种数据模型、数据库系统的结构等知识，这些内容将为后续数据库技术学习起到指导性的作用。

## 1.1 数据管理概述

### 1.1.1 数据、数据管理与数据处理

#### 1. 数据

数据(data)是描述事物的符号记录。除了常用的数字数据外，文字(如名称)、图形、图像、声音等也都是数据。日常生活中，人们使用交流语言(如汉语)去描述事物。在计算机中，为了存储和处理这些事物，就要抽出这些事物中人们感兴趣的特征，组成一个记录来描述事物。例如，在图书管理系统中，可以对图书的编号、书名、出版社和作者等情况这样描述："7040136999，数据库应用技术，中山大学出版社，周大可"。

数据与其语义是不可分的。对于上面这条图书记录，了解其语义的人会得到如下信息：数据库应用技术是一本书，编号为7040136999，作者为周大可，出版社为中山大学出版社；而不了解其语义的人则无法理解其含义。可见，数据本身并不能完全表达其内容，需要经过语义解释。

#### 2. 数据管理与数据处理

现实世界中的事物反映到人们的头脑里，经过认识、选择、命名等综合和分析而形成

印象和概念,产生认识,这就是信息。在现实世界里,有些信息可以直接用数值表示,如学号、出生日期、成绩等;有些信息是由符号、文字或其他形式来表示的。在计算机中,所有的信息只能用二进制数表示,一切信息进入计算机时都必须是数值化的。

信息是人们进行生产活动、经济活动和社会活动必不可少的资源;数据是记录现实世界中的各种信息的可识别的符号,它用类型和数值来表示。数据的表现形式是多种多样的,例如,文字、图形、图像、声音、图书的档案记录、商品的销售账目、货物的运输情况等都是数据。数据本身并不能完全表达其内容,它需要经过语义解释。数据与其语义是不可分的;并不是所有的数据都是信息,信息是一种已经被加工为特定形式的数据,这种数据形式对接收者来说是有意义的,即只有有价值的数据才是信息。数据处理是指从某些已知的数据出发,推导、加工出一些新的数据,这些新的数据又表示了新的信息。数据处理系统是用计算机对数据加工进行处理的系统。它是一个由人、计算机等组成的能进行信息的收集、传递、存储、加工、维护、分析、计划、控制、决策和使用的系统,这些基本操作环节称为数据管理。数据管理技术主要用于实现上述基本环节,而其他环节(如计算、输出等操作)是由应用程序实现的。

在数据处理中,通常数据的计算比较简单,而数据的管理比较复杂。数据管理是指数据的收集、整理、组织、存储和查询等操作,这部分操作是任何数据处理业务中必不可少的共有部分,因此有必要学习和掌握数据管理技术。

## 1.1.2　数据管理的发展

数据管理是数据库的核心任务,内容包括对数据的分类、组织、编码、存储、查询和维护。随着计算机硬件和软件的发展,数据库技术也不断地发展。从数据管理方式的角度看,数据管理到目前经历了人工管理阶段、文件系统阶段和数据库系统阶段。

### 1. 人工管理阶段

在人工管理阶段(20 世纪 50 年代以前),计算机主要用于科学计算。从硬件上看,外存只有磁带、卡片和纸带,没有磁盘等直接存取的存储设备;从软件上看,没有操作系统,没有管理数据的软件,数据处理的方式是批处理。

这个时期数据管理的特点如下:

(1) 数据不保存。因为计算机主要应用于科学计算,一般不需要将数据长期保存。只是在计算某一课题时将数据输入,用完就取走。不仅对用户数据这样处理,有时对系统软件也这样处理。

(2) 没有专用的软件对数据进行管理。程序员不仅要规定数据的逻辑结构,而且还要在程序中设计数据的物理结构,包括存储结构、存取方法、输入输出方式等。因此,程序中存取数据的子程序随着数据的改变而改变,即数据与程序不具有独立性。这样不仅程序员必须花费许多精力在数据的物理结构上,而且只要数据在物理结构上有一点改变,就必须修改程序。

(3) 只有程序(program)概念,没有文件(file)概念。数据的组织方式必须由程序员自行设计。

（4）一组数据对应一个程序，数据是面向应用的。即使两个应用程序涉及某些相同的数据，也必须各自定义，无法互相利用、互相参照。程序之间有大量重复的数据，如图 1.1 所示。

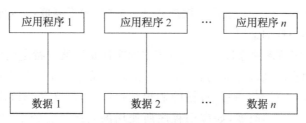

**图 1.1　人工管理阶段数据和应用程序的关系**

### 2. 文件系统阶段

人工管理阶段的数据管理有许多缺点：数据独立性差，应用程序依赖于数据的物理结构；由于数据的组织是根据用户的要求设计的，不同用户之间有许多共同的数据，分别保存在各自文件中，造成很高的数据冗余量，给数据的维护带来许多问题。

而到了文件系统阶段（20 世纪 50 年代初至 60 年代后期），上述问题有了较大的改进，从处理方式上讲，不仅有了文件批处理，而且能够联机实时处理。

文件系统阶段的数据管理形成了如下几个特点：

（1）因为计算机大量用于数据处理，数据需要长期保留在外存上，即经常需要对文件进行查询、修改、插入和删除等操作。

（2）有了软件进行数据管理，程序和数据之间由软件提供存取方法并进行转换，有共同的数据查询、修改的管理模块。文件的逻辑结构与物理结构由系统进行转换，使程序与数据有了一定的相互独立性。这样程序员可以把精力集中于算法，而不必过多地考虑物理存储细节。并且数据在存储上改变时，不一定需要改变程序，大大节省了维护程序的工作量。

（3）文件组织已多样化，有索引文件、链接文件和直接存取文件等。文件之间是独立的，联系要通过程序去构造。

（4）数据不再属于某个特定的程序，可以重复使用。但程序仍然基于特定的物理结构和存取方法，因此数据结构与程序之间的依赖关系并未根本改变，如图 1.2 所示。

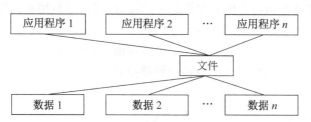

**图 1.2　文件系统阶段数据和应用程序的关系**

文件系统阶段与人工管理阶段相比有了很大的改进，但随着数据量的急剧增加，数

据管理规模的扩大,文件系统暴露出以下 3 个缺点:

(1) 数据冗余度(Redundancy)大。这是由于文件之间缺乏联系,造成每个应用程序都有对应的文件,有可能同样的数据在多个文件中重复存储。

(2) 存在数据不一致性。这是由数据冗余造成的,稍不谨慎,就可能造成同样的数据在不同的文件中不一样的情况。

(3) 数据和程序缺乏独立性。文件系统中的文件是为某一特定应用服务的。文件的逻辑结构对该应用程序来说是优化的。因此,要想对现有的数据再增加一些新的应用是很困难的,系统不容易扩充。一旦数据的逻辑结构改变,就必须修改应用程序和文件结构的定义。而应用程序的改变,如应用程序所使用的高级语言的变化等,也将影响文件结构。

### 3. 数据库系统阶段

到了数据库系统阶段(20 世纪 60 年代后期至目前),计算机应用越来越广泛,数据量急剧增加,而且数据的共享要求越来越高。这时,有了大容量的磁盘,联机实时处理要求更多了,并开始提出和实现分布处理。

另外,软件价格开始上升,硬件价格不断下降,使编制和维护系统软件及应用程序所需的成本相对增加。在这种情况下,为了解决多用户、多应用共享数据的需求,使数据为尽可能多的应用程序服务,出现了数据库这样的数据管理技术。

数据库系统的特点如下:

(1) 采用复杂的数据模型(结构)。数据模型不仅描述数据本身的特点,而且描述数据之间的联系。这种联系通过存取路径实现。通过所有存取路径表示自然的数据联系是数据库与传统文件的根本区别。这样数据不再面向特定的某个或几个应用程序,而是面向整个应用系统。数据冗余明显减少,实现了数据共享。

(2) 有较高的数据独立性。数据的物理结构与逻辑结构之间的差别可以很大。用户以简单的逻辑结构操作数据而无须考虑数据的物理结构。数据库的结构分成用户的逻辑结构、整体逻辑结构、物理结构三级。用户的数据和外存中的数据之间的转换由数据管理系统实现。在物理结构改变时,能够尽量不影响整体逻辑结构、用户的逻辑结构以及应用程序,这就是物理数据独立性。在整体逻辑结构改变时,能够尽量不影响用户的逻辑结构以及应用程序,这就是逻辑数据独立性。

(3) 数据库系统为用户提供了方便的用户接口,用户可使用查询语言或简单的终端命令操作数据库,也可以用程序方式操作数据库。

数据库系统阶段数据库与应用程序的关系如图 1.3 所示。

数据库管理系统提供以下 4 个方面的数据控制功能:

(1) 数据完整性。保证数据库始终包含正确的数据。用户可以设计一些完整性规则以确保数据的正确性。

(2) 数据安全性。保证数据的安全和机密,防止数据丢失或被窃取。

(3) 数据库的并发控制。避免并发程序之间的相互干扰,防止数据库被破坏,杜绝给用户提供不正确的数据。

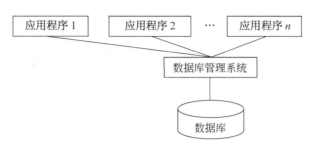

**图 1.3　数据库管理阶段数据库与应用程序的关系**

（4）数据库的恢复。在数据库被破坏或数据不可靠时，系统有能力把数据恢复到最近某个时刻的正确状态。

### 1.1.3　数据库、数据库管理系统和数据库系统

#### 1. 数据库

数据库（Database，DB）是将数据按一定的数据模型组织、描述和存储，具有较小的冗余度、较高的数据独立性和易扩展性，并可为各种用户共享的数据集合。

通常，收集并抽取一个应用程序所需要的大量数据之后，应该将其保存起来以供进一步加工处理和抽取有用信息。保存方法有很多，以保存在数据库中为最佳，因为它们一般由相互关联的数据表组成，能使数据冗余度尽可能地小。数据表由一些列构成，列主要用来存储数据表中相同数据类型的一系列值。

#### 2. 数据库管理系统

数据库管理系统（Database Management System，DBMS）对收集到的大量数据进行整理、加工、归并、分类、计算、存储等处理，产生新的数据，以便反映事物或现象的本质特征及其内在联系。例如，在微波炉生产中，生产管理者根据某种微波炉历年销售数量及最近的市场需求调查，获得了许多数据。再对这些数据进行加工，就会得出这种微波炉的市场预测信息。生产管理者就可根据这些信息进行分析和评价，做出对该产品是增产、减产还是停产的决策。完成这个数据处理任务的就是数据库管理系统。它是位于用户与操作系统之间的数据管理软件。数据库在建立、运用和维护时由数据管理系统统一管理和控制。它使用户方便地定义和操纵数据，并能够保证数据的安全性、完整性、多用户对数据的并发使用以及发生故障后的数据恢复。

#### 3. 数据库系统

数据库系统（Database System，DBS）一般由数据库、数据库管理系统、应用开发系统、应用系统、数据库管理员和用户组成，如图 1.4 所示。

数据库管理员（Database Administrator，DBA）的职能是对数据库进行日常管理，负责全面管理和控制数据库系统。数据库管理员的素质在一定程度上决定了数据库应用

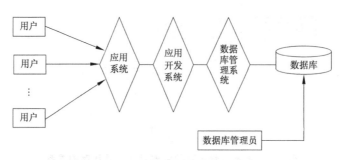

图 1.4　数据库系统

的水平,所以他们是数据库系统的核心人员。数据库管理员的主要职责包括:设计与定义数据库系统;帮助最终用户使用数据库系统;监督与控制数据库系统的使用和运行;改进和重组数据库系统,优化数据库系统的性能;备份与恢复数据库;当用户的应用需求增加或改变时,对数据库进行较大的改造,即重新构造数据库。

用户是应用程序的使用者,通过应用程序与数据库进行交互。他们通过计算机联机终端存取数据库的数据,具体操作应用程序,通过应用程序的用户界面来使用数据库完成其业务活动。数据库的模式结构对最终用户是透明的。

数据库系统一般还需要一个以上的应用程序员(Application Programmer,AP)在开发周期中完成数据库结构设计、应用程序开发等任务;在使用周期中管理应用程序,对应用程序在功能及性能方面进行维护、修改工作。应用程序员是负责设计和编写应用程序的人员,他使用高级语言编写应用程序,以对数据库进行存取操作。

## 1.2　数据库系统的模型和结构

现实世界中,个体间总存在着某些联系。反映到信息世界中就是实体的联系,由此构成实体模型;反映到数据库系统中就是记录间的联系,将实体模型数据化,转化成数据模型。对象的抽象过程如图 1.5所示。

在数据库中用模型(model)这个工具来抽象、表示和处理现实世界中的数据和信息。通俗地讲,模型就是现实世界的模拟。根据应用目的,模型分为两个层次:

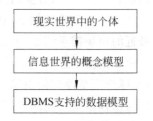

图 1.5　对象的抽象过程

(1) 概念模型(信息模型):从用户角度看到的模型,是第一层抽象。要求概念简单,表达清晰,易于理解。

(2) 数据模型:从计算机角度看到的模型。要求用具有严格语法和语义的语言对数据进行形式化定义、限制和规定,使模型能转变为计算机可以理解的格式。数据模型主要包括层次模型、网状模型、关系模型等。

数据库中的数据是高度结构化的,也就是说,数据库不仅要考虑记录内的各个数据项之间的关系,还要考虑记录之间的关系。

数据模型主要是指描述这种联系的数据结构形式。在 3 种数据模型中,层次模型和网状模型统称为非关系模型,在数据库发展的历史中曾经占据很重要的地位,但现在基本上被关系模型所取代了。

## 1.2.1  层次模型

### 1. 层次模型的数据结构

层次模型用树形结构来表示各类实体以及实体间的联系。每个节点表示一个记录类型,节点之间的连线表示记录类型间的联系,这种联系只能是父子联系。每个记录类型可包含若干个字段,在这个模型里,记录类型描述的是实体,字段描述实体的属性。任何一个给定的记录值只有按其路径查看时,才能显示出它的全部意义,没有一个子记录能够脱离父记录而独立存在。图 1.6 为图书的层次模型。

**图 1.6  图书的层次模型**

层次模型存在如下特点:

(1) 只有一个节点没有父节点,称为根节点。

(2) 根节点以外的其他节点有且只有一个父节点。这样就使层次数据库系统只能处理一对多的实体联系。

那么,如何在层次模型中表示多对多联系? 方法是,首先将其分解成一对多联系,然后再用多对多联系表示。

### 2. 层次模型的操作与完整性约束

层次模型的操作主要有查询、插入、删除和更新数据。进行插入、删除、更新操作时要满足层次模型的完整性约束条件:

(1) 进行插入操作时,如果没有相应的父节点,就不能插入子节点。

(2) 进行删除操作时,如果删除父节点,则相应的子节点也被同时删除。

(3) 进行更新操作时,应更新所有相应记录,以保证数据的一致性。

### 3. 层次模型的优缺点

层次模型的优点:数据模型比较简单,操作方便;实体间联系是固定的,且预先定义好应用系统,性能较高;提供良好的完整性支持。

层次模型的缺点:不适合表示非层次性的联系;对插入和删除操作的限制比较多;查询子节点必须通过父节点;由于结构严密,层次命令趋于程序化。

### 1.2.2　网状模型

#### 1. 网状模型的数据结构

网状模型是一种比层次模型更具普遍性的结构,它去掉了层次模型的两个限制,允许节点没有父节点,允许节点有多个父节点。此外,它允许两个节点之间有多种联系(复合联系)。

#### 2. 网状模型的操作与完整性约束

网状模型的操作主要包括查询、插入、删除和更新数据。进行这些操作时应满足以下完整性约束条件:

(1) 查询操作可以有多种方法,可根据具体情况选用。

(2) 插入操作允许插入尚未确定父节点的子节点。

(3) 删除操作允许只删除父节点。

(4) 更新操作只需要更新指定记录即可。

#### 3. 网状模型的优缺点

网状模型的优点:能够更直接地描述现实世界;具有良好的性能,存取效率较高。

网状模型的缺点:其数据定义语言极其复杂;数据独立性较差。由于实体间的联系本质上是通过存取路径指示的,因此应用程序在访问数据时要指定存取路径。

### 1.2.3　关系模型

#### 1. 关系模型的数据结构

在用户看来,一个关系模型的逻辑结构是一张二维表,它由行和列组成。在关系模型中,实体以及实体间的联系都用关系来表示。关系模型要求关系必须是规范化的,最基本的条件就是关系的每一个分量必须是一个不可分的数据项,即不允许表中还有表。例如,表 1.1 中的图书信息表是一个关系模型。

表 1.1　图书信息表

| 编　号 | 书　名 | 定　价 | 出 版 社 |
|---|---|---|---|
| YBZT0001 | 红楼梦图咏 | 59.80 | 中国长安 |
| YBZT0002 | 三国演义图咏 | 59.80 | 中国长安 |
| YBZT0003 | 西游记图咏 | 59.80 | 中国长安 |
| YBZT0004 | 水浒传图咏 | 59.80 | 中国长安 |
| ⋮ | ⋮ | ⋮ | ⋮ |
| YBZT0020 | 男人气质何来 | 20.00 | 民航 |

它涉及以下概念。

(1) 关系：对应通常所说的表，如表 1.1 这张图书信息表。

(2) 记录：表中的一行为一个记录。例如表 1.1 中有 20 行，即有 20 个记录。

(3) 属性：表中的一列为一个属性。例如表 1.1 中有 4 列，对应 4 个属性(编号、书名、定价、出版社)。

(4) 主关键字：表中的某个属性，它可以唯一确定一个记录。例如表 1.1 中的每本图书的编号都是不同的，所以它可唯一确定一本图书，也就成为本关系的主关键字。

(5) 候选关键字：是那些可以用来做关键字的属性或属性的组合。例如在表 1.1 中，编号和(编号，书名)都能唯一标识每一行，编号和(编号，书名)均是候选关键字。可以指定编号或(编号，书名)作为主关键字。

(6) 公共关键字：是连接两个表的公共属性。例如表 1.1 和表 1.2 是通过编号进行联系的，它是两个表的公共属性，也就是两个表的公共关键字。

表 1.2　图书联系电话表

| 编　　号 | 书　　名 | 定　　价 | 电　　话 | |
| --- | --- | --- | --- | --- |
| | | | 手　机 | 办 公 室 |
| YBZT0001 | 红楼梦图咏 | 59.80 | 1356021212 | 8411111 |
| YBZT0002 | 三国演义图咏 | 59.80 | 1356565698 | 3265654 |
| YBZT0003 | 西游记图咏 | 59.80 | 1315252525 | 8532656 |
| YBZT0004 | 水浒传图咏 | 59.80 | 1369545654 | 3325325 |
| ⋮ | ⋮ | ⋮ | ⋮ | ⋮ |
| YBZT0020 | 男人气质何来 | 20.00 | 1378595865 | 8569696 |

(7) 外关键字：也称为外键或外码，它是由一个表中的一个属性或多个属性组成的。外关键字能表示另一个表的主关键字，实际上外关键字本身只是主关键字的备份，它是公共关键字。外关键字用来描述表和表之间的联系。

一个表不一定有外关键字，而且外关键字的值也不一定是唯一的，它允许有重复值，也允许为空值(NULL)。

在关系模型中，实体以及实体间的联系都是用关系来表示的。例如，图书的联系在关系模型中可以表示如下：图书(编号、书名、定价、出版社)。

关系模型要求关系必须是规范化的，不允许表中还有表，因此表 1.2 就不符合要求。在表 1.2 中，电话被分为手机和办公室两项，这相当于大表中还有一张小表(关于电话的表)。

**2. 关系模型规范化**

关系模型规范化的目的是消除存储异常，减少数据冗余、保证数据的完整性(数据的正确性和一致性)和存储效率，一般规范为第三范式即可。

可以看出，表 1.1 和表 1.3 均满足关系模型中关系的规范化要求，它们是关系模型，但它们还存在以下几点问题：

（1）数据冗余。编号和书名在两个表中重复出现多次，造成数据冗余。

（2）数据不一致。因为编号、书名的重复出现，容易出现数据不一致的情况，如书名输入不规范，有时输入全称，有时输入简称。在修改数据时，可能会出现遗漏修改的情况，造成数据不一致。

（3）维护困难。数据在多个表中的重复出现造成对数据库的维护困难。如某本图书因故不在出版社，也没有库存，在表 1.1 中删除该书的数据，但该书的名字在表 1.3 中仍然存在。

表 1.3 图书出版信息表

| 编 号 | 书 名 | 出版社编号 | 出版社 | 出版地址 | 出版人 | 出版日期 |
|---|---|---|---|---|---|---|
| YBZT0001 | 红楼梦图咏 | 01 | 中国长安 | 北京 | 张三 | 2004-05-01 |
| YBZT0002 | 三国演义图咏 | 01 | 中国长安 | 广州 | 李明 | 2004-05-01 |
| ⋮ | ⋮ | ⋮ | ⋮ | ⋮ | ⋮ | ⋮ |

关系数据库中的关系要满足一定的规范化要求。对于不同的规范化程度，可以使用范式来衡量，记作 NF(Normal Form)。满足最低要求的为第一范式，简称 1NF；在第一范式的基础上，进一步满足一些要求的为第二范式，简称 2NF；依此类推。

### 3. 关系模型的操作与完整性约束

关系模型的操作主要包括查询、插入、删除和更新数据。这些操作必须满足关系的完整性约束条件。关系的完整性约束条件包括三大类：实体完整性、参照完整性和用户定义的完整性。

关系模型中的数据操作是集合操作，操作对象和操作结果都是关系，即若干记录的集合。关系模型用户隐藏存取路径，用户只要指出干什么，不必详细说明怎么干，从而大大地提高了数据的独立性和用户的工作效率。关系数据库的标准语言是 SQL。

### 4. 关系模型的优缺点

关系模型的优点如下：

（1）关系模型是建立在严格的数学概念的基础上的，无论实体还是实体之间的联系都用关系来表示。数据的查询结果也是关系（表），因此，关系模型概念单一，数据结构简单、清晰。

（2）关系模型的存取路径对用户透明，从而具有更高的数据独立性、更好的安全保密性，也简化了程序员的开发工作。

关系数据模型的缺点：由于其存取路径对用户透明，查询效率往往不如非关系数据模型。因此，为了提高性能，必须对用户的查询请求进行优化，从而增加了另外开发数据库管理系统的工作量。

# 1.3　实体与联系

## 1.3.1　实体

客观存在并可相互区别的事物称为实体,例如图书、教师等都是实体。

实体具有的某种特性称为实体的属性。例如,可以用若干个属性(图书编号、ISBN号、定价、出版社)来描述图书实体,属性的具体取值称为属性值。

实体表示的是一类事物,其中的一个具体事物称为该实体的一个实例。例如"YBZT0004,水浒传图咏,59.80,中国长安"表示一本书,它是图书实体的一个实例。

## 1.3.2　实体标识符

如果某个属性或属性的组合能唯一地标识实体中的每一行,则可以选择该属性或属性的组合作为实体标识符。例如,图书实体中的编号可以作为实体标识符,因为编号的值是唯一的,它能唯一地标识实体中的每一行。而书名不可以作为图书实体的实体标识符,因为书名有重名的现象,它所标识的行会出现不唯一的情况。

## 1.3.3　联系

实体不是孤立的,实体之间有着密切的联系。实体间的联系分为一对一、一对多和多对多 3 种联系类型。例如,学校实体和学生实体之间是一对多的联系,学生实体和课程实体之间是多对多的联系。

可以使用实体关系图(E-R 图)描述实体与实体间的联系。例如,图 1.7 描述了两个实体之间的 3 种联系。

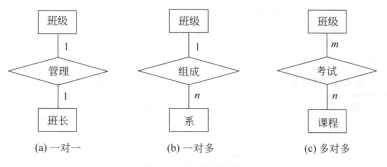

(a) 一对一　　　　　(b) 一对多　　　　　(c) 多对多

**图 1.7　实体联系图**

## 1.3.4　E-R 模型

数据库设计就是将现实世界的数据组织成数据库管理系统所使用的数据模型。实体联系方法简单、实用,通常使用 E-R 图来描述现实世界的信息结构,并将所描述的结果称为 E-R 模型。E-R 模型可以转换为 DBMS 所支持的数据模型。

E-R 图有以下 3 个要素:

(1) 实体:使用矩形框表示,框内标注实体名称。

(2) 属性:使用椭圆形框表示,并用连线与实体连接起来。如果属性较多,为使图形更加简洁,有时也将实体与其属性单独用列表表示。

(3) 实体之间的联系:使用菱形框表示,框内注明联系名称,并用连线将菱形框分别与有关实体相连,在连线上注明联系类型。

# 习　题

## 一、简答题

1. 简述数据库、数据库管理系统、数据库系统 3 个概念的含义及联系。

2. 简要说明层次模型、网状模型和关系模型的含义。

3. 简述 E-R 图的 3 个要素。

4. 试举 3 个实例,要求实体之间分别为一对一、一对多和多对多联系。

## 二、选择题

1. 在下面的职工信息表和部门表中,职工号和部门号分别是两个表的主关键字。

职工信息表(职工号、职工姓名、部门号、职务、工资)

部门表(部门号、部门名称、部门人数、工资总数)

在这两个表中,只有一个是外关键字,它是_____。

    A. 职工信息表的"职工号"         B. 职工信息表的"部门号"

    C. 部门表的"部门号"            D. 部门表的"部门名称"

2. 有如表 1.4 所示的图书表和如表 1.5 所示的选购图书表,它们的主关键字分别是图书号和(图书号,选购号)。数量列为整数,其他列的数据类型均为字符型。在选购图书表中可以录入_____。

表 1.4　图书表

| 图书号 | 图书名 | 作者 |
|---|---|---|
| A | 汽车广告 | 王明 |
| B | 电器与电信广告 | 李强 |
| C | 药品广告 | 陈明 |

表 1.5　选购图书表

| 选购号 | 图书号 | 数量 |
|---|---|---|
| 01 | A | 456 |
| 02 | C | |
| 03 | B | 56 |
| 04 | C | 100 |

    A. ('01','B',88)    B. ('08','A',null)    C. ('09','D',90)    D. ('07','B',65)

3. 有如表 1.6 所示的职员表和如表 1.7 所示的部门表,职员表的主键是职员号,部门表的主键是部门号。在下列操作中_____不能执行。

表 1.6　职员表

| 职员号 | 职员名 | 部门号 | 奖金 |
|---|---|---|---|
| 001 | 王明 | 02 | 1000 |
| 020 | 李强 | 01 | 800 |
| 068 | 陈明 | 02 | 500 |
| 402 | 周小 | 04 | 1200 |

表 1.7　部门表

| 部门号 | 部门名 | 主任 |
|---|---|---|
| 01 | 生产部 | 周大明 |
| 02 | 销售部 | 李锋 |
| 03 | 财务部 | 王五能 |
| 04 | 人事部 | 张三丰 |

　　A. 从职员表中删除行('020','李强','01',800)

　　B. 将行('111','周小','01',1500)插入到职员表中

　　C. 将职员表中职员号='068'的奖金改为1000

　　D. 将职员表中职员号='068'的部门号改为'152'

　　4. 有如表 1.8 所示的职员信息表和如表 1.9 所示的部门信息表,职员信息表的主键是职员号,部门信息表的主键是部门号。在部门信息表中,_____可以被删除。

　　A. 部门号='01'的行　　　　　　B. 部门号='02'的行

　　C. 部门号='07'的行　　　　　　D. 部门号='04'的行

表 1.8　职员信息表

| 职员号 | 职员名 | 部门号 | 奖金 |
|---|---|---|---|
| 001 | 李华明 | 02 | 1000 |
| 020 | 王小强 | 01 | 800 |
| 068 | 陈大明 | 02 | 500 |
| 402 | 王周小 | 04 | 1200 |

表 1.9　部门信息表

| 部门号 | 部门名 | 主任 |
|---|---|---|
| 01 | 生产部 | 周生华 |
| 02 | 销售部 | 李锋 |
| 07 | 财务部 | 王五能 |
| 04 | 人事部 | 李明明 |

　　5. 关系数据库的规范化理论指出:关系数据库中的关系应满足一定的要求,最起码的要求是达到 1NF,即要满足_____。

　　A. 主关键字唯一标识表中的每一行

　　B. 关系中的行不允许重复

　　C. 每个属性都是不可再分的基本数据项

　　D. 每个非关键字都完全依赖于主关键字

*chapter 2*

# SQL Server 2014 系统概述

**教学提示**：对 SQL Server 2014 系统的认识和理解直接关系到后续章节的学习，特别是数据库的实际操作部分。对本章的学习主要抓住以下重点：服务器的启动和停止、SQL Server Management Studio 对象资源管理器和查询窗口的组成和操作。

**教学目标**：本章主要介绍 SQL Server 2014 系统工作原理、运行环境要求、开发环境组成以及基本操作。通过本章的学习，读者应了解 SQL Server 2014 系统的工作原理、系统的版本及所需的软硬件条件，熟练掌握 SQL Server 2014 服务器配置管理，能运用本章所学的基本操作实现简单的查询。

SQL Server 2014 是运行在网络环境下的数据库服务器，它是单进程、多线程、高性能的关系型数据库管理系统(Relational Database Management System，RDBMS)，可以将它应用在客户端/服务器(Client/Server，C/S)、浏览器/服务器(Browser/Server，B/S)的体系结构中，用来对存储在计算机中的数据进行组织、管理和检索，它使用 Transact-SQL 语言在服务器和客户机之间传送请求。

## 2.1 客户端/服务器体系结构

### 2.1.1 两层客户端/服务器体系结构

早期的数据库应用系统都是在单台计算机上开发的，硬件配备齐全，价格昂贵。拥有计算机的部门需要专业人员进行编程和系统维护，各部门存储相似的数据。由于各部门所使用的开发平台不同，存储的数据格式不同，所以不能共享软件资源(如数据文件、程序文件)以及硬件资源(如光驱、打印机等)。

局域网(Local Area Network，LAN)以及网络操作系统的出现使得计算机的应用进入了一个新的时代。计算机之间以及部门之间可以组成局域网，共享软、硬件资源。但各部门所使用的操作系统和应用程序不同，相互之间存在不相容的数据；同时各部门存储相似的数据，会造成数据的冗余，维护比较困难。那么能不能将数据集中存储在一台计算机上进行统一存储和管理，并与其他部门进行共享呢？

基于客户端/服务器体系结构的应用系统将应用软件分成两部分。服务器应用程序定义数据库结构,存储数据,对数据的完整性、安全性进行统一的管理,同时进行多用户的并发处理,系统管理员定期地对系统进行维护。客户端应用程序用来完成耗时较多的用户界面设计、报表设计、菜单设计等工作,客户端应用程序使用结构化查询语言(SQL)向服务器发出一个请求,服务器应用程序根据 SQL 的语义选择最佳的执行策略,将执行后的结果返回给客户端应用程序,客户端将服务器返回的结果显示给用户。

在如图 2.1 所示的客户端/服务器体系结构中,一般选择大中型机、工作站和高档 PC 作为服务器,选择方便灵活、用户界面美观的计算机作为客户端。客户端和服务器作为应用程序也可以在同一台计算机上运行。

客户端　　　　　　　　数据库服务器

**图 2.1　两层客户端/服务器体系结构**

在两层的客户端/服务器体系结构中,业务逻辑(商业逻辑)一般是存储在客户端,一部分则以存储过程的形式存储在服务器端的数据库服务器中。

在两层的客户端/服务器体系结构中,由于应用程序的升级要求所有的客户端软件均要随之升级,并需要重新进行安装,使客户端代码维护量较大,因此,系统的可扩展性、代码的可重用性较差,客户端中应用逻辑处理的暴露导致系统不安全。

为了解决两层客户端/服务器体系结构出现的这些限制,提出了三层(有时称为 N 层或多层)客户端/服务器体系结构。

## 2.1.2　三层客户端/服务器体系结构

如图 2.2 所示,在三层客户端/服务器体系结构中,客户端存储最小的商业逻辑,其他的商业逻辑存储在应用服务器中,数据访问则由一台或多台数据库服务器处理。

客户端　　　应用服务器　　　数据库服务器

**图 2.2　三层客户端/服务器体系结构**

应用服务器是数据库服务器与客户端应用程序之间的桥梁。客户端应用程序通过应用服务器向数据库发送命令、请求数据;数据库服务器通过应用服务器响应命令、返回数据。应用服务器在此过程中对所有的命令和数据进行控制,以实现商业逻辑。

从图 2.2 中可以看出,客户端应用程序不直接同数据库服务器打交道,而是从应用服务器间接地获取数据。

在 Internet 和 Intranet 领域,三层客户端/服务器体系结构应用非常广泛,应用系统由浏览器(作为客户端)、Web 服务器(应用服务器)、数据库服务器三层结构组成。

三层客户端/服务器体系结构更安全可靠。首先,客户端应用程序不和数据库服务器直接相连,甚至可以不在同一个物理网络上,充分保证了数据的安全性,并保证用户只能通过客户端应用程序来存取数据。其次,只要系统设置了相应的权限,用户就只能进行与其权限相符的操作,从而保证系统数据的安全性。最后,应用服务器的分布,使相应的商业逻辑的实现由不同的人员管理,使系统更具安全性。

在这种体系结构中,所有的商业逻辑都在应用服务器和数据库服务器上实现,并且大量的统计和计算工作都是在服务器上完成的,可以充分发挥服务器的能力。客户端需要做的工作只是与用户交互,而不是进行大量的计算工作,同时对客户端的要求也比较低。

该体系结构可以很容易地实现系统的无缝升级。如果商业逻辑变化了,只需对应用服务器进行修改和升级,而不需要升级客户端程序,这样更方便快捷、省时省力。

## 2.2 SQL Server 2014 简介

### 2.2.1 SQL Server 2014 的体系结构

SQL Server 2014 是基于客户端/服务器体系结构的关系型数据库管理系统,它具有可伸缩性、可用性和可管理性。SQL Server 2014 使用 Transact-SQL 语句在服务器和客户端之间传送请求,这种结构如图 2.3 所示。

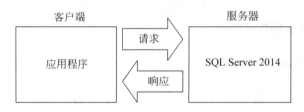

**图 2.3 SQL Server 2014 客户端/服务器结构示意图**

SQL Server 2014 用客户端/服务器体系结构把所有的工作负荷分解成在服务器上的任务和在客户端上的任务。客户端应用程序负责商业逻辑和向用户提供数据,一般运行在一台或多台客户端机上,也可以运行在服务器上。服务器负责管理数据库的结构,其内容主要包括维护数据库中数据之间的关系,确保数据存储的正确性以及在系统失败时恢复全部数据。服务器还分配可用的服务器资源,例如内存、网络和磁盘。客户端应用程序通过网络与服务器通信。

### 2.2.2 SQL Server 2014 的版本

根据应用程序的需要,对 SQL Server 的安装要求可能有很大不同。SQL Server 2014 的不同版本能够满足企业和个人不同的性能以及价格要求。需要安装哪些 SQL Server 2014 组件也要根据企业或个人的需求而定。下面的内容将帮助用户了解如何在 SQL Server 2014 的不同版本和可用组件中做出最佳的选择。

大多数企业都在 3 个 SQL Server 2014 版本中进行选择：Enterprise Edition、Standard Edition 和 Workgroup Edition。大多数企业选择这 3 个版本是因为只有这 3 个版本可以在生产服务器环境中安装和使用。

除了这 3 个版本之外，SQL Server 2014 还包括 Developer Edition 和 Express Edition。以下介绍各个版本，并建议应在何时使用某个版本。

### 1. SQL Server 2014 Enterprise Edition（企业版，32 位和 64 位）

Enterprise Edition 达到了支持超大型企业进行联机事务处理（On-Line Transaction Processing，OLTP）、高度复杂的数据分析、数据仓库系统和网站所需的性能水平。Enterprise Edition 的全面商业智能和分析能力及其高可用性功能（如故障转移群集），使它可以处理企业中大多数关键业务的工作负荷。Enterprise Edition 是最全面的 SQL Server 版本，是超大型企业的理想选择，能够满足最复杂的要求。该版本还推出了一种适用于 32 位或 64 位平台的 120 天 Evaluation Edition（评估版）。

### 2. SQL Server 2014 Standard Edition（标准版，32 位和 64 位）

Standard Edition 是适合中小型企业的数据管理和分析平台，它包括电子商务、数据仓库和业务流解决方案所需的基本功能。Standard Edition 的集成商业智能和高可用性功能可以为企业提供支持其运营所需的基本功能。Standard Edition 是需要全面的数据管理和分析平台的中小型企业的理想选择。

### 3. SQL Server 2014 Workgroup Edition（工作组版，仅适用于 32 位）

对于小型企业，Workgroup Edition 是理想的数据管理解决方案。Workgroup Edition 可以用作前端 Web 服务器，也可以用于部门或分支机构的运营，它包括 SQL Server 产品系列的核心数据库功能，并且可以轻松地升级至 Standard Edition 或 Enterprise Edition。Workgroup Edition 是理想的入门级数据库，具有可靠、功能强大且易于管理的特点。

### 4. SQL Server 2014 Developer Edition（开发版，32 位和 64 位）

Developer Edition 使开发人员可以在 SQL Server 上生成任何类型的应用程序，它包括 Enterprise Edition 的所有功能，但有许可限制，只能用于开发和测试系统，而不能用作生产服务器。Developer Edition 是独立软件供应商（Independent Software Vendor，ISV）、咨询人员、系统集成商、解决方案供应商以及创建和测试应用程序的企业开发人员的理想选择。Developer Edition 可以根据生产需要升级至 Enterprise Edition。

### 5. SQL Server 2014 Express Edition（精简版，仅适用于 32 位）

Express Edition 是一个免费、易用且便于管理的数据库。它与 Microsoft Visual Studio 2014 集成在一起，可以轻松地开发功能丰富、存储安全、可快速部署的数据驱动应用程序。Express Edition 是免费的，可以再分发（受制于协议），还可以起到客户端数据库以及基本服务器数据库的作用。Express Edition 是低端 ISV、低端服务器用户、创建 Web 应用程序的非专业开发人员以及创建客户端应用程序的编程爱好者的理想选择。

### 2.2.3 SQL Server 2014 的环境要求

SQL Server 2014 是大型数据库系统,在计算机上安装此系统时,一定要明确硬件和软件的需求。在 32 位平台上运行 SQL Server 2014 的要求与在 64 位平台上的要求不同。以下列出运行 Microsoft SQL Server 2014 的最低硬件和软件要求。

#### 1. 监视器

SQL Server 图形工具需要 VGA 或更高的分辨率,分辨率至少为 1024 像素×768 像素。

#### 2. 定点设备

需要 Microsoft 鼠标或兼容的定点设备。

#### 3. CD 或 DVD 驱动器

通过 CD 或 DVD 媒体进行安装时需要相应的 CD 或 DVD 驱动器。

#### 4. 网络软件要求

32 位版本和 64 位版本的 SQL Server 2014 的网络软件要求相同。Windows 2003、Windows XP 和 Windows 2000 都具有内置网络软件。

#### 5. Internet 要求

32 位版本和 64 位版本的 SQL Server 2014 的 Internet 要求相同。表 2.1 列出了 SQL Server 2014 的 Internet 要求。

表 2.1　SQL Server 2014 的 Internet 要求

| 组　件 | 要　求 |
| --- | --- |
| Internet 软件 | 所有 SQL Server 2014 的安装都需要 Microsoft Internet Explorer 6.0 SP1 或更高版本,因为 Microsoft 管理控制台(MMC)和 HTML 帮助需要它。只需 Internet Explorer 的最小安装即可满足要求,且不要求 Internet Explorer 是默认浏览器。然而,如果只安装客户端组件且不需要连接到要求加密的服务器,则 Internet Explorer 4.01(带 SP2)即可满足要求 |
| Internet 信息服务(IIS) | 安装 Microsoft SQL Server 2014 Reporting Services(SSRS)需要 IIS 5.0 或更高版本 |
| ASP.NET 2.02 | Reporting Services 需要 ASP.NET 2.0。安装 Reporting Services 时,如果尚未启用 ASP.NET,则 SQL Server 安装程序将启用 ASP.NET |

#### 6. 软件要求

SQL Server 2014 安装程序需要 Microsoft Windows Installer 3.1 或更高版本,以及

Microsoft 数据访问组件(MDAC) 2.8 SP1 或更高版本。

SQL Server 2014 安装程序所需的软件组件如下:

(1) Microsoft Windows .NET Framework 2.0。

(2) Microsoft SQL Server 本机客户端。

## 2.2.4 SQL Server 2014 的数据库文件

在 SQL Server 2014 中,使用一组操作系统文件来映射数据库。数据库中的所有数据和对象都存在于下列操作系统文件中。

### 1. 主要数据文件

主要数据文件(.mdf)包含数据库的启动信息,并用于存储数据。每个数据库都有一个主要数据文件。

### 2. 次要数据文件

次要数据文件(.ndf)也用来存储数据,它含有不能置于主要数据文件中的所有数据。如果主要数据文件可以包含数据库中的所有数据,那么数据库就不需要次要数据文件。如果数据库很大,主要数据文件的容量超过了系统的限制,就需要设置一个或多个次要数据文件,并将它们存储在不同的磁盘上。

### 3. 事务日志文件

事务日志文件(.ldf)包含用于恢复数据库的日志信息。每个数据库都必须至少有一个事务日志文件。

一般情况下,一个简单的数据库可以只有一个主要数据文件和一个事务日志文件。如果数据库很大,可以使用一个主要数据文件和多个次要数据文件,数据库内的数据和对象分布到这些主要和次要文件中。另外,可以设置多个事务日志文件来包含事务日志信息。所有数据文件和事务日志文件都默认存储在 C:\Program Files\Microsoft SQL Server\ MSSQL.1\MSSQL 目录下。

数据库文件和文件组必须遵循以下规则:一个文件和文件组只能被一个数据库使用,也就是一个文件和文件组中不包含其他数据库的数据;一个数据库文件只能属于一个文件组;事务日志文件不能加入文件组中。

## 2.2.5 SQL Server 2014 的新增功能

### 1. CLR/.NET Framework 集成

随着 SQL Server 2014 的发布,数据库编程人员现在可以充分利用 Microsoft .NET Framework 类库和现代编程语言来实现服务器中的功能。通过集成的 CLR,用户可以使用所选择的 .NET Framework 语言对存储过程、函数和触发器进行编码。Microsoft Visual Basic .NET 和 C♯ 编程语言都提供面向对象的结构、结构化的异常处理、数组、命名空间和类。此外,. NET Framework 提供的数千个类和方法也扩展了内置功能,使用户能够更容易地在服务器端使用。许多之前用 Transact-SQL 代码难以实现的任务,现在可以更容易地用托管代码实现。同时,系统还新增了两个数据库对象类型:聚合类型和用户自定义类型。用户可以更好地使用已掌握的新知识和技巧编写进程内的代码。总之,SQL Server 2014 能够使用户扩展数据库服务器,以便更容易地在后端执行适当的计算和操作。

### 2. Service Broker

Microsoft SQL Server 2014 引入了 Service Broker,这是一项全新的技术,可用于生成安全、可靠、可扩展的数据库加强型的分布式应用程序。Service Broker 提供了用以传递请求和响应的消息队列的应用程序。

### 3. 快照隔离

Microsoft SQL Server 2014 引入了快照隔离级别。快照隔离是一种行级数据版本化机制,在快照隔离行版本存储区存储,以供读取、复制、转换并存档到面向分析的数据库,之后必须定期地维护或重建这些数据。查看事务上一致的数据版本肯定对用户有好处;然而,用户查看的数据版本不再是当前版本。构建和索引这些数据可能会花很长时间,而且它们也许并不是用户真正想要的数据。这就是快照隔离能够发挥作用的地方。快照隔离级别通过使用一个数据库的事务一致视图来允许用户访问最后提交的行。快照隔离级别具有下列优点:

(1) 为只读应用程序增加数据可用性。
(2) 允许在联机事务处理环境中对读操作不加锁。
(3) 对写事务自动进行强制冲突检测。
(4) 简化应用程序从 Oracle 到 SQL Server 的迁移过程。

### 4. SQL 管理对象

SQL 管理对象(SQL Management Object,SMO)是 SQL Server 2014 的管理对象模型。SMO 大幅改进了 SQL Server 管理对象模型的设计和体系结构。它是基于. NET Framework 托管代码的既丰富又易于使用的对象模型。SMO 是使用. NET Framework 开发数据库管理应用程序的主要工具。在 SQL Server Management Studio 中,每个对话框都需要使用 SMO,并且在 SQL Server Management Studio 中执行的每个管理操作都可以用 SMO 完成。SMO 对象模型和 Microsoft Windows Management Instrumentation (MWMI)应用程序编程接口(API)取代了 SQL-DMO。只要可能,SMO 就会合并类似于 SQL-DMO 的对象以便于轻松使用。用户仍然可以使用 SQL Server 2014 中的 SQL-DMO,但 SQL-DMO 并不包含 SQL Server 2014 特有的管理特性。

### 5. XML 支持

XML 已成为一种存储和交换数据的通用格式,是带标记的、结构化或半结构化信息

的常用选择,如文本(还有表示文档结构和重点的标记)、嵌套对象(结构化的)、异类数据
(半结构化的)。XML 也是一种用来在网络上不同应用程序间传递数据的重要方式,是
一种广为接受的标准。

本机 XML 数据类型和 XQuery 等先进功能使企业能够无缝地连接内部和外部系
统。SQL Server 2014 完全支持关系型数据和 XML 数据,这样企业可以以最适合其需要
的格式来存储、管理和分析数据。对于那些已存在的和新兴的开放标准,如超文本传输
协议(HTTP)、XML、简单对象访问协议(SOAP),XQuery 和 XML 方案定义语言(XML
Schema Definition,XSD)的支持也有助于让整个企业系统相互通信。

**6. ADO. NET 2. 0/ADOMD. NET**

很多新的功能出现在 ADO. NET 2. 0/ADOMD. NET 中。从新的查询更改通知支
持到多个活动结果集(MARS),ADO. NET 发展了数据集访问操作,从而获得了更好的
伸缩性和灵活性。

## 2.3　SQL Server 2014 服务器配置管理

### 2.3.1　服务器的启动、暂停和停止

在访问数据库之前,必须先启动数据库服务器。只有合法的用户才可以启动数据库
服务器。启动服务器的方法如下。

(1) 在“开始”菜单上,选择“所有应用”→Microsoft SQL Server 2014→“SQL Server
2014 配置管理器”命令,如图 2.4 所示。

**图 2.4　启动数据库服务器**

（2）可以看到如图 2.5 所示的 SQL Server 2014 服务器的状态。

**图 2.5　SQL Server 2014 服务器的状态**

图 2.5 中显示服务器已停止。选中相应的服务器后右击，在快捷菜单中选择"启动"命令，则服务器进入运行状态，如图 2.6 所示，刚才停止的 SQL Server 服务器已经启动运行了。

**图 2.6　启动服务器**

（3）右击 SQL Server 选项，在快捷菜单中选择"属性"命令，选择"服务"选项卡，在"启动模式"下拉列表框中有"自动""已禁用"和"手动"3 个选项，选择"自动"选项，在启动时就会自动启动该服务，如图 2.7 所示。

### 2.3.2　启动 SQL Server Management Studio

SQL Server Management Studio 是 Microsoft 管理控制台中的一个内建控制台，用来管理所有的 SQL Server 数据库，它可以用 Analysis Services 对关系数据库提供集成的管理。在 SQL Server 2014 系统中，SQL Server Management Studio 是其核心的管理工具，可以用来配置数据库系统、建立或删除数据库对象、设置或取消用户的访问权

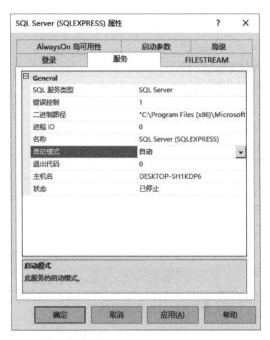

图 2.7　启动模式

限等。

（1）在"开始"菜单上，选择"所有应用"→Microsoft SQL Server 2014→SQL Server Management Studio 命令，如图 2.8 所示。

（2）出现图 2.9 所示的"连接到服务器"对话框，如果是第一次启动 SQL Server Management Studio，需要选择登录账户，现在以默认的计算机名登录服务。也可以选择"服务器名称"下拉列表框中的"浏览更多"选项，选择合适的服务器，如图 2.10 所示。

图 2.8　启动 SQL Server Management Studio　　　　图 2.9　"连接到服务器"对话框

（3）单击图 2.9 中的"连接"按钮，进入图 2.11 所示的 SQL Server Management Studio 窗口。

图 2.10 "查找服务器"对话框

图 2.11 Microsoft SQL Server Management Studio 窗口

### 2.3.3 Microsoft SQL Server Management Studio 查询窗口

Microsoft SQL Server Management Studio 查询窗口(也称查询分析器)是图形界面的查询管理工具,用于提交 Transact-SQL 语句,然后发送到服务器,并返回执行结果,该工具支持基于任何服务器的任何数据库连接。在开发和维护应用系统时,Microsoft SQL Server Management Studio 查询窗口是最常用的管理工具之一。其具体启动过程如下:

(1) 在 SQL Server Management Studio 窗口中,右击服务器,在快捷菜单中选择"新

建查询"命令,如图 2.12 所示,出现新建的查询窗口,如图 2.13 所示。

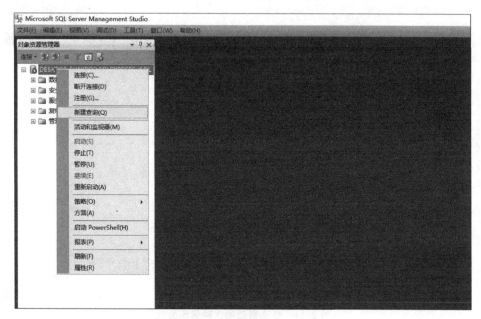

**图 2.12　选择"新建查询"命令**

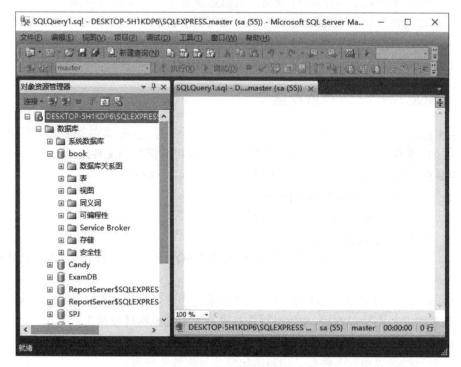

**图 2.13　新建的查询窗口**

(2) 在查询窗口中,可以以 3 种不同的方式显示查询结果,在空白处右击,在快捷菜单中选择"将结果保存到"命令,可以看到如图 2.14 所示的 3 种方式。

**图 2.14 查询窗口的 3 种显示方式**

(1)"以文本格式显示结果"命令是以当前连接选项格式显示的结果。

(2)"以网格显示结果"命令与文本格式相比更节省空间,且显示结果更容易读。

(3)"将结果保存到文件"命令可以将结果保存到文件中,以方便用户使用。

有关查询窗口的详细使用将在 2.4 节中作详细介绍。

### 2.3.4 SQL Server 活动监视器

系统管理员可以借助于 SQL Server 的活动监视器(也称事件探查器)监视 SQL Server 2014 实例中的事件,捕获每个事件的数据,并将其保存到文件或 SQL Server 表中供以后分析。使用 SQL Server 活动监视器可以实现以下功能:

(1)监视 SQL Server 实例的性能。

(2)调试 Transact-SQL 语句和存储过程。

(3)识别执行速度慢的查询。

(4)在工程开发阶段,通过单步执行语句测试 SQL 语句和存储过程,以确认代码按预期运行。

(5)通过捕获生产系统中的事件并在测试系统中回放它们来解决 SQL Server 中的问题,这对测试和调试很有用,并使得用户可以不受干扰地继续使用生产系统。

(6)审核和复查在 SQL Server 实例中发生的活动,这使安全管理员可以复查任何事件,包括登录尝试成功与失败以及访问语句成功与失败审核等。

启动 SQL Server 活动监视器的步骤如下:

(1)进入 Microsoft SQL Server Management Studio 窗口,右击服务器,在快捷菜单中选择"活动和监视器"命令,如图 2.15 所示。

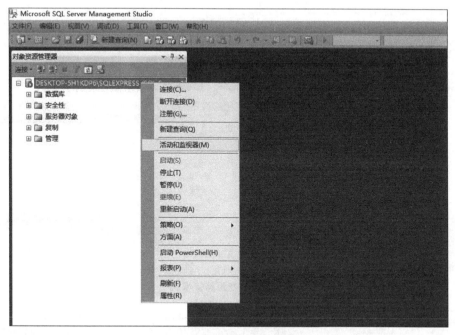

**图 2.15　启动活动监视器**

　　(2) 在弹出的活动监视器窗口中打开"进程"选项卡,如图 2.16 所示,可以查看当前进程的属性。

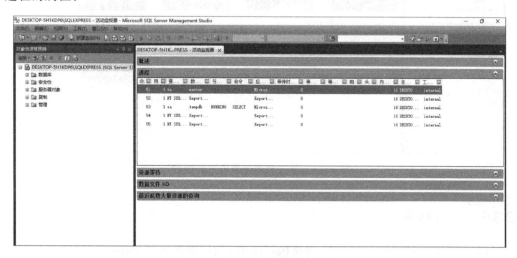

**图 2.16　当前进程的运行状态**

　　(3) 打开"资源等待"选项卡,可以查看活动监视器中的资源等待的情况,如图 2.17 所示。

　　(4) 打开"最近耗费大量资源的查询"选项卡,可以判断哪些 SQL 查询是异常的,占用了大量的资源,然后针对异常分析问题的原因,如图 2.18 所示。

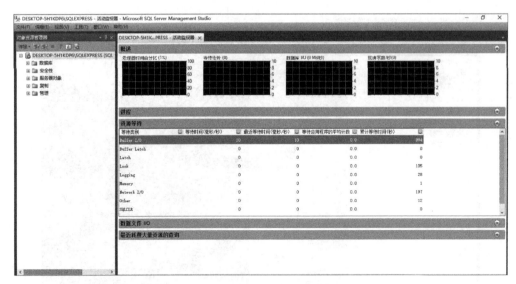

图 2.17 资源等待情况

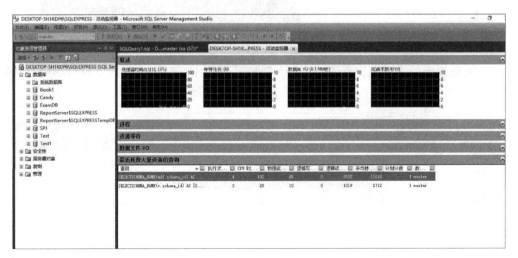

图 2.18 最近耗费大量资源的查询

### 2.3.5 联机丛书

联机丛书是 SQL Server 2014 提供的一个 HTML 格式的官方帮助文档,它为数据库管理员和开发人员提供了丰富的帮助信息,如图 2.19 所示。在其中可以查找相关主题的信息,也可以输入用户想了解的信息。用户可以在 Microsoft 公司的官方网站免费下载新版本的联机丛书。

### 2.3.6 注册服务器

SQL Server 2014 可以管理多个服务器,因此需要连接和组织服务器,首先要注册服

图 2.19　联机丛书

务器,注册成功后,就可以将服务器组织成逻辑组进行管理。注册服务器就是在 SQL
Server Management Studio 中登记服务器。

(1) 进入 SQL Server Management Studio 窗口,选择"视图"→"已注册的服务器"菜
单命令,如图 2.20 所示。在"对象资源管理器"面板上方会出现"已注册的服务器"面板,

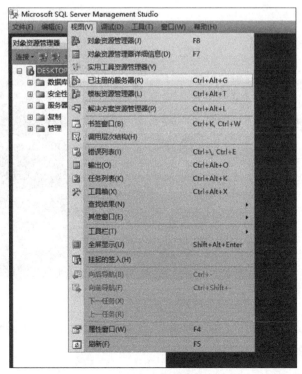

图 2.20　选择"已注册的服务器"命令

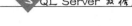

如图 2.21 所示。

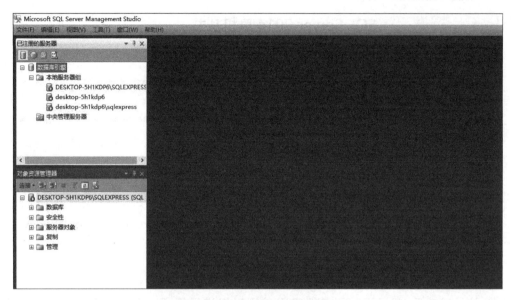

**图 2.21 "已注册的服务器"面板**

(2) 在"已注册的服务器"面板中右击,在快捷菜单中选择"新建服务器注册"命令,如图 2.22 所示。

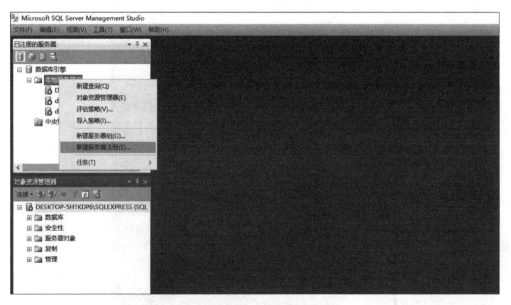

**图 2.22 选择"新建服务器注册"命令**

(3) 在弹出的对话框中输入服务器名称,选择身份验证方式,单击"保存"按钮完成服务器注册,如图 2.23 所示。

图 2.23　"新建服务器注册"对话框

### 2.3.7　远程服务器管理

远程服务器管理是指用户通过本地 SQL Server 服务器访问网络上的其他 SQL Server 服务器。用户访问 SQL Server 数据库系统常用的方法是直接登录到要访问的服务器上,然后再根据个人不同的权限来访问不同的数据对象。如果网络中有多个 SQL Server 服务器时,用户访问它们时需要分别登录;而采用远程访问时用户可以利用本地的服务器作为代理,只需登录到其中的一个服务器,再通过该服务器访问其他的 SQL Server 服务器。

### 2.3.8　指定系统管理员密码

如果没有设置系统管理员密码,系统默认为空值,只要输入"sa"作为登录名,并使密码为空,就可以作为系统管理员登录到 SQL Server,并可以拥有系统管理员特权。为了防止上述情况发生,应该给 sa 加密,其操作如下:

(1) 进入 SQL Server Management Studio 窗口,展开对应的服务器,选择"安全性",再选中"登录名",右击 sa,弹出如图 2.24 所示的快捷菜单。

(2) 选择"属性"命令,进入如图 2.25 所示的"登录属性"对话框,输入密码并确认后,单击"确定"按钮即可。

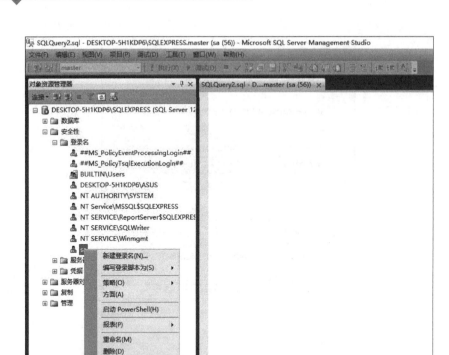

**图 2.24　右击 sa 的快捷菜单**

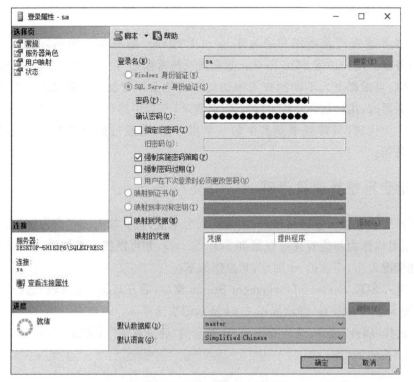

**图 2.25　"登录属性-sa"对话框**

# 2.4　实现一个查询

下面以一个简单的查询来说明 SQL Server Management Studio 查询窗口的用法,使读者对 SQL Server 2014 有全面的认识,以便为后面章节的学习打下坚实的基础。

查询窗口是一种可以完成许多工作的多用途的工具。在查询窗口中,可以交互地输入和执行各种 Transact-SQL 语句,可以将用户所输入的语句和执行后的结果以文件的形式保存到磁盘文件中。

【**例 2.1**】　在图书库(Book1)中查询所有图书的信息。从 book1 表中可以查询图书的所有数据,查询语句为

```
select *
from book1
go
```

使用 SQL Server Management Studio 查询窗口实现这个查询的具体步骤如下:

(1) 进入 SQL Server Management Studio 窗口。

(2) 在右侧的查询窗口中输入如下代码;

```
use Book1
go
select *
from book1
go
```

(3) 按 F5 键或单击 SQL Server Management Studio 查询窗口中的 执行(X) 图标,执行输入的 SQL 语句,在查询窗口的下面出现如图 2.26 所示的运行结果。

**图 2.26　例 2.1 的运行结果**

(4) 选择查询窗口下面的"消息"选项卡,在状态栏显示"2413 行",说明刚才查询所得到的结果有 2413 行,如图 2.27 所示。

图 2.27 "消息"选项卡

SQL Server Management Studio 窗口有文件、编辑、视图、查询、项目、调试、工具、窗口和帮助 9 个菜单。下面介绍常用的菜单。

### 1. "文件"菜单

"文件"菜单如图 2.28 所示。下面介绍"文件"菜单的常用功能。

图 2.28 "文件"菜单

（1）连接对象资源管理器：用来连接 SQL Server 2005，在出现的"连接到服务器"对话框中，从"服务器类型""服务器名称"和"身份验证"中选择合适的选项，连接到服务器。

（2）断开与对象资源管理器的连接：断开当前的连接。

（3）新建：选择"新建"命令后，系统显示如图 2.29 所示的子菜单。SQL Server 2014在"新建"菜单中提供了"项目""使用当前连接的查询""数据库引擎查询"等命令。

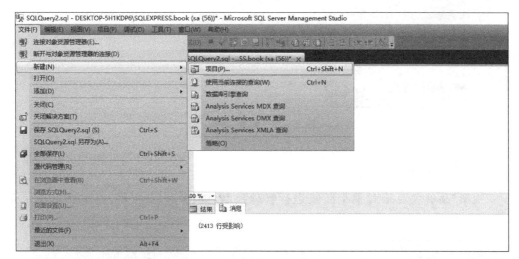

**图 2.29　"新建"子菜单**

（4）打开：打开存储在磁盘上的扩展名为.sql 的文件。

（5）保存：将查询窗口的脚本保存在磁盘上，系统默认的文件扩展名为.sql。

（6）关闭：关闭当前的查询脚本。

（7）全部保存：保存当前的所有查询脚本，每个查询脚本单独存储为一个文件，文件名默认为 SQLQuery1、SQLQuery2、SQLQuery3 等。

（8）最近的文件：给出用户最近使用过的文件列表。

（9）退出：断开与 SQL Server 的连接，关闭查询窗口。

**2. "编辑"菜单**

"编辑"菜单如图 2.30 所示。下面介绍"编辑"菜单的常用功能。

（1）查找和替换：在对话框中指定存储过程或函数中的参数值。

（2）转到：转到指定的行。

（3）将文件作为文本插入：在当前窗口中插入文件的内容。

（4）高级：将选定的内容置为小写字母或大写字母、增加或减少缩进、添加注释或删除注释。

（5）书签：在脚本的当前行设置书签或取消书签，通过"上一个书签"或"下一个书签"在书签之间移动，也可以清除所有的书签。

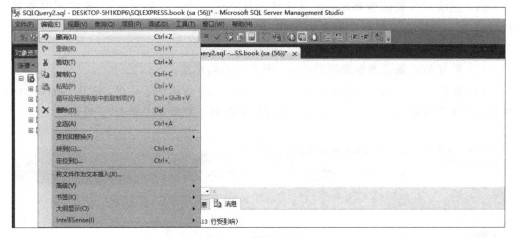

图 2.30　"编辑"菜单

### 3. "视图"菜单

"视图"菜单主要是对整个版式进行管理控制,如图 2.31 所示,这里就不一一介绍了。

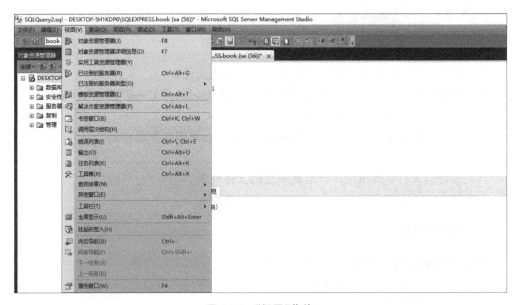

图 2.31　"视图"菜单

### 4. "查询"菜单

"查询"菜单如图 2.32 所示,其中"分析"和"执行"子菜单的作用如下:

(1) 执行:执行查询窗口中的 SQL 语句。

(2) 分析:分析 SQL 语句的语法是否正确。

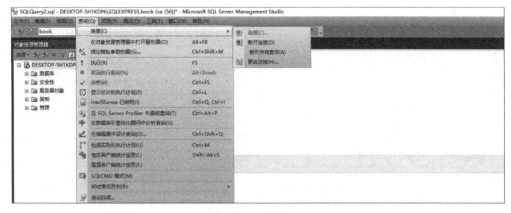

图 2.32    "查询"菜单

### 5. "窗口"菜单

"窗口"菜单如图 2.33 所示。

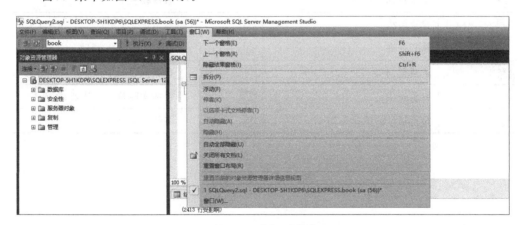

图 2.33    "窗口"菜单

### 6. "帮助"菜单

使用"帮助"菜单,可以借助目录与索引或者输入要查找的单词等方式寻求帮助。

### 7. 查询窗口图标

表 2.2 列出了查询窗口中使用的图标及意义。

表 2.2    查询窗口中使用的图标

| 图　标 | 说　明 | 图　标 | 说　明 |
|---|---|---|---|
|  | 注释选中行 | | 连接到数据库引擎 |
| | 打开查询文件 | | 显示连接属性 |

| 图　标 | 说　明 | 图　标 | 说　明 |
|---|---|---|---|
| | 保存查询文件 | | 显示/隐藏结果窗口 |
| | 插入模板 | | 在编辑器中设计查询 |
| | 全部保存 | | 显示已注册的服务器 |
| | 剪切 | | 断开连接 |
| 新建查询(N) | 新建一个查询 | | 以文本格式显示结果 |
| | 复制 | | 以网格格式显示结果 |
| | 粘贴 | | 层叠 |
| | 清除编辑器窗口 | | 纵向平铺 |
| | 查找 | | 横向平铺 |
| | 撤销 | | 重复搜索 |
| | 结果目标选择器 | | 替换模板 |
| | 检查语法 | | 索引优化向导 |
| 执行(X) | 执行查询 | | Transact-SQL 帮助 |
| | 取消查询 | | 在查询窗口中显示对象浏览器 |
| | 更改连接 | | 包括实际执行的计划 |
| | 显示估计的执行计划 | | 将结果保存到文本 |

# 本 章 实 训

## 1. 实训目的

（1）了解 SQL Server 2014 系统的组件。
（2）学会启动数据库服务器。
（3）学会使用对象资源管理器。
（4）学会使用查询窗口。

## 2. 实训内容和步骤

1）学会启动、停止数据库服务器

（1）选择"开始"→"所有应用"→Microsoft SQL Server 2014→"SQL Server 2014 配置管理器"命令，如图 2.34 所示。

　　在 SQL Server Configuration Manager 窗口中，选择左边的"SQL Server 2014 服务"选项，在右边会显示出相应的服务器。这时可进行服务器的启动和停止操作，如图 2.35和图 2.36 所示。

图 2.34　启动 SQL Server 配置管理器

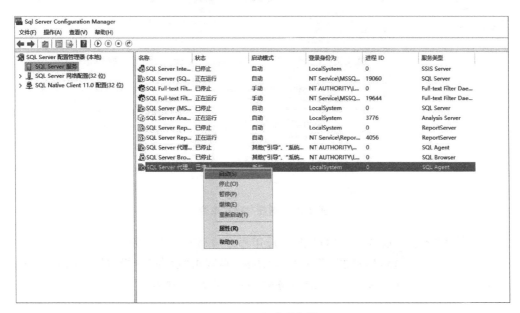

图 2.35　启动服务器

　　(2) 在图 2.38 中可以设置服务器在开机时自动启动或禁用。操作如下：在 SQL Server Configuration Manager 窗口中右击要启动或禁用的服务器，在快捷菜单中选择"属性"命令(图 2.37)进入相应服务的属性对话框(图 2.38)，选择"服务"选项卡，然后再选择"启动模式"下拉列表中的选项，其中"自动"选项即为服务器在开机时自动启动，"已

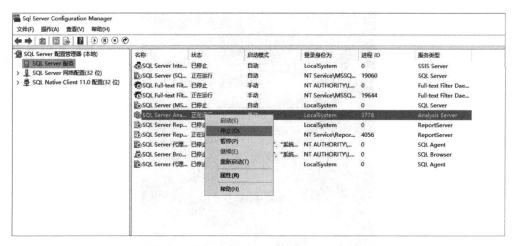

图 2.36 停止服务器

禁用"选项即为暂停使用,"手动"选项即为每次要手动启用相应的服务器,分别如图 2.37 和图 2.38 所示。

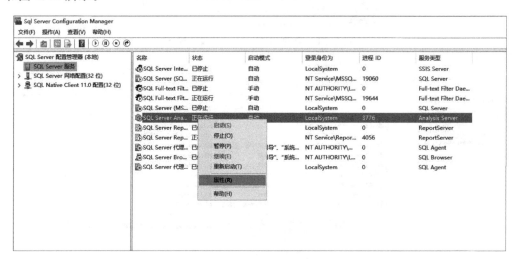

图 2.37 选择"属性"命令

(3) 使用"控制面板"窗口中的"服务"应用程序启动或停止服务器。

打开"控制面板"窗口,双击"管理工具"图标,再双击"服务"图标,进入如图 2.39 所示的界面,然后右击要启动或停止的服务器,在快捷菜单中选择"启动"命令或"停止"命令。

2) 熟悉对象资源管理器

选择"开始"→"所有应用"→Microsoft SQL Server 2014→SQL Server Management Studio 命令,弹出如图 2.40 所示的对话框,选择服务器名称和身份验证方式,输入用户名和密码,然后单击"连接"按钮,进入对象资源管理器。在对象资源管理器中可以注册和删除服务器。

图 2.38　选择"启动模式"

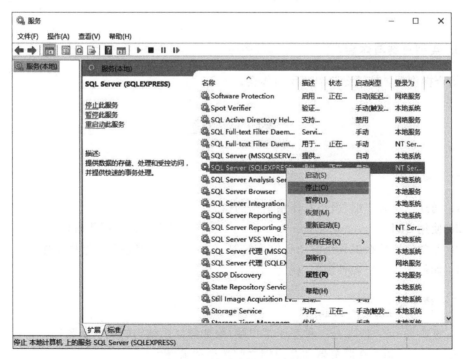

图 2.39　启动或停止服务器

3）熟悉查询窗口

在 SQL Server Management Studio 窗口中单击  图标，进入 SQL Server Management Studio 查询窗口。

图 2.40 "连接到服务器"对话框

在查询窗口的编辑面板中输入以下的查询语句：

```
use Book1
select 书名,定价,出版社
from book1
where 定价>200 and 出版社='中国长安'
```

单击"执行"按钮后查看"结果"和"信息"两个选项卡的内容,试分析为什么有这样的现象。

### 3. 实训总结与体会

结合操作的具体情况写出总结与体会。

# 习　题

## 一、简答题

1. 简述三层客户端/服务器体系结构的概念。
2. 使用 SQL Server Management Studio 查询窗口可以进行哪些操作？
3. 通常使用什么工具可启动和停止 SQL Server 2014 服务器？怎样操作？
4. 如何配置系统和管理密码？

## 二、填空题

1. SQL Server 2014 是一种基于客户端/服务器体系结构的关系型数据库管理系统,它使用_____语言在服务器和客户端之间传送请求。
2. _____是一个图形界面的查询工具,用它可以提交 Transact-SQL 语句,然后发送到服务器,并返回执行结果。该工具支持基于任何服务器的任何数据库连接。
3. SQL Server 2014 是一种介于_____和_____之间的结构化查询语言。
4. 联机丛书介绍了关于 SQL Server 2014 的相关的_____和_____。

# 第 3 章

# 数据库及其管理

**教学提示**：数据库是 SQL Server 2014 最基本的操作对象之一。数据库的创建、查看、修改、重命名和删除是 SQL Server 2014 最基本的操作，是进行数据库管理与开发的基础，是对后续知识点学习的前提条件。本章内容是本书的重点之一。

**教学目标**：通过本章的学习，读者应掌握数据库的基本结构，熟练掌握利用 SQL Server Management Studio 对象资源管理器和 Transact-SQL 语句两种方法进行数据库的创建、查看、修改、重命名及删除操作。

数据库由包含数据的基本表和对象（如视图、索引、存储过程和触发器等）组成，其主要用途是处理数据管理活动产生的信息。例如，图书管理中的大量图书信息需要一个基于数据库技术的图书信息管理系统来提供应用支持。本章主要讲述 SQL Server 2014 中的系统数据库，以及它们在 SQL Server 2014 中的使用和它们提供的管理功能，最后讲述如何创建用户数据库和有关数据库的管理。

## 3.1 系统数据库

在 SQL Server 中包含两种类型的数据库：系统数据库和用户数据库。系统数据库存储有关 SQL Server 的信息，SQL Server 使用系统数据库来管理系统，例如下面将要介绍的 master 数据库、model 数据库、msdb 数据库和 tempdb 数据库。而用户数据库由用户来建立，例如图书管理信息数据库。SQL Server 可以包含一个或多个用户数据库。

### 3.1.1 master 数据库

顾名思义，master（控制）数据库是 SQL Server 2014 中的总控数据库，它是最重要的系统数据库，记录系统中所有系统级的信息。它对其他的数据库实施管理和控制，同时该数据库还保存了用于 SQL Server 管理的许多系统级信息。master 数据库记录所有的登录账户和系统配置，它始终有一个可用的最新 master 数据库备份。

由此可知，如果在计算机上安装了 SQL Server 系统，那么系统首先会建立一个 master 数据库来记录系统的有关登录账户、系统配置、数据库文件等初始化信息；如果用户在这个 SQL Server 系统中建立一个用户数据库（如图书管理系统数据库），系统马上将用户数据库的有关用户管理、文件配置、数据库属性等信息写入 master 数据库。系统正是根据 master 数据库中的信息来管理系统和其他数据库。因此，如果 master 数据库被破坏，整个 SQL Server 系统将受到影响，用户数据库将无法使用。

### 3.1.2 model 数据库

model(模板)数据库为用户新创建的数据库提供模板和原型，它包含了用户数据库中应该包含的所有系统表的结构。当用户创建数据库时，系统会自动地把 model 数据库中的内容复制到新建的用户数据库中。

熟悉 Microsoft Word 的用户都会有这样的体会：当修改了文档的页面设置，并把该设置作为默认设置保存起来时，在此后新建的任何文档的格式都会默认采用该格式。也就是说，在把修改过的页面设置作为默认格式保存的同时，也就修改了 Microsoft Word 中针对所有新建文档的 Normal 模板。在 SQL Server 中也是如此，用户在系统中新创建的所有数据库的内容最初都与 model 数据库具有完全相同的内容。

### 3.1.3 msdb 数据库

msdb 数据库供 SQL Server 代理程序调度警报作业以及记录操作时使用。当很多用户在使用同一个数据库时，经常会出现多个用户对同一个数据进行修改而造成数据不一致的现象，或是用户对某些数据和对象的非法操作等。SQL Server 中有一套代理程序能够按照系统管理员的设定监控上述现象的发生，及时向系统管理员发出警报。那么当代理程序调度警报作业、记录操作时，系统要用到或者会实时产生许多相关信息，这些信息一般存储在 msdb 数据库中。

### 3.1.4 tempdb 数据库

使用 SQL Server 系统时，经常会产生一些临时表和临时数据库对象等，如用户在数据库中修改表的某一行数据时，在修改数据库这一事务没有被提交的情况下，系统内就会有该数据的新、旧版本之分，往往修改后的数据表构成了临时表，所以系统要提供一个空间来存储这些临时对象。tempdb 数据库保存所有的临时表和临时存储过程。tempdb 数据库是全局资源，所有连接到系统的用户的临时表和临时存储过程都被存储在该数据库中。

tempdb 数据库有一个特性，即它是临时的，tempdb 数据库在 SQL Server 每次启动时都被重新创建，因此该数据库在系统启动时总是空的。临时表和临时存储过程在连接断开时自动清除，而且当系统关闭后将没有任何连接处于活动状态，因此 tempdb 数据库中没有任何内容会从 SQL Server 的一个启动工作保存到另一个启动工作之中。

默认情况下，在 SQL Server 运行时，tempdb 数据库会根据需要自动增长。不过，与其他数据库不同，每次启动数据库引擎时，它会重置初始大小。

此外，SQL Server 2014 还提供了两个样板数据库：pubs 和 northwind。pubs 数据库记录了一个虚构的出版公司的数据信息，而 northwind 数据库则保存了一个虚构的贸易公司的数据信息。master、model、msdb、tempdb、pubs、northwind 这 6 个数据库都是在系统安装时生成的。

## 3.2　创建用户数据库

在 SQL Server 系统中，可以用多种方法创建用户数据库。可以使用 SQL Server Management Studio 对象资源管理器建立数据库，此方法直观、简单，以图形化的方式完成数据库的创建和数据库属性的设置。也可以在 SQL Server Management Studio 查询窗口中使用 Transact-SQL 命令创建数据库，此方法使用 Transact-SQL 命令创建数据库和设置数据库属性，还可以把创建数据库的脚本保存下来，在其他计算机上运行，以创建相同的数据库。此外，利用系统提供的创建数据库向导也可以创建数据库。

创建用户数据库之前，必须先确定数据库的名称、数据库所有者、初始大小、数据库文件增长方式、数据库文件最大允许增长的大小，以及用于存储数据库的文件路径和属性等。

### 3.2.1　使用 SQL Server Management Studio 对象资源管理器创建数据库

使用 SQL Server Management Studio 对象资源管理器创建数据库的步骤如下。

（1）在 SQL Server Management Studio 窗口中，展开 SQL Server 服务器，右击"数据库"选项，在快捷菜单中选择"新建数据库"命令，如图 3.1 所示。

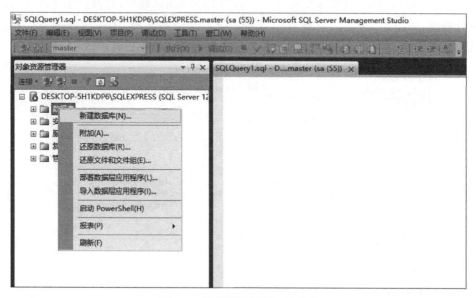

**图 3.1　选择"新建数据库"命令**

（2）系统弹出"新建数据库"对话框，在"数据库名称"文本框中输入创建的数据库名称 Book1，如图 3.2 所示。此时，系统会以数据库名称作为前缀创建主数据库文件和事务日志文件，如 Book1 和 Book1_log。主数据库文件和事务日志文件的初始大小与 model 系统数据库的默认大小相同。

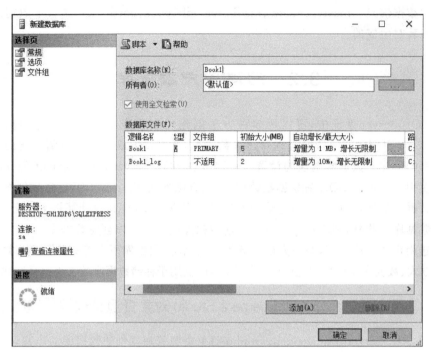

**图 3.2 "新建数据库"对话框**

(3) 用户可以选中"数据库文件"中的"初始大小(MB)"选项,对数据库文件的默认属性进行修改,如图 3.3 所示。在此可以设置数据库文件的路径、文件的增长方式和文件增长限制等属性,也可以对数据库的事务日志文件的默认属性进行修改。

**图 3.3 修改数据库文件属性**

对文件增长的设置如图 3.4 所示。

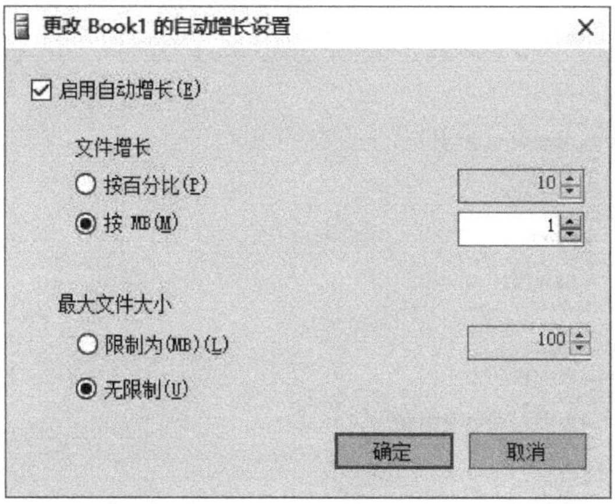

**图 3.4　文件增长设置**

文件有两种自动增长方式：

① "按百分比"单选按钮，指定每次增长的百分比。

② "按 MB"单选按钮，指定每次增长的兆字节数。

在"最大文件大小"选项区域中，如果选中"无限制"单选按钮，那么数据文件的容量可以无限地增长；如果选中"限制为(MB)"单选按钮，那么可以将数据文件限制在某一特定的数量范围以内。一般有经验的数据库管理员会预先估计数据库的大小，当然这样做需要一定的技巧，需要不断地积累经验。

（4）设置文件位置。默认情况下，SQL Server 2014 将存放路径设为安装目录下的 data 目录下，用户可以根据管理需要进行修改。单击图 3.3 中的"路径"中的[...]按钮，弹出图 3.5 所示的对话框，此时可以修改路径。

（5）在"选项"选项卡中可以设置数据库的一些选项，如恢复模式等，如图 3.6 所示，在各属性的下拉列表框中可以作出选择。

（6）在"文件组"选项卡中可以设置数据库文件所属的文件组，如图 3.7 所示，单击"添加文件组"按钮可以增加自定义名字的文件组。

（7）创建完用户数据库后，在 solution1-Microsoft SQL Server Management Studio 窗口的"对象资源管理器"面板中展开"数据库"选项，就可以看到新建立的 Book1 数据库，如图 3.8 所示。

## 3.2.2　使用 SQL Server Management Studio 查询窗口创建数据库

使用 SQL Server Management Studio 查询窗口创建数据库，其实就是在查询窗口的编辑面板中使用 CREATE DATABASE 等 Transact-SQL 命令来创建用户数据库，其语句格式如下：

图 3.5 选择路径

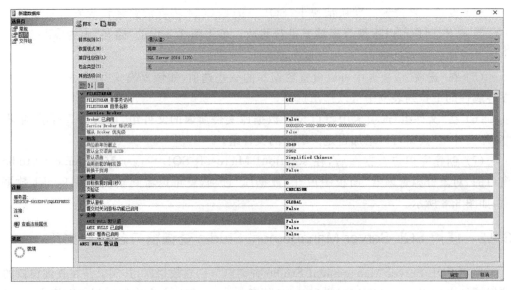

图 3.6 设置数据库的选项

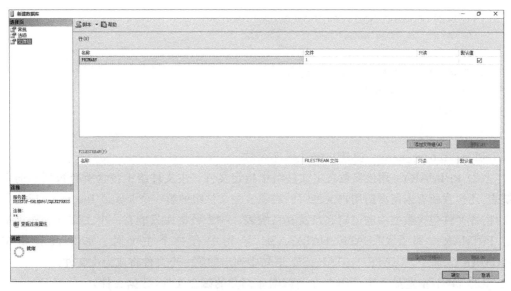

**图 3.7　文件组的设置**

**图 3.8　已建数据库**

```
CREATE DATABASE database_name
ON
{[PRIMARY](NAME=logical_file_name,
FILENAME='os_file_name',
[,SIZE=size]
[,MAXSIZE={max_size|UNLIMITED}]
[,FILEGROWTH=gro_increment])
}[,…n]
LOG ON
```

```
{(NAME=logical_file_name,
FILENAME='os_file_name'
[,SIZE=size]
[,MAXSIZE={max_size|UNLIMITED}]
[,FILEGROWTH=grow_increment])
}[,…n]
```

其中：

(1) database_name：要建立的数据库名称。

(2) PRIMARY：用该参数在主文件组中指定文件。主文件组中包含所有数据库的系统表，还包含所有未指派给用户文件组的对象。主文件组的第一个 logical_file_name 成为主文件，该文件包含数据库的逻辑起点及其系统表。一个数据库只能有一个主文件。如果指定 PRIMARY，那么 CREATE DATABASE 语句中有一个主文件。如果没有指定 PRIMARY，那么 CREATE DATABASE 语句中列出的第一个文件将成为主文件。

(3) ON：指定显式定义用来存储数据库部分的磁盘文件(数据文件)。

(4) LOG ON：指定建立数据库的日志文件。

(5) NAME：指定数据或日志文件的文件名称。

(6) FILENAME：指定文件的操作系统文件名和路径。os_file_name 中的路径必须指定为 SQL Server 所安装服务器上的某个文件夹。

(7) SIZE：指定数据或日志文件的大小。可以以 MB 或 KB 为单位指定大小。当添加数据或日志文件时，其默认大小是 1MB。

(8) MAXSIZE：指定文件最大能够增长到的大小。默认单位为 KB，用户也可以以 MB 来指定该大小。如果没有指定大小，文件将一直增长，直到磁盘满为止。要建立的数据库的大小单位为 MB。

(9) FILEGROWTH：指定文件的增长量。该参数设置不能超过 MAXSIZE 参数。指定值的默认单位为 MB，也可以以 KB 为单位指定该参数，还可以使用百分比(%)。如果没有指定该参数，则默认为 10%，最小值为 64KB。

【例 3.1】 创建一个名为 book 的用户数据库，其主文件大小为 120MB，初始大小为 55MB，文件大小增长率为 10%。日志文件大小为 30MB，初始大小为 12MB，文件增长量为 3MB。文件均存储在 D 盘根目录下。

```
CREATE DATABASE book
ON PRIMARY
(NAME=book_data,
FILENAME='d:\book.mdf',
SIZE=55,
MAXSIZE=120,
FILEGROWTH=10%)
LOG ON
(NAME=book_log,
FILENAME='d:\book.ldf',
```

```
SIZE=12,
MAXSIZE=30,
FILEGROWTH=3)
```

如图 3.9 所示,在查询窗口的编辑面板中输入上述 Transact-SQL 语句并执行,即可创建指定的数据库。

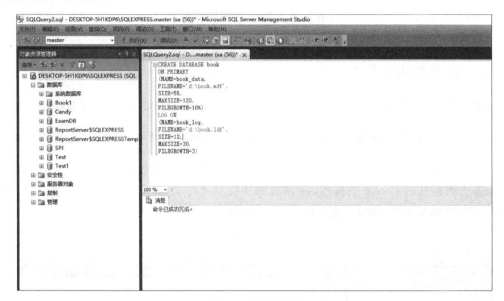

**图 3.9 创建数据库**

说明:使用一条 CREATE DATABASE 语句即可创建数据库以及存储该数据库的文件。SQL Server 分两步实现 CREATE DATABASE 语句。首先,SQL Server 使用 model 数据库的副本初始化数据库及其元数据;然后,SQL Server 使用空页填充数据库的剩余部分。每个新数据库都从 model 数据库中继承数据库选项设置。

### 3.2.3 事务日志

在 SQL Server 2014 中,数据库必须包含一个或多个数据文件和一个事务日志文件,并且每个文件只能由一个数据库使用,例如图 3.9 中的 book. mdf 和 book. ldf 两个文件只能由 Book1 这个数据库使用。

前面已经讲过,数据库的数据文件主要记录数据库的启动信息并用来存储数据,而数据库的事务日志文件包含用于恢复数据库的事务日志信息。SQL Server 使用各个数据库的事务日志恢复事务。

事务(transaction)是作为单个逻辑工作单元执行的一系列操作,例如在数据库中创建一张数据表、对数据表中的一个数据进行修改等操作都是一个事务。事务日志是数据库中已发生的所有修改和执行每次修改的事务的一连串记录。事务日志记录每个事务的开始,它记录了每个事务对数据的更改、撤销所需的足够信息。对于一些大的操作(如 CREATE INDEX),事务日志则记录该操作发生的事实。随着数据库中发生的操作不断地被记录,日志会不断地增长。

事务日志记录数据页的分配和释放以及每个事务的提交或回滚,这允许 SQL Server 采用下列方式应用(前滚)或收回(回滚)每个事务。

在应用事务日志时,事务将前滚。SQL Server 将每次修改后的映像复制到数据库中,或者重新运行语句(如 CREATE INDEX)。这些操作将按照其原始的发生顺序进行。此过程结束后,数据库将处于与事务日志备份时相同的状态。

当收回未完成的事务时,事务将回滚。SQL Server 将恢复到未完成事务之前的状态。

### 3.2.4 查看数据库信息

对于已有的数据库,可以利用对象资源管理器或 Transact-SQL 语句查看数据库信息。

**1. 使用 SQL Server Management Studio 窗口中的对象资源管理器查看数据库信息**

进入 SQL Server Management Studio 窗口,在"对象资源管理器"面板中,选中并右击需要查看信息的 Book1 数据库,在弹出的快捷菜单中选择"属性"命令,如图 3.10 所示,打开"数据库属性-Book1"窗口,如图 3.11 所示。

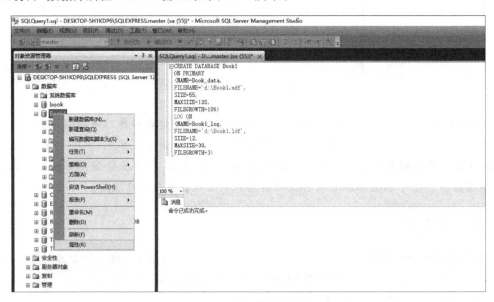

图 3.10 选择"属性"命令

在"数据库属性-Book1"窗口的"常规"选项卡中,列出了备份、数据库、维护以及空间配置等信息。数据库本身的信息包括数据库的所有者、创建日期、大小、可用空间、用户数等。

**2. 使用 Transact-SQL 命令查看数据库信息**

在 Transact-SQL 中,有许多查看数据库信息的命令,例如可以使用存储过程 sp_ helpdb 来显示有关数据库和数据库参数的信息。图 3.12 显示了使用存储过程 sp_ helpdb 对数据库 Book1 进行属性查询的结果,图中显示了该数据库的所有者、状态、创建

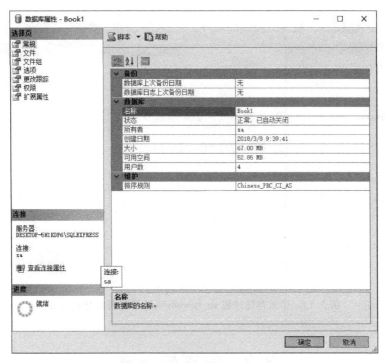

**图 3.11　Book1 的数据库信息**

时间、文件大小、文件增长属性等信息，命令格式为 sp_helpdb 'Book1'。

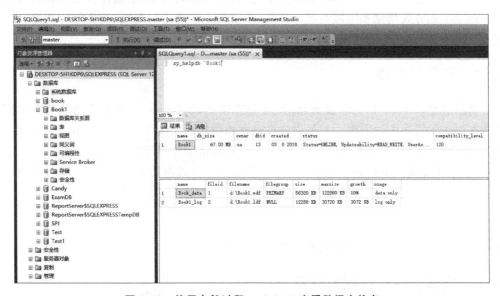

**图 3.12　使用存储过程 sp_helpdb 查看数据库信息**

图 3.13 显示了使用存储过程 sp_spaceused 查看数据库的空间信息的结果，列出了数据库 Book1 的大小以及已使用空间和未分配空间等信息。

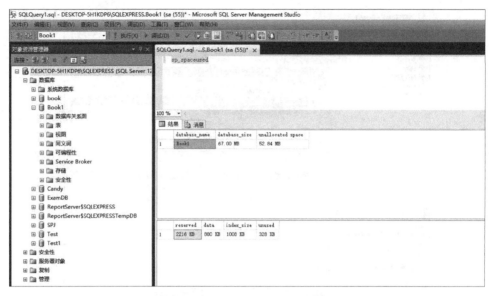

**图 3.13　使用存储过程 sp_spaceused 查看数据库空间信息**

## 3.3　管理数据库

数据库在使用过程中一些信息会发生变化,例如空间大小、数据库性能等,用户需要以自动或手动方式增加和缩减数据库容量,对数据库选项进行修改,为数据库更名,以及删除数据库。

### 3.3.1　打开数据库

当用户登录 SQL Server 服务器后,需要连接 SQL Server 服务器中的一个数据库,才能使用该数据库中的数据。如果用户没有预先指定连接哪个数据库,SQL Server 会自动为用户连接 master 系统数据库。一般,用户需要指定连接 SQL Server 服务器中的哪个数据库,或者从一个数据库切换至另一个数据库。可以在查询分析器的"编辑"面板中利用 USE 命令来打开或切换至不同的数据库,命令如下:

```
USE database_name
```

其中,database_name 表示需要打开或切换的数据库名称。

### 3.3.2　增加和缩减数据库容量

当数据库的数据增长到要超过它的使用空间时,必须增加数据库的容量,即给它提供额外的存储空间。如果指派给某数据库的空间过多,可以通过缩减数据库容量来减少存储空间的浪费。增加和缩减数据库容量的方法一般有两种,即 Transact-SQL 命令和对象资源管理器。

**1. 在 SQL Server Management Studio 查询窗口中用 Transact-SQL 语句增缩数据库容量**

增加数据库容量的语句格式如下：

```
ALTER DATABASE database_name
MODIFY FILE
(NAME=file_name,
SIZE=newsize
)
```

其中：

(1) database_name：需要增加容量的数据库名称。

(2) file_name：需要增加容量的数据库文件。

(3) newsize：为数据库文件指定新的容量，该容量必须大于数据库的现有容量。

【例 3.2】  Book1 数据库的数据库文件 Book1.mdf 的初始空间大小为 55MB，现在想将其大小扩充到 60MB，具体语句如下：

```
USE Book1
GO
ALTER DATABASE Book1
MODIFY FILE
(NAME=Book1,
SIZE=60
)
```

缩减数据库容量一般通过执行 DBCC SHRINKDATABASE 命令来完成，其语句格式如下：

```
DBCC SHRINKDATABASE (database_name[,new_size['MASTEROVERRIDE']])
```

其中：

(1) database_name：需要缩减容量的数据库名称。

(2) new_size：缩减后的数据库容量，假如不指定该项，那么数据库将缩减至最小容量。

【例 3.3】  将 Book1 数据库缩减至最小容量。

```
USE Book1
GO
DBCC SHRINKDATABASE ('Book1')
```

**2. 在 SQL Server Management Studio 对象资源管理器中修改数据库**

(1) 进入 SQL Server Management Studio 窗口，选中并右击要修改的数据库，在弹出的快捷菜单中选择"属性"命令，进入如图 3.14 所示的窗口，在这些选项的展开页面中可以管理文件增长、扩展数据库、缩小数据库、修改文件(组)设置和增加新数据库等。

**图 3.14　Book1 的数据库属性**

（2）修改成功后，单击"确定"按钮使修改的数据生效。

### 3.3.3　查看及修改数据库选项

在数据库选项中可以控制数据库是单用户模式还是 db_owner 模式，数据库是否仅可读取等，还可以设置数据库是否自动关闭、自动收缩和数据库的兼容级别等选项。

如果想查看目前数据库选项，在 SQL Server Management Studio 的"对象资源管理器"面板中右击 Book1 数据库，在快捷菜单中选择"属性"命令，然后在弹出的"数据库属性-Book1"窗口中选择"选项"，在这里可以查看和修改数据库选项，如图 3.15 所示。

### 3.3.4　数据库更名

通常情况下，在一个应用程序的开发过程中，往往需要改变数据库的名称，但是在 SQL Server 中更改数据库名称并不像在 Windows 中那样简单，要改变名称的那个数据库很可能正被其他用户使用，所以变更数据库名称的操作必须在单用户模式下才能进行。使用系统存储过程 sp_renamedb 来更改数据库的名称。

【例 3.5】　将数据库 Book1 更名为 shu，可按下列步骤进行操作。

（1）将 Book1 数据库设置为单用户模式。打开 SQL Server Management Studio 的"对象资源管理器"面板，单击"服务器"，展开"数据库"选项，右击"Book1 数据库"选项，在弹出的快捷菜单中选择"属性"命令，弹出"数据库属性-Book1"窗口，选择"选项"，选中

**图 3.15　查看和修改数据库选项**

"限制访问"下拉列表中的 SINGLE_USER，单击"确定"按钮，如图 3.16 所示。

**图 3.16　将数据库设置为单用户模式**

（2）执行 sp_renamedb 存储过程进行更名操作。打开 SQL 查询窗口，输入如下语句：

```
EXEC sp_renamedb 'Book1','shu'
```

然后，单击执行图标或按 F5 键，执行该 SQL 语句。

（3）重复第（1）步操作，恢复"限制访问"的原设置，这样，把数据库 Book1 更名为 shu 的操作就完成了。

另外，还可以直接使用 SQL 查询分析器进行操作。

在 SQL Server Management Studio 查询分析器窗口中运行以下代码：

```
EXEC sp_dboption 'shu','single user', 'true'
EXEC sp_renamedb 'shu','Book1'
EXEC sp_dboption 'Book1','single user','false'
```

然后，单击执行图标或按 F5 键，执行该 SQL 语句，更名操作就完成了。

### 3.3.5 删除数据库

删除数据库比较简单，但是应该注意的是，如果某个数据库正在使用时，则无法对该数据库进行删除。可以使用 DROP DATABASE 语句来删除某个数据库。

【例 3.6】 删除名为 Book1 的数据库。

在 SQL Server Management Studio 查询分析器窗口中运行以下代码：

```
DROP DATABASE Book1
```

运行完毕后，SQL Server 将返回该数据库的数据文件和日志文件均被删除的提示信息。

另外，也可以在 SQL Server Management Studio 的"对象资源管理器"面板中用鼠标选择要删除的数据库名，右击该数据库名，在弹出的快捷菜单中选择"删除"命令，即可完成数据库的删除操作，如图 3.17 所示。

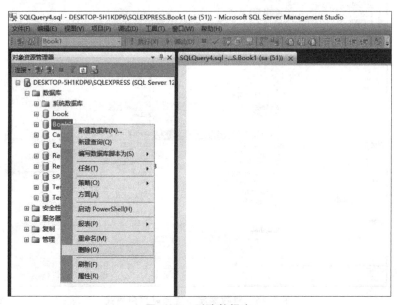

**图 3.17 删除数据库**

# 本 章 实 训

### 1. 实训目的

(1) 了解系统数据库的作用。
(2) 学会使用对象资源管理器创建用户数据库。
(3) 学会使用查询分析器创建用户数据库。
(4) 学会增加和缩减数据库容量。
(5) 学会查看和修改数据库选项。
(6) 学会给数据库改名和删除数据库。

### 2. 实训内容和步骤

(1) 用对象资源管理器和查询分析器创建一个数据库,名称为"图书"。主数据文件的逻辑名称为"图书_data",操作系统文件的名称为"d：\图书. mdf",大小为 30MB,最大为 60MB,以 15％的速度增长。数据库的日志文件的逻辑名称为"图书_log",操作系统文件的名称为"d：\图书_ldf",大小为 3MB,最大为 15MB,以 1MB 的速度增长。

① 利用对象资源管理器创建数据库。选择"开始"→"所有程序"→Microsoft SQL Server 2014→SQL Server Management Studio 命令,进入"对象资源管理器"面板,右击"数据库",在弹出的快捷菜单中选择"新建数据库"命令。

② 使用 Transact-SQL 命令创建数据库,命令如下：

```
CREATE DATABASE 图书
ON PRIMARY
(NAME=图书_data,
FILENAME='d:\图书.mdf',
SIZE=_____,
MAXSIZE=_____,
FILEGROWTH=_____)
LOG ON
(NAME=图书_log,
FILENAME='d:\图书.ldf',
SIZE=_____,
MAXSIZE=_____,
FILEGROWTH=_____)
```

(2) 分别使用对象资源管理器和查询分析器将"图书"数据库的初始空间大小扩充到 45MB。参考 Transact-SQL 命令如下：

```
USE 图书
GO
ALTER DATABASE 图书
```

```
MODIFY FILE
(NAME='d:\Book1.mdf',
SIZE=_____)
```

(3) 分别使用对象资源管理器和查询分析器将"图书"数据库的空间缩减至最小容量。参考 Transact-SQL 命令如下：

```
USE 图书
GO
DBCC SHRINKDATABASE ('_____')
```

(4) 分别使用对象资源管理器和查询分析器将"图书"数据库重新设置为只读状态。参考 Transact-SQL 命令如下：

```
EXEC sp_dboption '图书','_____', True
```

(5) 分别使用对象资源管理器和查询分析器将"图书"数据库改名为"图书信息库"。参考 Transact-SQL 命令如下：

```
EXEC sp_dboption '图书','single user' , '_____'
EXEC _____'图书','图书信息库'
EXEC sp_dboption '图书信息库','single user','_____'
```

(6) 分别使用对象资源管理器和查询分析器删除"图书信息库"数据库。参考 Transact-SQL 命令如下：

```
_____图书信息库
```

### 3. 实训总结与体会

结合操作的具体情况写出总结。

# 习　　题

## 一、简答题

1. SQL Server 2014 中包含哪两种类型的数据库？
2. 系统数据库有哪些？它们各自的功能是什么？
3. 创建用户数据库的方法有哪些？具体操作步骤是什么？
4. 说明创建一个用户数据库的语句格式中各个选项的含义。

## 二、填空题

创建一个名为 mydata 的用户数据库。其数据文件的初始大小为 12MB，无最大限制，以 12％的速度增长。日志文件的初始大小为 2MB，最大为 10MB，以 1MB 的速度增长。

```
CREATE DATABASE mydata
ON PRIMARY
(NAME=mydata_data,
FILENAME='d:\mydata.mdf',
SIZE=_____,
MAXSIZE=_____,
FILEGROWTH=_____)
LOG ON
(NAME=_____,
FILENAME='_____',
SIZE=_____,
MAXSIZE=_____,
FILEGROWTH=_____)
```

### 三、数据库操作题

1. 将第二题中的 mydata 数据库设置为只读状态,写出全部语句。

2. 将第二题中的 mydata 数据库的初始空间大小扩充到 22MB,写出全部语句。

3. 将第二题中的 mydata 数据库改名为 mydata1,写出全部语句。

4. 将第二题中的 mydata1 数据库删除,写出全部语句。

第4章

# 数据库中表的基本操作

**教学提示**：数据表是 SQL Server 2014 最基本的操作对象，除了数据表的创建、查看、修改和删除是 SQL Server 2014 最基本的操作外，对数据表的约束、默认和规则的理解和使用也是进行数据库管理与开发的基础。教学中所涉及的数据全在 Book1 数据库中，可参照 11.5 节附加 Book1 数据库。本章教学内容是本书的重点之一。

**教学目标**：通过本章的学习，要求掌握数据表的基本概念，理解约束、默认和规则的含义并且学会设置。熟练掌握利用 SQL Server Management Studio 对象资源管理器和 Transact-SQL 语句两种方法进行数据表的约束、默认和规则的设置操作以及对表的创建、查看、修改、重命名及删除操作。

## 4.1 数据库对象

### 4.1.1 数据表

创建用户数据库之后，接下来的工作是创建数据表。要使用数据库，就需要在数据表中存储用户输入的各种数据，而且以后在数据库中完成的各种操作也是在数据表的基础上进行的，所以数据表是数据库中最重要的对象。

数据表被定义为列的集合。它与电子表格类似，数据在表中是按照行和列的格式来组织的。每一行代表一条记录，每一列代表记录中的一个域。例如，一个包含图书基本信息的数据表，表中的每一行代表一条图书信息，每一列代表图书的详细资料，如编号、ISBN、书名、定价、出版社等，如图 4.1 所示。

| | 编号 | ISBN号 | 书名 | 定价 | 出版社 |
|---|---|---|---|---|---|
| 1 | YBZT0001 | 7.80175e+009 | 红楼梦图咏(3册) | 59.8000 | 中国长安 |
| 2 | YBZT0002 | 7.80175e+009 | 三国演义图咏(3册) | 59.8000 | 中国长安 |
| 3 | YBZT0003 | 7.80175e+009 | 西游记图咏(3册) | 59.8000 | 中国长安 |
| 4 | YBZT0004 | 7.80175e+009 | 水浒传图咏(3册) | 59.8000 | 中国长安 |
| 5 | YBZT0005 | 7.80175e+009 | 西厢记图 | 23.8000 | 中国长安 |
| 6 | YBZT0006 | 7.80111e+009 | 男人气质何来 | 20.0000 | 民航 |
| 7 | YBZT0007 | 7.80101e+009 | 女人魅力何来 | 20.0000 | 民航 |

**图 4.1　图书基本信息表（book1）**

在 SQL Server 中，每个数据库最多可存储 20 亿个数据表，每个数据表可以有 1024

列,每行最多可以存储 8060B。在 SQL Server 中有两种表:永久表和临时表。永久表在创建后一直存储在数据库文件中,除非用户删除该表;临时表是在系统运行过程中由系统创建的,当用户退出或系统修复时,临时表将被自动删除。

### 4.1.2　约束

数据库中的数据是现实世界的反映,并且各个数据之间有一定的联系和存在规则,如每本图书的 ISBN 号必须是唯一的,图书的书名可能相同,但 ISBN 号一定不一样;每本图书的定价只能是大于或等于 0 的值,不可能有其他的取值。类似的例子有许多,这也说明了一个问题,一个成功的数据库系统必须能够保证上述现实情况的实现。所以在学习约束这种数据库对象之前,需要学习数据的完整性的知识。

什么是数据的完整性呢? 它是指存储在数据库中的数据的一致性和正确性。为保证数据的完整性,SQL Server 提供了定义、检查和控制数据的完整性的机制。根据数据的完整性所作用的数据库对象和范围的不同,数据的完整性分为实体完整性、域完整性、参照完整性和用户定义完整性 4 种。

实体完整性也称行完整性,是将行定义为特定表的唯一实体。简言之,表的所有记录在某一列上的取值必须唯一。如在记录了多个图书信息的表中,"ISBN 号"列对应的值每一行都不相同,否则将造成图书信息管理的混乱。

域完整性也称列完整性,即列的数据输入必须有正确的数据类型、格式以及有效的数据范围。如每本图书的定价必定不小于 0,如果表中存在一个小于 0 的图书定价,则一定是出现了错误。

参照完整性是保证参照与被参照表中数据的一致性。例如,在图书基本信息表中有"ISBN 号"列,在图书入库表中也有"ISBN 号"列,两个表的 ISBN 号值必须一致,如果在输入过程中出现错误,而又没有被系统检查出来,那么在数据之间将造成混乱。

用户定义完整性允许用户定义不属于其他任何完整性分类的特定规则。所有的完整性类型都支持用户定义完整性。

由此可见,保证数据的完整性在数据库管理系统中十分重要。在数据库系统中必须采取一些措施来防止数据混乱的产生。建立和使用约束的目的是保证数据的完整性。约束是 SQL Server 强制实行的应用规则,它通过限制行、列和表中的数据来保证数据的完整性。当删除表时,表所带的约束也随之被删除。

约束包括 CHECK 约束、PRIMARY KEY 约束、FOREIGN KEY 约束、UNIQUE 约束和 DEFAULT 约束等,这些内容将在后面的章节中介绍。

### 4.1.3　默认

当向数据表中输入数值时,希望表中的某些列已经有一些默认值,使用户不必一一输入,或者用户现在还不准备输入,但又不想空着。例如,输入图书定价时,先默认所有图书的定价为 20,如果默认值是 20 则"定价"列不必每次输入,这样就会大大减少输入数据的工作量。

默认是实现上述目的的一种数据库对象,可以事先定义好,需要时将它绑定到一列或多列上。当向表中插入数据行时,系统自动为没有指定数据的列赋予事先定义的默认值。

### 4.1.4 规则

有时会遇到下面的情况:一个图书库的编号往往是一段连续的正整数,用户输入的编号值必须是有效值,不能是超出此范围的无效值;图书的 ISBN 号的长度或是 10 位,或是 13 位,不可能是其他长度的数值,如果用户输入的 ISBN 号的长度不是 10 或 13,系统就应该提醒用户数值输入有误。

规则的作用是指定各列接受数据值的范围。规则与默认一样,在数据库中只需要定义一次,就可以被多次应用在任意表中的一列或多列上。

## 4.2 数据表的设计和创建

### 4.2.1 SQL Server 的数据类型

创建数据表,涉及数据表的结构问题,也就是要确定数据表中各列的数据格式(数值、字符、日期、货币、图像等)。只有设计好数据表的结构,系统才会在磁盘上为表开辟相应的空间,用户才能向表中输入数据。因此,在讲述数据表的操作前,先介绍 SQL Server 的数据类型。

在 SQL Server 的数据表中,列的数据类型既可以是系统提供的,也可以是用户自定义的。SQL Server 系统提供了丰富的数据类型,如表 4.1 所示。

表 4.1　SQL Server 系统提供的数据类型

| 数据类型 | 说　明 |
|---|---|
| bigint | $-2^{63}(-9\,223\,377\,036\,854\,775\,808)\sim2^{63}-1(9\,223\,377\,036\,854\,775\,807)$的整数 |
| int | $-2^{31}(-2\,147\,483\,648)\sim2^{31}-1(2\,147\,483\,647)$的整数 |
| smallint | $-2^{15}(-62\,768)\sim2^{15}-1(62\,767)$的整数 |
| tinyint | $0\sim255$ 的整数 |
| bit | 0 或 1 |
| decimal | $-10^{38}+1\sim10^{38}-1$ 的固定精度和小数位的数字 |
| money | $-2^{63}\sim2^{63}-1$ 的货币值,精确到货币单位的 1‰ |
| smallmoney | $-214\,748.364\,8\sim214\,748.364\,7$ 的货币值,精确到货币单位的 1% |
| float | $-1.79E+308\sim1.79E+308$ 的浮点数 |
| real | $-3.40E+38\sim3.40E+38$ 的实数 |
| datetime | 1753 年 1 月 1 日—9999 年 12 月 31 日的日期和时间数据,精确到 1/300s |

续表

| 数据类型 | 说　　明 |
| --- | --- |
| smalldatetime | 1900 年 1 月 1 日—2079 年 6 月 6 日的日期和时间数据,精确到分 |
| char | 固定长度的非 Unicode 字符数据,最大长度为 8000 个字符 |
| nvarchar | 可变长度的非 Unicode 数据,最大长度为 8000 个字符 |
| text | 可变长度的非 Unicode 数据,最大长度为 $2^{31}-1(2\,147\,483\,647)$个字符 |
| nchar | 固定长度的 Unicode 数据,最大长度为 4000 个字符 |
| sysname | 可变长度的 Unicode 数据,最大长度为 4000 个字符。sysname 在功能上等同于 nvarchar(128),用于引用数据库对象名 |
| ntext | 可变长度的 Unicode 数据,其最大长度为 $2^{30}-1(2\,147\,483\,647)$个字符 |
| binary | 固定长度的二进制数据,其最大长度为 8000B |
| varbinary | 可变长度的二进制数据,其最大长度为 8000B |
| image | 可变长度的二进制数据,其最大长度为 $2^{31}-1(2\,147\,483\,647)$B |
| cursor | 游标的引用 |
| sql_variant | 用于存储 SQL Server 支持的各种数据类型(text、ntext、timestamp 和 sql_variant 除外)值的数据类型 |
| table | 一种特殊的数据类型,存储供以后处理结果集 |
| timestamp | 数据库范围的唯一数字,每次更新行时,该数字同步更新 |
| uniqueidentifier | 全局唯一标识符(GUID) |

**1. SQL Server 支持的数据类型**

变量或列的数据类型定义每一变量或列可以接受的数据值。也就是说,一个数据类型将指定变量或列所占用的内存空间,并确定访问、显示、更新数据的方法。

SQL Server 中的每个列、本地变量、表达式和参数都有数据类型,在一般情况下,SQL Server 提供的基本数据类型主要用于定义内存单元的数量,以便指定信息、大小和存储格式的类型、存储列的格式、存储过程的参数和本地变量。

**2. SQL Server 的数据类型说明**

1) 空值

在介绍 SQL Server 2014 所支持的基本数据类型之前,先来了解空值(NULL)的概念。数据列在定义后,还需要确定该列是否允许空值。

空值通常是未知、不可用或将在以后添加的数据。若一个列允许为空值,则向表中输入记录值时,可不为该列输入具体值;若一个列不允许为空值,则在输入时,必须给出具体的值。空值与空格字符或数字 0 是不同的。空格实际上是一个有效的字符,0 则表示一个有效的数字;而空值只表示一个概念,即目前尚不知道这个值是什么。另外,空值也不同于一个长度为 0 的字符串。例如,如果某列的列定义中包含了 NOT NULL 子句,那么不能插入该列为空的数据行。如果某列的定义中包含 NULL 关键字,则它可以接受空值。

允许空值的列需要更多的存储空间,并且可能会有其他的性能问题或存储问题。

2) 字符型

字符型主要用来存储由字母、数字和符号组成的字符串,又分为定长类型和变长类型。

对于定长类型,可以用 $n$ 来指定定长字符串的长度,即 char($n$)。当输入的字符串长小于指定的长度时,用空格填充;当输入的字符串长大于指定的长度时,则自动截去多余部分。允许空值的定长列可以内部转换成变长列。

对于变长类型,可以用 $n$ 来指定字符的最大长度,即 varchar($n$)。在变长列中数据尾部的空格会被去掉;存储尺寸就是输入数据的实际长度。变长变量和参数中的数据保留所有空格,但并不填满指定的长度。

对于字符型数据,SQL Server 提供了 3 种数据类型,分别为 char、varchar 和 text。其中,char 用于存储长度固定的字符串,varchar 用于存储长度可变的字符串,text 用于存储无限长度的字符串(每行可达 2GB)。

char 类型的列中可以有字母、数字和符号,甚至是 Tab 键和空格键,但不包含非打印字符。字符列最大长度为 32 767 个字符。char 类型的列是定长的。如果定义的 char 类型列为 400 个字符,那么即使列中的字符少于 400 个,这些数据也要占用 400 个字符的磁盘空间。

varchar 型的列存储变长的字符数据。正确使用 varchar 数据类型可以增加存储页的行数。当大多数行只需占用较少的空间,而有一些行要占用较多空间时,使用 varchar 数据类型是最有效的。指定 varchar 数据类型的同时,也要指定最大长度。

在通常情况下,char 和 varchar 是最常用的字符串数据类型。它们的区别在于:

(1) 当实际的字符串长度小于给定长度时,char 类型会在实际的字符串尾部添加空格,以达到固定的字符数,而 varchar 类型则会去掉尾部的空格以节省空间。

(2) 由于 varchar 类型是长度可变的结构,因此需要额外的开销来保存信息。

选用 char 还是 varchar,要根据用户提供数据的长度而定。尽管长度可变的结构需要额外的开销,但它不需要填充尾部空格,通常能节省更多的空间。并且,数据长度的差别越大,选用 varchar 的好处就越大。

3) 二进制型

二进制型数据是指字符串是由二进制值组成的,而不是由字符组成的,该类型通常用于 timestamp 和 image 类型。

对于二进制型数据,SQL Server 提供 3 种数据类型,分别为 binary、varbinary 和 image。其中,binary 用于存储长度固定的二进制字符串,varbinary 用于存储长度可变的二进制字符串,image 用于存储大的二进制字符串(每行可达 2GB)。

binary 型数据类似于字符型数据,当实际的字符串长度小于给定长度时,binary 类型会在实际的字符串尾部添加 0 而不是空格。

4）整型和精确数值型

SQL Server 2014 提供的整型和精确数值型类型有 6 种：bit、int、smallint、tinyint、decimal、numeric。其中，最常用的是 int 和 numeric 类型。int 类型是指取值为 -2 147 483 648～2 147 483 647 的整数，numeric 类型则是十进制数。

另外，bit 数据类型可用于存储逻辑数据，可用作状态标志位，它只存储 1 或者 0。该类型的数据不允许为空值，不允许建立索引，几个 bit 类型的列可占用同一字节。

5）浮点型

SQL Server 2014 提供了 float 和 real 类型来表示浮点数据和实型数据。float 型数据的取值范围是 -1.79E+308～1.79E+308，real 型数据的取值范围是 -3.40E+38～3.40E+38。

real 类型存储在 4 个字节中，可以在 real 数据类型中存储正的或者负的十进制值。如果不指定 float 数据类型的长度，它会存储在 8 个字节中。

用户可以指定 float 型数值的长度，当指定为 1～7 的数值时，则实际上定义了一个 real 数据类型。

6）日期型

SQL Server 2014 可以用 datetime 和 smalldatetime 数据类型来存储日期数据和时间数据。其中，smalldatetime 的精度较低，包含的日期范围也较窄，但占用的空间小。

datetime 类型数据的取值范围是 1753 年 1 月 1 日到 9999 年 12 月 31 日。可以省略 datetime 的部分值。如果全部省略，则默认的取值为 1900 年 1 月 1 日 12：00：00：00AM；如果省略的是时间部分，默认值为 12：00：00：00；如果省略的是日期部分，则默认值为"1,1,1900"。

smalldatetime 类型数据的取值范围是 1900 年 1 月 1 日到 2079 年 6 月 6 日，它的精度低于 datetime 类型。

用户输入的 datetime 与 smalldatetime 类型数据的格式完全相同。在默认情况下，日期型数据的格式是按照"月/日/年"的顺序来设定的。

7）Unicode 字符串数据类型

SQL Server 2014 提供 3 种 Unicode 字符串数据类型，分别为 nchar、nvarchar 和 ntext。

其中，ntext 数据类型用来存储大量的文本，存储的数据通常是直接能够输出到显示设备上的字符，显示设备可以是显示器、窗口或者打印机。ntext 类型可以存储的数据范围是 1～2 147 483 647B 的数据。另外，值得注意的是，如果用 ntext 数据类型定义列并且允许为空，则当使用 INSERT 语句且不插入任何值时，将不会分配任何空间；但是，如果使用 UPDATE 语句来更新数据库，则至少会分配 2B 的空间。

image 类型的数据存储长度为 1～2 147 483 647B，它采用位模式，可以用来存储照片、图片或者图画。通常存储在 image 列中的数据不能直接用 INSERT 语句输入。

**3. 用户自定义数据类型**

用户自定义数据类型基于 SQL Server 系统提供的数据类型。当多个表的列中要存储同样类型的数据,且想确保这些列具有完全相同的数据类型、长度和是否为空属性时,可使用用户自定义数据类型。

创建用户自定义数据类型必须提供名称、新数据类型所依据的系统数据类型、数据类型是否允许空值(如果未定义,系统将依据数据库或连接的 ANSI NULL 默认设置进行指派)。

可以使用对象资源管理器和 Transact-SQL 语句两种方法来创建用户自定义数据类型。下面使用这两种方法来创建一个名为 meetingday、基于 smalldatetime、不允许为空值的用户自定义数据类型。以后在设计某些数据表中的会议时间列时就可以应用此用户自定义数据类型。

1) 使用 SQL Server 对象资源管理器创建用户自定义数据类型

首先在"对象资源管理器"面板中展开要创建用户自定义数据类型的数据库,展开"可编程性"选项,再展开"类型"选项,右击"用户定义数据类型",在弹出的快捷菜单中选择"新建用户定义数据类型"命令,如图 4.2 所示。

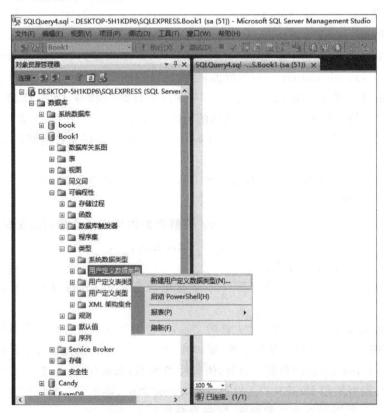

**图 4.2 新建用户定义数据类型**

在弹出的如图 4.3 所示的"新建用户定义数据类型"窗口中,输入新建数据类型的名称 meetingday,并在"数据类型"下拉列表框中选择 smalldatetime 选项;在"存储"文本框中可以更改此数据类型存储的最大数据长度。长度可变的数据类型有 binary、varchar、nvarchar、varbinary 等。如果允许此数据类型接受空值,可选中"允许 NULL 值"复选框,而这里创建的数据类型不能为空值,所以就不勾选该项。在"绑定"选项区域中的"默认值"和"规则"下拉列表中可选择一个默认值或规则,以将其绑定到用户自定义数据类型上,这里不选。

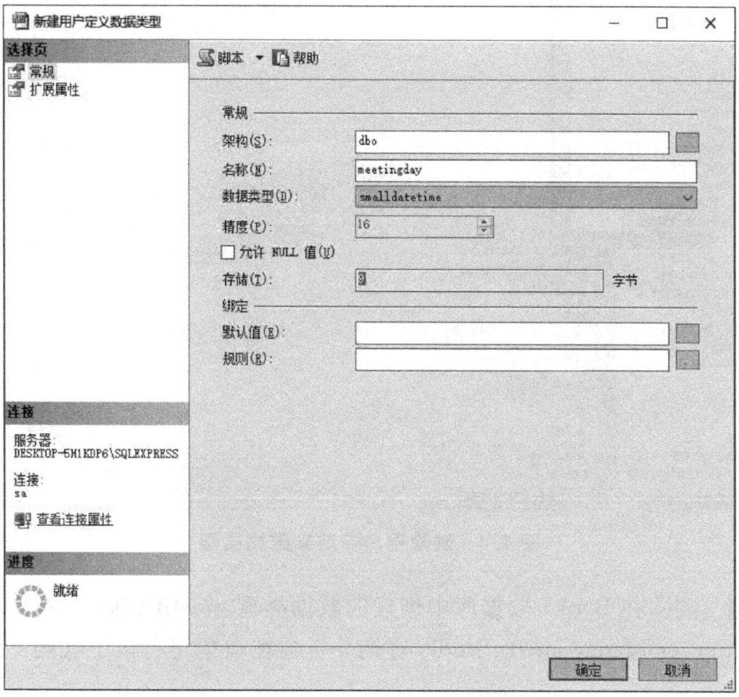

**图 4.3　用户自定义的数据类型属性**

最后单击"确定"按钮,完成用户自定义数据类型创建。此时,查看"对象资源管理器"面板就可以发现刚才创建的 meetingday 的数据类型已存在系统中。

2) 利用 Transact-SQL 语句创建用户自定义数据类型

在 Transact-SQL 中用系统存储过程 sp_addtype 来创建用户自定义数据类型。关于 sp_addtype 的具体用法,可以查看 SQL Server 的帮助文档,也可以参考下面的例题。

【例 4.1】　在 Book1 数据库中创建一个名为 meetingday、基于 smalldatetime 数据类型、不允许为空值的用户自定义数据类型。

在 SQL Server Management Studio 查询分析器窗口中运行以下代码:

```
USE Book1
GO
EXEC sp_addtype meetingday,smalldatetime,'NOT NULL'
```

3) 删除用户自定义数据类型

如图 4.4 所示,右击"用户定义数据类型"选项,在弹出的快捷菜单中选择"删除"命令,就可删除用户自定义数据类型。

也可以在查询分析器的窗口里编写、运行 Transact-SQL 语句来删除用户自定义数据类型。

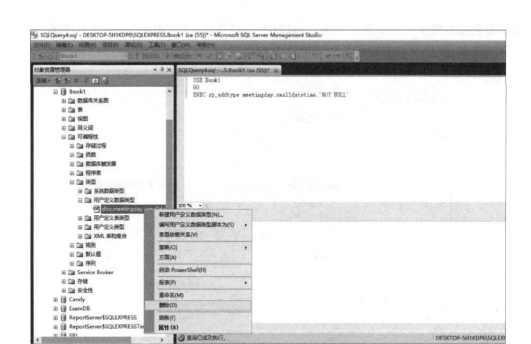

**图 4.4 删除用户自定义数据类型**

【例 4.2】 删除在 Book1 数据库中创建的数据类型 meetingday。

在 SQL Server Management Studio 查询分析器窗口中运行以下代码:

```
USE Book1
GO
EXEC sp_droptype 'meetingday'
```

## 4.2.2 创建和管理表

【实例分析】图书基本信息系统包括表 4.2 图书基本信息表一(book1)、表 4.3 图书基本信息表二(book2)、表 4.4 图书进库表(bookin)和表 4.5 作者信息表(author)。

**表 4.2 图书基本信息表一(book1)**

| 列　　名 | 数据类型 | 大　　小 | 小数位数 | 是否为空 | 默认值 |
|---|---|---|---|---|---|
| 编号 | char | 8 | | N | YBZT0001 |
| ISBN 号 | char | 13 | | N | |
| 书名 | nvarchar | 255 | | | |
| 定价 | money | 8 | | | |
| 出版社 | nvarchar | 255 | | | |
| 出版日期 | datetime | 8 | | | |

表 4.3　图书基本信息表二(book2)

| 列　　名 | 数据类型 | 大　　小 | 小数位数 | 是否为空 | 默认值 |
|---|---|---|---|---|---|
| 编号 | char | 8 | | N | YBZT0001 |
| ISBN 号 | char | 13 | | | |
| 书名 | nvarchar | 255 | | | |
| 定价 | money | 8 | | | |
| 出版社 | nvarchar | 255 | | | |
| 出版日期 | datetime | 8 | | | |

表 4.4　图书进库表(bookin)

| 列　　名 | 数据类型 | 大　　小 | 小数位数 | 是否为空 | 默认值 |
|---|---|---|---|---|---|
| 编号 | char | 8 | | N | YBZT0001 |
| ISBN 号 | char | 13 | | | |

表 4.5　作者信息表(author)

| 列　　名 | 数据类型 | 大　　小 | 小数位数 | 是否为空 | 默认值 |
|---|---|---|---|---|---|
| 作者编号 | char | 4 | | | 001 |
| 作者姓名 | nvarchar | 255 | | N | |
| 性别 | char | 2 | | N | 男 |
| 职称 | char | 20 | | | |
| 联系电话 | char | 10 | | | |
| 编号 | char | 8 | | N | |

　　**注意**：在 book1、book2 和 bookin 中，按实际情况要以"编号"为主关键字。author 以作者编号为主关键字。主关键字简称主键。主键是唯一的且不能为空值，正是由于设定主键，才使得表中的每一行记录都与其他行记录不相同。编号有个默认值 YBZT0001，也就是说，以后输入编号的数据时，如果不输入编号值，系统就默认它为 YBZT0001。下面分别用对象资源管理器和 Transact-SQL 语句来创建上述表。

**1. 在对象资源管理器窗口中创建表**

　　在 SQL Server Management Studio 的"对象资源管理器"面板中，展开 Book1 选项。右击"表"选项，在弹出的快捷菜单中选择"表"命令，如图 4.5 所示。

　　在弹出的"编辑"面板中分别设置各列的名称、数据类型、长度、是否允许为空等属性（可以参考上面讲的 book1 的结构），如图 4.6 所示。

　　设置好各列属性，单击"保存"按钮，弹出"选择名称"对话框，如图 4.7 所示。在"选择名称"对话框中输入表的名称 book1，表创建完成。

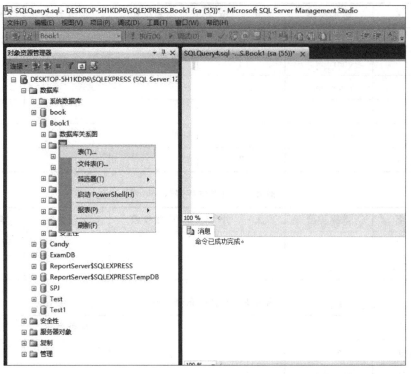

**图 4.5 创建表**

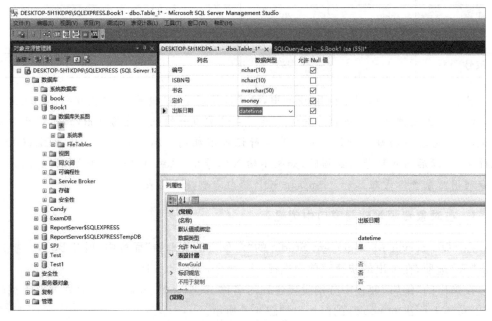

**图 4.6 设置属性**

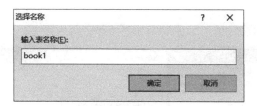

**图 4.7  "选择名称"对话框**

### 2. 使用 Transact-SQL 语句创建表

使用 Transact-SQL 语句中的 CREATE TABLE 命令创建表,其语法格式如下:

```
CREATE TABLE table_name
(
col_name column_properties[,...]
)
```

其中:

- table_name 为表的名称。
- col_name 为列的名称。
- column_properties 为列的属性(包括列的数据类型、列上的约束等)。

【例 4.3】 使用 CREATE TABLE 命令创建 book1 表。

在 SQL Server Management Studio 查询窗口中运行以下代码:

```
USE Book1
GO
CREATE TABLE book1
(编号 CHAR(8) NOT NULL,
ISBN号 CHAR(13) NOT NULL,
书名 NVARCHAR(255),
定价 MONEY,
出版社 NVARCHAR(255),
出版日期 DATETIME
)
```

运行结果如图 4.8 所示。

### 3. 修改表结构

数据表创建以后,在使用过程中可能需要对原先定义的表的结构进行修改。修改的方法可以通过 SQL Server Management Studio 的"对象资源管理器"和 Transact-SQL 语句(查询窗口)两种方法来修改表结构。对表结构的修改包括更改表名、增加列、删除列、修改已有列的属性等。

图 4.8　创建 book1 表

1）使用 SQL Server Management Studio 对象资源管理器修改表

（1）修改表名。SQL Server 允许修改一个表的名字，但当表名改变后，与此相关的某些对象（如视图、存储过程等）将无效，因为它们都与表名有关。因此，建议一般不要随便更改一个已有的表名，特别是在其上已经定义了视图等对象。

在 SQL Server Management Studio 的"对象资源管理器"面板中展开 Book1 选项，再展开"表"选项，选择其中的 dbo. book1 选项并右击，在弹出的快捷菜单中，选择"重命名"命令，如图 4.9 所示，然后输入表的新名称即可，如图 4.10 所示。

（2）增加列。当需要向表中增加项目时，就要向表中增加列。例如，对 Book1 数据库中的 book1 表增加一列"作者"，操作如下。

在 SQL Server Management Studio 的"对象资源管理器"面板中展开 Book1 选项，再展开"表"选项右击 dbo. book1，在弹出的快捷菜单中选择"设计"命令，如图 4.11 所示。

接着在右侧的表结构面板中单击最下端空白行，输入列名"作者"，数据类型选择nchar(10)选项，并选中"允许 NULL 值"复选框，如图 4.12 所示。

（3）删除列。删除刚才在 book1 表中建立的"作者"列。

**注意**：SQL Server 中被删除的列不能再恢复，所以删除列时要慎重考虑。

删除"作者"列的操作如下：

在 SQL Server Management Studio 的"对象资源管理器"面板中打开 book1 表的表结构面板，右击"作者"列，在弹出的快捷菜单中选择"删除列"命令，该列即被删除，最后单击"保存"按钮，以保存修改的结构，如图 4.13 所示。

**图 4.9　重命名数据表**

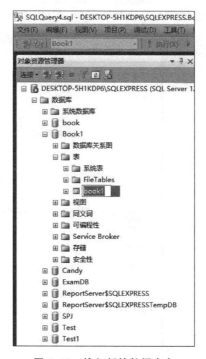

**图 4.10　输入新的数据表名**

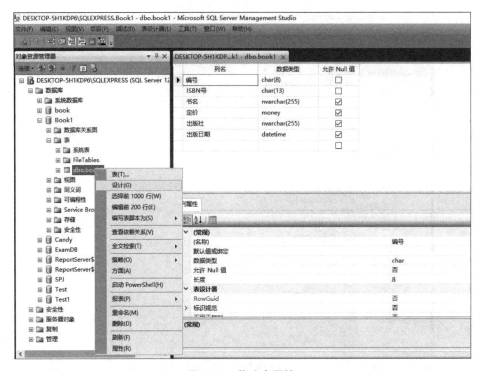

图 4.11　修改表属性

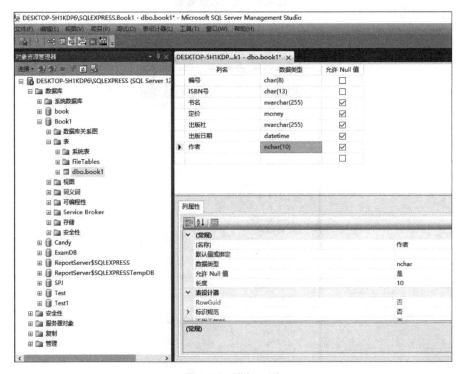

图 4.12　增加一列

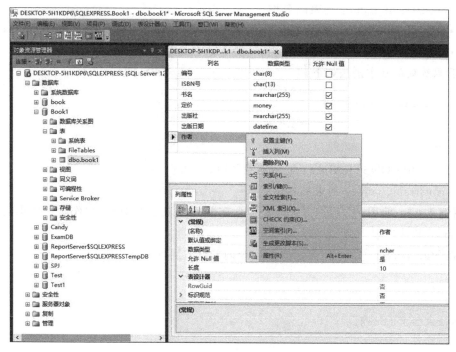

**图 4.13　删除一列**

（4）修改已有列的属性。和增加删除列类似,在 SQL Server Management Studio 的
"对象资源管理器"面板中打开表结构面板,可以对已有列的列名、数据类型、长度以及是
否允许为空值等属性直接进行修改。修改完毕后,单击"保存"按钮以保存修改后的
结构。

但是,在表中已有记录后,不要轻易修改表的结构,特别是修改列的数据类型,以免
产生错误。例如,表中某列原来的数据类型是 decimal 型,如果将它改为 int 型,那么表中
原有的记录值将失去部分数据,从而引起数值错误。

2）使用 Transact-SQL 语句修改表结构

使用 ALTER TABLE 语句能够完成上述在 SQL Server Management Studio 的"对
象资源管理器"面板中修改表的操作。现在先学习其基本语法,然后用 ALTER TABLE
语句完成上述操作。

修改表的主键的基本语法如下:

```
ALTER TABLE table_name
ADD CONSTRAINT constraint_name
PRIMARY KEY CLUSTERED
(
col_name[,...]
)
```

其中:

• ADD CONSTRAINT:表示增加约束。

- constraint_name：约束的名称。
- PRIMARY KEY：表示主键。
- CLUSTERED：表示聚集索引，一般主键为聚集索引。

删除约束的基本语法如下。

```
ALTER TABLE table_name
DROP CONSTRAINT constraint_name
```

其中：

- DROP CONSTRAINT：表示删除约束。
- constraint_name：约束的名称。

【例 4.4】　使用 ALTER TABLE 命令在 book1 表中增加一列"作者"，数据类型为 varchar，允许为空值。

在 SQL Server Management Studio 查询窗口中运行以下代码：

```
USE Book1
GO
ALTER TABLE book1
ADD 作者 varchar NULL
```

【例 4.5】　删除 book1 表中的"作者"列。

在 SQL Server Management Studio 查询窗口中运行以下代码：

```
USE Book1
GO
ALTER TABLE book1
DROP COLUMN 作者
```

【例 4.6】　修改 book1 表中的已有列的属性，将"定价"的数据类型改为 smallmoney。

在 SQL Server Management Studio 查询窗口中运行以下代码：

```
USE Book1
GO
ALTER TABLE book1
ALTER COLUMN 定价 smallmoney
```

### 4. 查看表结构以及插入、更新和删除表数据

1) 使用 SQL Server Management Studio 的"对象资源管理器"面板查看表结构

在 SQL Server Management Studio 的"对象资源管理器"面板中，右击需要查看结构的表，在弹出的快捷菜单中选择"属性"命令，打开表属性对话框，选择"常规"选项卡，即可查看表信息。

2) 使用系统存储过程 sp_help 查看表的结构

语法格式：

[EXECUTE] sp_help [table_name]

【例 4.7】　查看图书表(book1)的结构。

在 SQL Server Management Studio 查询分析器窗口中运行以下代码：

```
EXEC sp_help book1
```

就会显示 book1 表的结构,如图 4.14 所示。

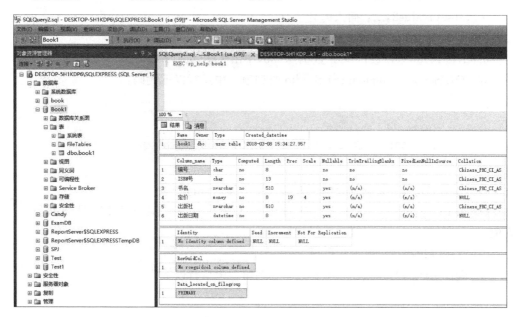

**图 4.14　book1 表的结构**

3) 使用 SQL Server Management Studio 的"对象资源管理器"面板查看表中的数据

在 SQL Server Management Studio 的"对象资源管理器"面板中,右击需要查看数据的表,在弹出的快捷菜单中选择"打开表"命令,打开查询窗口即可看到表中的数据。

4) 在查询窗口中,使用 SELECT 语句查看表中的数据

【例 4.8】　查看图书表(book1)中的数据。

在 SQL Server Management Studio 查询窗口中运行以下代码：

```
USE Book1
SELECT *
FROM book1
```

在数据表的操作中,对表的数据内容进行查询是一项重要操作。查询主要是根据用户提供的限定条件来进行,查询的结果以表的形式返回给用户。在 SQL Server 中用 SELECT 语句完成对数据库的查询。关于 SELECT 语句的用法,将在后面做详细介绍。

5) 使用 INSERT 语句向表中插入数据

向表中插入数据就是将一条或多条记录添加到表尾。在 Transact-SQL 中使用 INSERT 命令完成数据插入,其语法如下：

```
INSERT[INTO]table_name
[(column1,column2,...)]
VALUES(value1,value2,...)
```

其中：

- table_name：指定插入数据的表名。
- column1,column2,…：将要插入数据的列名。
- value1,value2,…：插入的列值。

【例 4.9】 在 book1 表中插入如下记录：

01021001,7302112111,SQL 数据库,35,中山大学,03-12-2007

在 SQL Server Management Studio 查询窗口中运行以下代码：

```
USE Book1
INSERT INTO book1
VALUES('01021001','7302112111','SQL 数据库', 35, '中山大学','03-12-2007')
GO
```

打开 book1 表，可以看到表尾已经添加了上面的一行记录。

【例 4.10】 在表 book1 中插入部分记录，只输入如下的编号、ISBN 号和书名 3 个列值：

0102110,7302012111,大学英语

在 SQL Server Management Studio 查询窗口中运行以下代码：

```
USE Book1
INSERT INTO book1
VALUES('010210','7302012111','大学英语')
GO
```

在 SQL Server Management Studio 窗口中打开 book1 表，可以看到上述数据已经添加到表尾，其他的列值被填入了空值。

6）使用 UPDATE 语句修改数据

使用 UPDATE 语句可以更新数据表中现存记录中的数据。UPDATE 命令的语法如下：

```
UPDATE table_name
SET column1=modified_value1[,column2=modified_value2[,...]]
[WHERE column1=value1][,column2=value2][,...]
```

其中：

- table_name：指定要更新数据的表名。
- SET column1＝modified_value1：指定要更新的列及该列改变后的值。
- WHERE：指定被更新的记录所应满足的条件。

UPDATE 语句将实现在 table_name 表中找到符合条件的记录并修改指定列的列值。

【例 4.11】　对例 4.9 在 book1 表中添加的记录进行修改,在 SQL Server Management Studio 查询窗口中运行以下代码:

```
USE Book1
UPDATE book1
SET 出版社='华南师大'
WHERE ISBN 号='7302112111'
```

在"对象资源管理器"面板中打开 book1 表,可以发现在 ISBN 号为 7302112111 的一行记录中"出版社"列原来的值"中山大学"已经被更新为"华南师大"。

7) 使用 DELETE 语句删除数据

使用 DELETE 语句可以从表中删除一行或多行记录。DELETE 命令的语法如下:

```
DELETE FROM table_name
[WHERE column1=value1],[column2=value2][,...]
```

其中,WHERE 子句用来指定删除行的条件。

【例 4.12】　删除 book1 表中定价为 100 的记录。在 SQL Server Management Studio 查询窗口中运行以下代码:

```
USE Book1
DELETE
FROM book1
WHERE 定价=100
```

【例 4.13】　删除 book1 表中所有的记录。在 SQL Server Management Studio 查询窗口中运行以下代码:

```
USE Book1
DELETE
FROM book1
```

8) 使用 DROP 语句删除数据表

DELETE 语句只能删除数据表中的记录行,但删除行后的数据表仍然在数据库中。使用 DROP 语句可以从数据库中删除数据表。其语法格式如下:

```
DROP TABLE table_name
```

**注意**:DROP TABLE 语句不能删除系统表。

如果需要删除表内的所有行,应使用 DELETE table_name 语句。

【例 4.14】　删除 Book1 数据库中的 book1 表。在 SQL Server Management Studio 查询窗口中运行以下代码:

```
USE Book1
DROP TABLE book1
```

# 4.3 定义约束

## 4.3.1 约束的类型

通常创建表的步骤为：首先定义表结构，即给表的每一列取列名，并确定每一列的数据类型、数据长度、列数据是否可以为空等；然后，设置每列输入值的取值范围，以保证输入数据的正确性。本节将介绍在创建表的过程中如何设置约束。SQL Server 中有 5 种约束类型，分别是 CHECK 约束、DEFAULT 约束、PRIMARY KEY 约束、FOREIGN KEY 约束和 UNIQUE 约束。

### 1. CHECK 约束

CHECK 约束用于限制输入一列或多列的值的范围，通过逻辑表达式来判断数据的有效性，也就是列的输入内容必须满足 CHECK 约束的条件，否则数据无法正常输入，从而强制数据的域完整性。

### 2. DEFAULT 约束

若在表中某列定义了 DEFAULT 约束，用户在插入新的数据行时，如果该列没有指定数据，那么系统将默认值赋给该列，当然该默认值也可以是空值（NULL）。

### 3. PRIMARY KEY 约束

在表中经常有一列或多列的组合，其值能唯一标识表中的每一行。这样的一列或多列称为表的主键（primary key），通过它可以强制表的实体完整性。一个表只能有一个主键，而且主键约束中的列不能为空值。例如将图书信息表（book1）中图书的 ISBN 号设为该表的主键，因为它能唯一标识该表，且该列的值不为空。如果主键约束定义在不止一列上，则一列中的值可以重复，但主键约束定义中的所有列的组合的值必须唯一，因为该组合列是表的主键。

### 4. FOREIGN KEY 约束

外键（foreign key）是用于建立和加强两个表（主表与从表）的一列或多列数据之间的连接的，当添加、修改或删除数据时，通过参照完整性来保证它们之间的数据的一致性。

定义表间的参照完整性的顺序是：先定义主表的主键，再对从表定义外键约束。

### 5. UNIQUE 约束

UNIQUE 约束用于确保表中的两个数据行在非主键中没有相同的列值。与 PRIMARY KEY 约束类似，UNIQUE 约束也强制唯一性，为表中的一列或多列提供实体完整性。但 UNIQUE 约束用于非主键的一列或多列组合，且一个表可以定义多个 UNIQUE 约束，另外 UNIQUE 约束可以用于定义多列组合，且一个表可以定义多个

UNIQUE 约束。UNIQUE 约束可以用于定义允许空值的列,而 PRIMAYR KEY 约束只能用在唯一列上且不能为空值。

### 4.3.2　约束的创建、查看和删除

在 4.3.1 节中介绍了 5 种约束类型,本节将介绍各种约束的创建、查看和删除等操作。这些操作均可在 SQL Server Management Studio 的"对象资源管理器"面板中进行,也可使用 Transact-SQL 语句进行。

#### 1. CHECK 约束的创建、查看和删除

在 Book1 数据库中建立如表 4.6 所示的作者信息表(author),表中定义作者的性别列只能是"男"或"女",从而避免用户输入其他的值。要解决此问题,需要用到 CHECK 约束,使作者的性别列的值只有"男"或者"女"两种可能,如果用户输入其他值,系统均提示用户输入无效。

表 4.6　作者信息表(author)

| 作者编号 | 作者姓名 | 性　　别 | 职　　称 | 联系电话 | 编　　号 |
|---|---|---|---|---|---|
| 0001 | 李大神 | 男 | 教授 | 02085859654 | XH5468 |
| 0002 | 周恩平 | 男 | 副教授 | 01022365365 | XH5469 |
| 0003 | 张小妹 | 女 | 讲师 | 02066589654 | XH5470 |
| 0004 | 李思思 | 女 | 助教 | 01022356895 | YBZT0001 |
| 0005 | 林华平 | 男 | 助教 | 02022220000 | YBZT0002 |

下面看看在 SQL Server Management Studio 的"对象资源管理器"面板中是如何解决这个问题的。首先,在 SQL Server Management Studio 的"对象资源管理器"中右击 dbo. author 选项,在弹出的快捷菜单中,选择"设计"命令,如图 4.15 所示,在表结构面板中选中"性别",然后右击"性别",在弹出的快捷菜单中选择"CHECK 约束"命令,在 "CHECK 约束"对话框,单击"添加"按钮,如图 4.16 所示。单击"表达式"后面的按钮 ,进入如图 4.17 所示的"CHECK 约束表达式"对话框,在"表达式"文本框中输入约束表达式 "性别='男' or 性别='女'",然后,单击"确定"按钮。最后,在表结构面板中单击"保存"按钮,即完成了创建并保存 CHECK 约束的操作。以后在用户输入数据时,若输入性别不是"男"或"女",系统将提示输入无效。

要想删除上面创建的 CHECK 约束,在"CHECK 约束"对话框中单击"删除"按钮,然后单击"关闭"按钮即可。

也可使用 Transact-SQL 语句创建和删除 CHECK 约束。创建 CHECK 约束的语句格式如下:

```
CONSTRAINT constraint_name CHECK(logical_expression)
```

删除 CHECK 约束的语句格式如下:

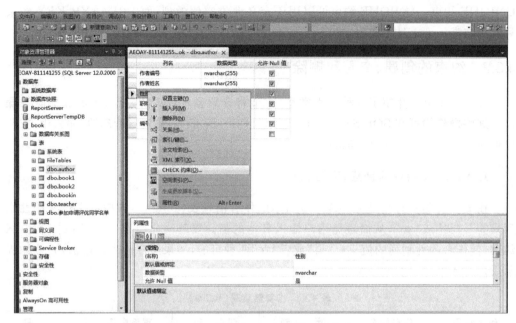

图 4.15　修改表 teacher CHECK 约束

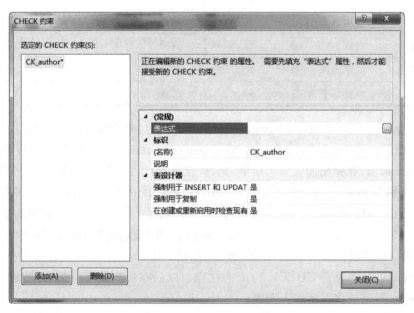

图 4.16　添加 CHECK 约束

```
DROP CONSTRAINT constraint_name
```

【例 4.15】　创建和删除 CHECK 约束。

在 SQL Server Management Studio 查询窗口中运行以下代码创建 CHECK 约束：

```
use Book1
```

**图 4.17 输入约束表达式**

```
ALTER TABLE author
ADD
CONSTRAINT CK_author CHECK(性别='男' or 性别='女')
```

删除上面的约束的语句如下:

```
ALTER TABLE author
DROP CONSTRAINT CK_author
```

### 2. DEFAULT 约束的创建、查看和删除

在 SQL Server Management Studio 的"对象资源管理器"面板中定义 author 表的 DEFAULT 约束,要求作者的性别列的默认值为"男",如图 4.18 所示。选择"性别"列,然后在"列属性"选项卡中选择"默认值或绑定",直接在文本框中输入'男',然后单击保存按钮。

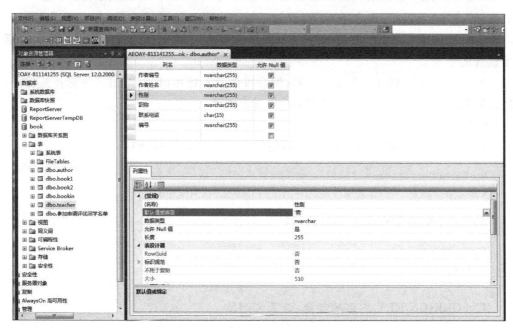

**图 4.18 定义表 author 的 DEFAULT 约束**

要删除已建立的 DEFAULT 约束,只需在"列属性"选项卡中删除该列的默认值,然后保存即可。

使用 Transact-SQL 语句创建 DEFAULT 约束的语法如下:

```
ADD CONSTRAINT constraint_name DEFAULT constraint_expression
```

删除已创建的 DEFAULT 约束的语法格式如下:

```
DROP CONSTRAINT DEFAULT constraint_name
```

【例 4.16】 创建和删除 DEFAULT 约束。

在 SQL Server Management Studio 查询窗口中运行以下代码创建 DEFAULT 约束:

```
ALTER TABLE author
ADD CONSTRAINT 性别 DEFAULT '男' FOR 性别
```

删除这个 DEFAULT 约束的语句如下:

```
ALTER TABLE author
DROP CONSTRAINT DE_性别
```

### 3. PRIMARY KEY 约束的创建、查看和删除

在 SQL Server Management Studio 的"对象资源管理器"面板中将 author 表的"作者编号"定义为主键。其操作如下,右击 dbo. author 选项,在弹出的快捷菜单中选择"设计"命令,在表结构面板中右击"作者编号"列,在弹出的快捷菜单中选择"设置主键"命令,即可将"作者编号"列设为主键。也可先用鼠标选择"作者编号"列,然后单击设置主键按钮 ,最后保存。如果再次单击"设置主键"按钮,就可以取消刚才设置的主键。

如果主键由多列组成,先选中一列,然后按住 Ctrl 键不放,同时用鼠标选择其他列,最后单击设置主键按钮,即可将多列组合设置成主键。

【例 4.17】 创建和删除主键。

在 SQL Server Management Studio 查询窗口中运行以下代码:

```
ALTER TABLE author
ADD CONSTRAINT PK_作者编号 PRIMARY KEY CLUSTERED(作者编号)
```

删除该主键的 Transact-SQL 语句如下:

```
ALTER TABLE author
DROP CONSTRAINT PK_作者编号
```

### 4. FOREIGN KEY 约束的创建、查看和删除

FOREIGN KEY 用于建立和加强两个表(主表与从表)一列或多列数据之间的连接,

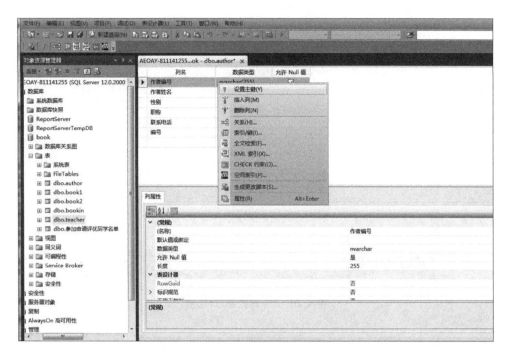

图 4.19　PRIMARY KEY 约束的定义

当数据被添加、修改或删除时,通过参照完整性保证它们之间数据的一致性。例如,book1 表中记录了每本图书的编号、ISBN 号、定价、出版社、出版日期等信息,bookin 表中也包含编号。如果要从 bookin 表中查询 book1 表中某本书的定价,需要将两张表连接起来。设置外键就是为了实现两张表的连接。

**注意**:设置为外键的列必须是两张表中的同名、同数据类型列,且该列为其中一张表的主键。

下面通过 SQL Server Management Studio 的"对象资源管理器"面板来创建 book1 表与 bookin 表之间的外键约束关系。

首先,检查在 book1 表中是否已将"编号"列设置为主键,如果没有,就先设置它为该表的主键。接着,在 bookin 表的表结构面板中右击空白处,在弹出的快捷菜单中选择"关系"命令,打开"外键关系"对话框,如图 4.20 所示。

在"外键关系"对话框中,单击"添加"按钮,如图 4.21 所示,选中"表和列规范",单击其右侧的按钮⬛,进入如图 4.22 所示的"表和列"对话框。在"主键表"下拉列表框中选择 book1,并在其下面的下拉列表框中选择"编号";在"外键表"下拉列表框中选择 bookin,并在其下面的下拉列表框中选择"编号"。如果想重命名外键约束名,可以在"关系名"文本框中输入新的名称。最后,单击"确定"按钮,即完成外键约束的创建。这样,两张表就通过"编号"列连接起来了。

**【例 4.18】** 创建外键约束。

在 SQL Server Management Studio 查询窗口中运行以下代码为 book1 表中的"编号"列建立主键约束:

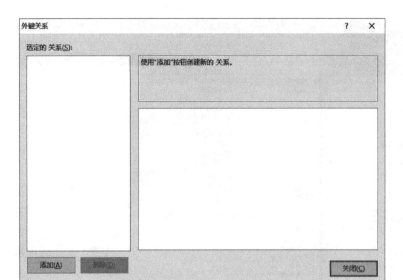

图 4.20 "外键关系"对话框

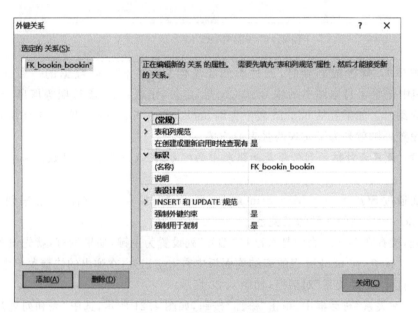

图 4.21 "外键关系"对话框

```
ALTER TABLE book1
ADD CONSTRAINT pk_编号 PRIMARY KEY CLUSTERED(编号)
```

为 bookin 表中的"编号"列建立外键约束：

```
ALTER TABLE bookin
ADD CONSTRAINT FK_编号 FOREIGN KEY(编号)
REFERENCES book1(编号)
```

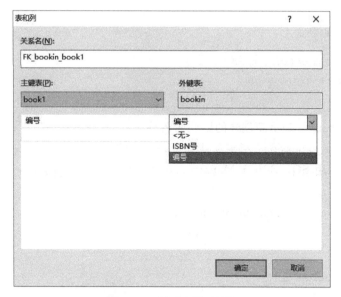

**图 4.22　"表和列"对话框**

### 5. UNIQUE 约束的创建、查看和删除

使用 SQL Server Management Studio 的"对象资源管理器"面板创建 UNIQUE 约束,可以按下列步骤进行:右击相应的表,然后在弹出的快捷菜单中选择"修改"命令,完成所有列的定义后,单击管理表索引和键按钮，打开"索引/键"对话框,单击"添加"按钮。此时,可以为所需的列创建 UNIQUE 约束。

**注意**:SQL Server 要求在同一个数据库中各个约束的名称绝对不能相同,即使这些约束是不同的类型。就此处而言,指派给 UNIQUE 约束的名称必须是数据库中唯一的,也就是它不能与同一个数据库中所有表的现有各类型约束的名称相同。

## 4.4　使用默认和规则

### 4.4.1　使用默认

4.3 节中介绍了 DEFAULT 约束的作用。默认与 DEFAULT 约束的作用类似,当用户向数据表中插入一行数据时,如果没有明确给出某列的输入值,则由 SQL Server 自动为该列输入默认值。但与 DEFAULT 约束不同的是,默认是一种数据库对象,在数据库中只需定义一次,就可以多次应用在任意表中的一列或多列上,还可以应用在用户自定义数据类型上。

可以使用 SQL Server Management Studio 查询窗口创建默认。

打开 SQL Server Management Studio 查询窗口,在 Book1 数据库中创建名为"MR_定价"的默认,并将其绑定到 book1 表中的"定价"列上,从而实现将每本书的定价默认为 100。

创建默认的命令如下：

```
CREATE DEFAULT default_name
AS constraint_expression
```

其中：

- default_name：表示新创建的默认的名称。
- constraint_expession：指定默认常量表达式的值。

**【例 4.19】**　用 SQL Server Management Studio 查询窗口的命令语句来创建默认 "MR_定价"。

在 SQL Server Management Studio 查询窗口中运行以下代码：

```
USE Book1
GO
CREATE DEFAULT MR_定价
AS '100'
GO
```

执行结果如图 4.23 所示，可在"对象资源管理器"面板中看到新创建的默认。

**图 4.23　创建默认"MR_定价"**

创建默认后,就可以将其绑定到表中的“定价”列上。以后在向该表输入数据时,“定价”列的默认值为 100。

将默认绑定到表中某列上的命令语句如下:

```
EXEC sp_bindefault default_name
'table_name.[column_name[,...]|user_datetype]'
```

在 SQL Server Management Studio 查询窗口中运行以下代码:

```
EXEC sp_bindefault MR_定价,'book1.定价'
```

如图 4.24 所示,此时已将默认值 100 绑定到 book1 表的定价列上。

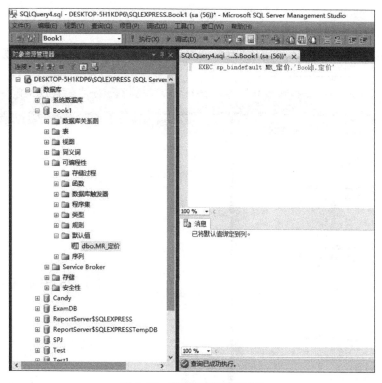

**图 4.24　将默认值绑定到列**

## 4.4.2　使用规则

前面介绍了规则的概念,其实规则与 CHECK 约束的关系类似于默认与 DEFAULT 约束的关系,规则这种数据库对象的作用与 CHECK 约束一样,只不过规则不固定于哪个列。

下面来看一个例子,在 Book1 数据库中创建规则“GZ_定价”,并将其绑定到 book2 表中的“定价”列上,使得用户输入的定价在 0～10 000 的范围之内,否则提示输入无效。

使用语句创建规则的语法如下:

```
CREATE RULE rule_name
```

```
AS condition_expression
```

其中：

- rule_name：新创建的规则名。
- condition_expression：定义规则的条件。

【例 4.20】　在 SQL Server Management Studio 查询窗口中创建规则。

在 SQL Server Management Studio 查询窗口中运行以下代码：

```
USE Book1
GO
CREATE RULE GZ_定价
AS @定价>=0 AND @定价<=10000
GO
```

执行结果如图 4.25 所示，可在"对象资源管理器"面板中看到新创建的规则。

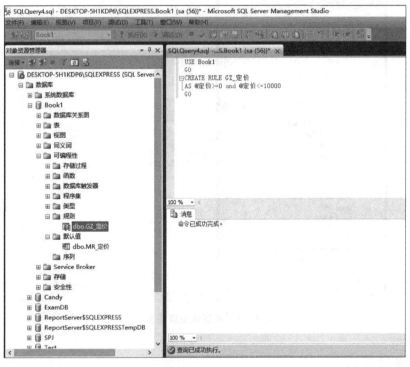

图 4.25　创建规则

注意，这里的"@定价"是一个变量，现在还不知道它代表数据表中的哪个列，只有在将该规则绑定到表中的一个具体列上，它才代表那个具体列的列值。

至此，规则已经创建好。下面将它绑定到 book2 表中的"定价"列上，此时，变量"@定价"代表"定价"列的值。

绑定规则的命令语句如下：

```
EXEC sp_bindrule rule_name, 'table_name,[column_name[,...]|user_datetype]'
```

在 SQL Server Management Studio 查询窗口中运行以下代码：

EXEC sp_bindrule GZ_定价,'book2.定价'

如图 4.26 所示,此时已将创建的规则绑定到 book2 表的"定价"列上,以后输入的定价为 0~10 000 才有效。

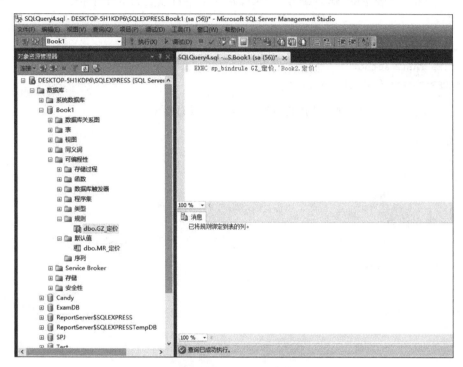

图 4.26　将规则绑定到 book2 表的"定价"列上

# 本 章 实 训

## 1. 实训目的

(1) 了解 SQL Server 的数据类型。
(2) 了解数据表的结构特点。
(3) 学会使用对象资源管理器的查询窗口创建数据表。
(4) 学会在对象资源管理器中对数据表进行插入、修改和删除数据的操作。
(5) 学会使用 SQL 语句对数据表进行插入、修改和删除数据的操作。
(6) 学会定义约束以及使用默认和规则。

## 2. 实训内容和步骤

(1) 在"对象资源管理器"面板中分别创建图书基本信息表一(book1)、图书进库表

(bookin)、作者信息表(author),其结构参照表 4.2、表 4.4 和表 4.5。

（2）在查询窗口中,先用 DROP TABLE 命令删除在对象资源管理器中创建的表,然后使用 SQL 语句再次创建这 3 个表。

（3）分别使用对象资源管理器和 SQL 语句修改表结构。

① 将 author 表中的"作者编号"列长度从 4 个字符改变到 8 个字符。

```
USE Book1
GO
ALTER TABLE author
ALTER COLUMN 作者编号 char(_____)
```

② 在 bookin 表中添加一列"数量",其数据类型为整型。

```
USE Book1
GO
ALTER TABLE bookin
ADD _____ INT
```

（4）建立约束。

① 为 Book1 数据库的 book1 表中的"定价"列建立 CHECK 约束。要求定价必须为 1～100,否则输入无效。

```
use Book1
ALTER TABLE book1
ADD
CONSTRAINT CK_定价_____ (定价 BETWEEN 1 AND 100)
```

② 将 author 表中"作者编号"列设置为 PRIMARY KEY 约束。

```
USE Book1
ALTER TABLE teacher
ADD CONSTRAINT PK_作者编号_____ CLUSTERED(作者编号)
```

（5）向 Book1 数据库的 book1 表中插入数据。

① 向 book1 表中插入数据,并使用 SELECT 语句检索插入的数据。要求插入表 4.7 中的所有数据。

表 4.7　图书信息

| 编　　　号 | ISBN 号 | 书　　名 | 定　　价 | 出　版　社 | 出版日期 |
|---|---|---|---|---|---|
| YBZT1635 | 7538716114 | 苍天无悔 | 24 | 时代文艺 | 2002-01-28 |
| YBZT1634 | 7538716124 | 苍天无泪 | 24 | 时代文艺 | 2002-02-24 |
| YBZT1633 | 7538421661 | 维修手册 | 65 | 吉林科技 | 2000-04-26 |
| YBZT1632 | 7538421612 | 家计百科 | 55 | 中国经济 | 1997-04-26 |

```
USE Book1
INSERT INTO book1
VALUES('YBZT1635','7538716114','苍天无悔','时代文艺',24,'01-28-2002')
GO
SELECT *
FROM book1
```

② 向 author 表中插入数据，插入的数据内容见表 4.6，并要求在"对象资源管理器"面板中检查所插入的数据。

③ 在"对象资源管理器"面板中向 bookin 表中输入表 4.8 所示的全部内容。

表 4.8　图书进库信息

| 编　　　号 | ISBN 号 | 编　　　号 | ISBN 号 |
|---|---|---|---|
| YBZT0001 | 7901750667 | YBZT0004 | 7801750659 |
| YBZT0002 | 7801750772 | YBZT0005 | 7801750705 |
| YBZT0003 | 7801750624 | | |

(6) 修改 book1 表的数据。

① 在 book1 表中，将编号为 YBZT1635 的定价增加 20%。

```
USE Book1
GO
UPDATE book1 SET 定价=定价 +定价 * 0.2
WHERE _____='YBZT1635'
```

② 将出版社为"中国经济"的图书名改为"家电百科"参照上面的代码。

(7) 删除 Book1 数据库中的 book1 表的数据。

① 删除 book1 表中 ISBN 号为 7538421612 的记录。

```
USE Book1
DELETE
FROM book1
WHERE ISBN 号='7538421612'
```

② 删除出版社为"时代文艺"的所有图书。

③ 删除 bookin 表。

```
USE Book1
_____ bookin
```

### 3. 实训总结与体会

结合操作的具体情况写出总结。

# 习　　题

## 一、简答题

1. 简述 CREATE TABLE 语句的各个参数的作用。

2. 事务日志文件的作用是什么？

3. 如果创建表时没有指定 NULL 或 NOT NULL，默认用什么？

4. INSERT 语句的用途是什么？其语法格式如何？

5. UPDATE 语句的用途是什么？其语法格式如何？为什么在使用 UPDATE 语句时提供一个 WHERE 子句很重要？

6. DELETE 语句的用途是什么？使用 DELETE 语句能一次删除多个行吗？

7. 什么是约束？分别说明各种不同类型约束的含义。如何创建和删除约束？写出相应的 SQL 语句格式。

## 二、填空题

1. 在 SQL 2005 中，创建数据表的方法有_____、_____。

2. 在一个表中只能设置_____个主键约束，可以定义_____个唯一性约束。

3. 不允许在关系中出现重复记录可通过_____约束实现。

4. 参照完整性规则的含义是：表的_____必须是另一个表主键的有效值或空值。

5. 主数据库文件的扩展名为_____。

6. 创建、修改和删除数据库对象的语句分别是 CREATE、_____和_____。

7. 在数据表中查询、插入、修改和删除数据的语句分别是 SELECT、_____、_____和_____。

## 三、数据库操作题

在 Book1 数据库中用 SQL 语句创建以下 3 个表，其结构见表 4.2、表 4.4 和表 4.5。

(1) book1(编号，ISBN 号，书名，定价，出版社，出版日期)。

(2) bookin(编号，ISBN 号)。

(3) author(作者编号，作者姓名，性别，职称，联系电话，编号)。

最后，用 SQL 语句删除 book1 表。

# 第 5 章

# SQL Server 2014 的数据查询

**教学提示**：数据库查询是数据库系统中最基本的也是最重要的操作。本章知识点较多，覆盖面广，教学中所涉及的数据全在 Book1 数据库中，可参照 11.5 节附加 Book1 数据库。本章教学内容是本书的重点之一。

**教学目标**：通过本章的教学，要求掌握各种查询方法，包括单表条件查询、单表多条件查询、多表多条件查询、嵌套查询，并能对查询结果进行排序、分组和汇总等操作。

## 5.1 Transact-SQL 概述

通过前面几章的学习，读者已经知道 SQL 语言是一种用于存取和查询数据，更新并管理关系数据库系统的数据查询和编程语言。1992 年 ISO(国际标准化组织)和 IEC(国际电子技术委员会)共同发布了名为 SQL-1992 的 SQL 国际标准。ANSI(美国国家标准局)在美国发布了相应的 ANSL SQL-1992 标准，该标准也称 ANSI SQL。尽管不同的关系数据库使用不同的 SQL 版本，但多数都按 ANSI SQL 标准执行。SQL Server 使用 ANSI SQL-92 的扩展集，即通常所说的 Transact-SQL，简写为 T-SQL，它是对标准 SQL 程序语言的增强，是用于应用程序和 SQL Server 之间通信的主要语言。在 SQL 语言的基础上扩充了许多功能，包括数据定义语言、数据操作语言、存储过程、系统表、函数、数据类型和流控语句。

Transact-SQL 语言的语法结构类似于英语，易学易用，书写灵活。例如，显示图书的所有信息，写成 SQL 语句为

```
USE Book1 SELECT * FROM book1
```

为了更好地编写和调试代码，本书推荐以下书写形式：

```
USE Book1
SELECT *
FROM book1
```

SQL 语言是一种说明性语言。在上例中，用户只需告诉 SQL Server 2005 显示 book1 表的所有信息，而不必说明如何去做。SQL Server 2005 会根据用户所写的 SQL

语句选择最佳的执行策略。也就是说,用户不需要知道数据库中的数据是如何定义和怎样存储的,只需知道表的名称或列的名称(上述例子中用户并不知道列名),就可以从表中查询出需要的信息。

SQL 语言特别适用于客户端/服务器体系结构,客户用 SQL 语句发出请求,服务器处理客户发出的请求。客户与服务器之间的任务划分明确。SQL 本身不是独立的程序设计语言,不能进行屏幕界面设计和控制打印格式,因此,通常将 SQL 语言嵌入到用程序设计语言(如 Visual Basic 等)编写的程序中使用。

SQL 语言由数据定义语言(DDL)、数据操作语言(DML)和数据控制语言(DCL)组成。

(1) 数据定义语言用来定义和管理数据库、表和视图这样的数据对象。DDL 通常包括每个对象的 CREATE、ALTER 和 DROP 命令。例如,CREATE TABLE、ALTER TABLE 和 DROP TABLE 语句通常用于创建表、修改其属性(如增加或删除列)和删除表。

(2) 数据操作语言用于查询和操作数据。它使用 SELECT、INSERT、UPDATE、DELETE 语句,这些语句允许用户查询数据、插入数据行、修改表中的数据、删除表中的数据行。

(3) 数据控制语言用于控制对数据库对象操作的权限。它使用 GRANT 和 REVOKE 语句授予或收回用户或用户组操作数据库对象的权限。

## 5.2　SELECT 语句

使用 SELECT 语句进行数据查询是数据库的核心操作。SQL Server 通过 SELECT 语句提供了较完整的数据查询功能,该语句具有灵活的使用方式和丰富的功能。

### 5.2.1　打开一个数据库

在对 Book1 数据库中的数据进行操作之前,必须先使用 USE 命令打开 Book1 数据库,并使用 GO 语句作为结束行:

```
USE Book1
GO
```

### 5.2.2　SELECT 语句

SELECT 语句主要用于查询数据,也可以用来向局部变量赋值。常用的 SELECT 语句的语法为

```
SELECT 选择列表
FROM 表的列表
WHERE 查询的条件
```

　　选择列表可以包括几个列名或者表达式,用逗号隔开,用来指示应该返回哪些数据。表达式可以是列名、函数或常数的列表。FROM 子句指定提供数据的表或视图的名称。当选择列表中含有列名时,每一个 SELECT 子句必须带一个 FROM 子句。WHERE 子句用于给出查询条件。

　　**【例 5.1】** 从 book1 表中查询编号为 XH5468 的书的信息,要求显示编号、书名和 ISBN 号。

　　**【实例分析】**从第 4 章的介绍中知道 book1 表有 6 列,分别为编号、ISBN 号、书名、定价、出版社和出版日期。在使用 Book1 数据库之前,应先启动数据库服务器,然后使用 USE 命令打开 Book1 数据库。可以选择在 SQL Server Management Studio 查询窗口中执行 SQL 语句,也可以在"对象资源管理器"面板中执行 SQL 语句。

　　在 SQL Server Management Studio 查询窗口中运行如下命令:

```
USE Book1
SELECT 编号,书名,ISBN 号
FROM book1
WHERE 编号='XH5468'
GO
```

　　运行结果如图 5.1 所示。

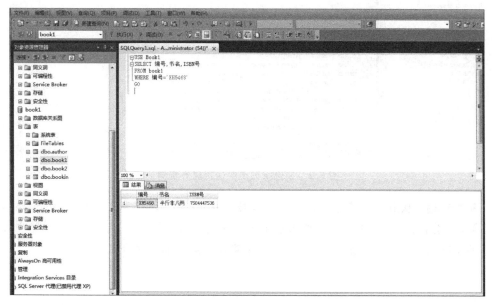

**图 5.1　对编号、书名和 ISBN 号的查询**

　　下面详细介绍 SELECT 语句的各种使用方法。

## 5.2.3　使用星号和列名

　　如果在选择列表中使用星号(*),则从 FROM 子句指定的表或视图中查询并返回所有列。

【例 5.2】 从 book1 表中查询所有书的信息。

【实例分析】查询 book1 表的所有信息,即所有行和所有列的数据。

在 SQL Server Management Studio 查询窗口中运行如下命令:

```
USE Book1
GO
SELECT *
FROM  book1
GO
```

运行结果如图 5.2 所示,它将 book1 表的所有信息显示出来。

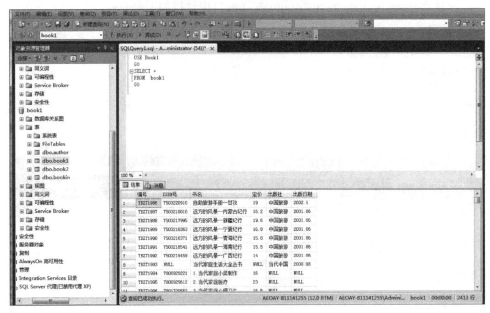

**图 5.2　在选择列表中使用星号查询**

【例 5.3】 从 book1 表中查询图书的编号和书名。

【实例分析】在 book1 表中只要求显示图书的编号和书名。

在 SQL Server Management Studio 查询窗口中运行如下命令:

```
USE Book1
Go
SELECT 编号,书名
FROM book1
GO
```

执行 SQL 语句,在查询结果中可以看到可能有相同的行,如果需要使相同的行只显示一行,就需要使用 DISTINCT 关键字。

## 5.2.4　使用 DISTINCT 消除重复值

在 SELECT 之后使用 DISTINCT 关键字,会消除指定列的值都相同的那些行,只保留一行。

**【例 5.4】**　从 book1 表中查询图书的出版社,要求消除值相同的那些行。

在 SQL Server Management Studio 查询窗口中运行如下命令:

```
USE Book1
GO
SELECT 出版社
FROM book1
GO
SELECT DISTINCT 出版社
FROM  book1
GO
```

运行结果如图 5.3 所示。

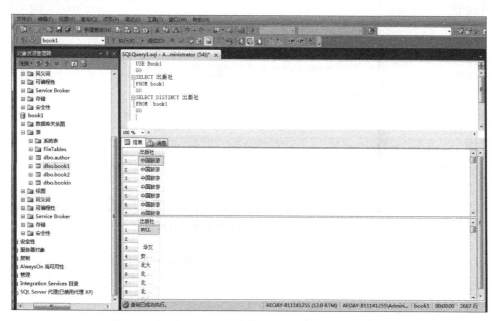

**图 5.3　使用 DISTINCT 关键字消除指定列值相同的行**

**注意**:观察第一部分语句执行的结果和第二部分语句执行的结果,可发现"中国长安"在第二部分的执行结果中只显示了一行。

## 5.2.5　使用 TOP $n$ [PERCENT]仅返回前 $n$ 行

使用 TOP 关键字,可以从结果集中仅返回前 $n$ 行。如果指定了 PERCENT 关键字,则返回前 $n\%$ 行,此时 $n$ 必须为 0～100。如果查询包括 ORDER BY 子句,则首先对行进行排序,然后从排序的结果集中返回前 $n$ 行或行的 $n\%$(ORDER BY 子句参见 5.2.10 节)。

**【例 5.5】** 从 book1 表中查询所有图书的信息,要求只显示前 5 行数据。

(1) 在 SQL Server Management Studio 查询窗口中运行如下命令:

```
USE Book1
GO
SELECT TOP 5 *
FROM book1
GO
```

运行结果如图 5.4 所示,只显示查询结果的前 5 行数据。

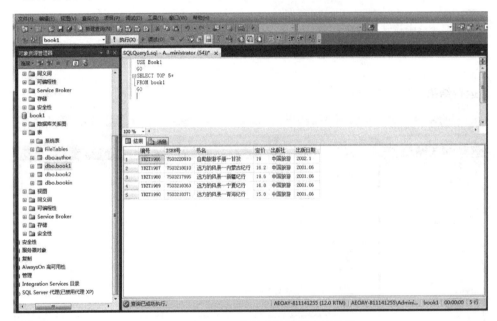

**图 5.4 使用 TOP 关键字显示前 5 行数据**

(2) 在 SQL Server Management Studio 查询窗口中运行如下命令:

```
USE Book1
GO
SELECT TOP 5 PERCENT *
FROM book1
GO
```

该命令使用 TOP 5 PERCENT 查询前 5% 的数据,运行结果如图 5.5 所示,显示了 121 行数据。book1 表共有 2413 行数据,121 行占 2413 的 5%。

## 5.2.6 修改查询结果的列标题

在查询结果中,可以看到显示结果的列标题就是表的列名字,是否可以将显示结果

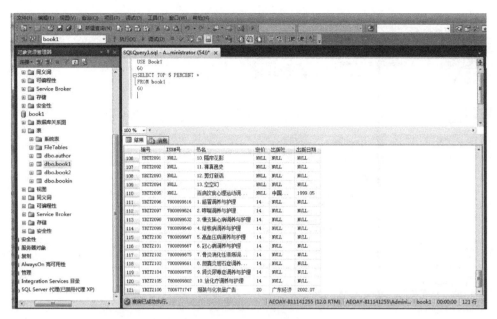

**图 5.5　使用 TOP 关键字显示前 5%的数据**

的列标题修改为其他直观易懂的标题呢?

修改查询结果的列标题有以下 3 种方法。

(1) 将要显示的列标题用单引号括起来,后接等号(＝)和要查询的列名。

(2) 将要显示的列标题用单引号括起来后,写在列名后面,两者之间使用空格隔开。

(3) 将要显示的列标题用单引号括起来后,写在列名后面,两者之间使用 AS 关键字。

**注意**:这里修改的只是查询结果的列标题,称之为别名。表中的列名并没有改变。在输入 SQL 语句时注意,标点符号(如引号、逗号等)一定要在半角状态下输入。

【例 5.6】　查询图书表中图书编号、ISBN 号、定价、出版社,要求查询结果显示如下:

| 图书编号 | 图书书号 | 图书定价 | 图书出版社 |
|---|---|---|---|
| XH5468 | 7504447536 | 19.8 | 中国商业 |

...

(1) 使用第 1 种方法在 SQL Server Management Studio 查询窗口中运行如下命令:

```
USE Book1
GO
SELECT  '图书编号'=编号,'图书书号'=ISBN号,'图书定价'=定价,'图书出版社'=出版社
FROM book1
GO
```

运行结果如图 5.6 所示,注意查询结果的列标题已修改为命令中指定的别名。

(2) 使用第 2 种方法在 SQL Server Management Studio 查询窗口中运行如下命令:

```
USE Book1
```

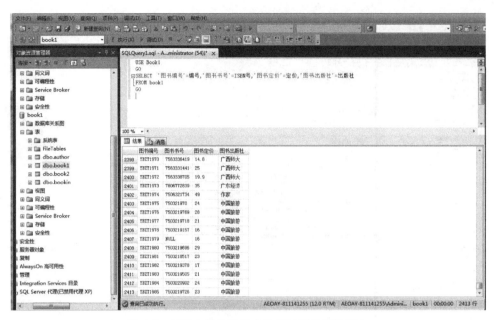

**图 5.6 用第 1 种方法给查询结果列标题取别名**

```
GO
SELECT  编号 '图书编号',ISBN号 '图书书号',定价 '图书定价',出版社 '图书出版社'
FROM book1
GO
```

（3）使用第 3 种方法在 SQL Server Management Studio 查询窗口中运行如下命令：

```
USE Book1
GO
SELECT 编号 AS '图书编号',ISBN号 AS '图书书号',定价 AS '图书定价',出版社 AS '图书出
版社'
FROM book1
GO
```

## 5.2.7 在查询结果中显示字符串

在一些查询中，经常需要在查询结果中增加一些字符串。在 SELECT 子句中，将要增加的字符串用单引号括起来，然后和列的名字写在一起，中间用逗号分隔开。

【例 5.7】 查询 book1 表的信息，要求给出查询结果形式为

| 书名 | 定价 |
|---|---|
| 目标市场 | 图书定价为:24.0 |
| … | |

在 SQL Server Management Studio 查询窗口中运行如下命令：

```
USE Book1
```

```
GO
SELECT 书名,'图书定价为：',定价
FROM book1
GO
```

运行结果如图 5.7 所示。

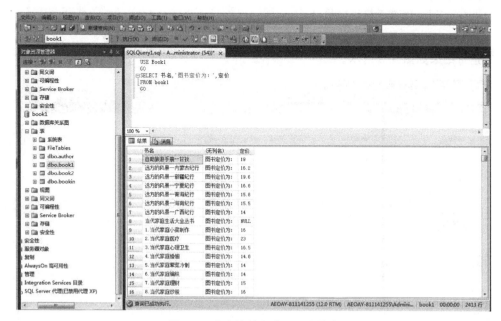

**图 5.7　在查询结果中显示字符串**

## 5.2.8　使用 WHERE 子句给出查询条件

可以使用 WHERE 子句给出查询条件，通常情况下，必须定义一个或多个条件限制查询选择的数据行。WHERE 子句指定逻辑表达式(返回值为真或假的表达式)，查询将表达式为真的数据行作为结果返回。

在 WHERE 子句中，可以包含比较运算符、逻辑运算符。比较运算符有＝(等于)、＜＞(不等于)、！＝(不等于)、＞(大于)、＞＝(大于或等于)、！＞(不大于)、＜(小于)、＜＝(小于或等于)、！＜(不小于)。

逻辑运算符有 AND(与)、OR(或)、NOT(非)，用来连接表达式。例如，图书定价在 50 元以上并且出版社为中山大学，可表示为"WHERE 定价＞50 AND 出版社='中山大学'"，图书定价在 50 元以上或出版社为中山大学可表示为"WHERE 定价＞50 OR 出版社='中山大学'"，定价在 50 元以上可表示为"WHERE 定价＞50 或者 WHERE NOT(定价＜＝50)"。

**【例 5.8】**　在 book1 表中查询书名为"红楼梦图咏(3 册)"的书的出版社。

**【实例分析】**书名为"红楼梦图咏(3 册)"即为条件，该书的出版社即为查询结果应显示的内容。

在 SQL Server Management Studio 查询窗口中运行如下命令：

```
USE Book1
GO
SELECT 出版社
FROM book1
WHERE 书名='红楼梦图咏(3册)'
GO
```

运行结果如图 5.8 所示。

**图 5.8　使用 WHERE 子句给出查询条件**

## 5.2.9　在表达式中使用列名

SELECT 子句中的选项列表可以是要指定的表达式或列的列表，表达式可以是列名、函数或常数的列表。

【例 5.9】　查询 book1 表中的最小定价、最大定价和平均定价。

【实例分析】最小值、最大值和平均值需要使用 MIN( )、MAX( )、AVG( )函数，在括号内写上要计算的列名，即"定价"。

在 SQL Server Management Studio 查询窗口中运行如下命令：

```
USE Book1
GO
SELECT MIN(定价) AS 最小定价,MAX(定价) AS 最大定价,AVG(定价) AS 平均定价
FROM book1
GO
```

运行结果如图 5.9 所示。

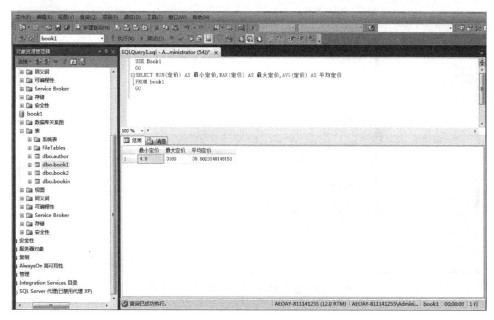

**图 5.9　表达式为函数的查询**

## 5.2.10　使用 ORDER BY 子句对查询结果排序

可以使用 ORDER BY 子句对查询结果重新排序,可以规定升序(从低到高)或降序(从高到低),方法是使用关键字 ASC(升序)或 DESC(降序)。如果省略 ASC 或 DESC,则系统默认为升序。可以在 ORDER BY 子句中指定多个列,查询结果首先按第 1 列进行排序,对第 1 列值相同的那些数据行,再按照第 2 列排序,依此类推,ORDER BY 子句要写在 WHERE 子句的后面。

**【例 5.10】**　查询 book1 表中图书的书名和定价,要求查询结果按照定价降序排序。

在 SQL Server Management Studio 查询窗口中运行如下命令:

```
USE Book1
GO
SELECT 书名,定价
FROM book1
ORDER BY 定价 DESC
```

运行结果如图 5.10 所示。

**【例 5.11】**　查询 book1 表的书名、出版社、编号,要求查询结果首先按照书名降序排序,书名相同时,则按编号升序排序。

**【实例分析】**降序应使用 DESC 关键字,升序的关键字 ASC 可以省略,中文的排序是按拼音字母的顺序进行的。

在 SQL Server Management Studio 查询窗口中运行如下命令:

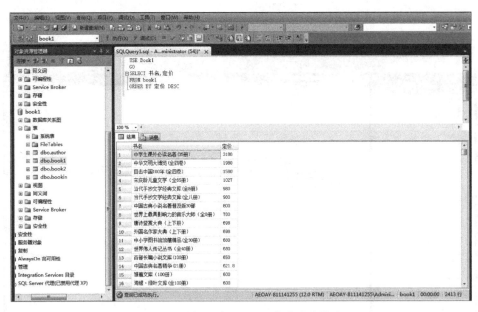

**图 5.10　使用 ORDER BY 指定降序排序**

USE Book1

GO

SELECT 书名,编号,出版社

FROM book1

ORDER BY 书名 DESC,编号 ASC

GO

运行结果如图 5.11 所示,书名按汉语拼音字母降序排序,编号按升序排序。

**图 5.11　使用 ORDER BY 进行主次关键字排序**

### 5.2.11　使用 IN 关键字

【例 5.12】　查询图书编号为 XH5468、YBZT0001、YBZT0024 的书的名称。

【实例分析】图书编号为 XH5468、YBZT0001、YBZT0024 即为条件，用 WHERE 子句实现，可以表示为"编号＝'XH5468' OR 编号＝'YBZT0001' OR 编号＝'YBZT0024'"。

在 SQL Server Management Studio 查询窗口中运行如下命令：

```
USE Book1
GO
SELECT 书名
FROM book1
WHERE 编号＝'XH5468' OR 编号＝'YBZT0001'  OR 编号＝'YBZT0024'
GO
```

使用 IN 关键字进行查询比使用两个 OR 运算符进行查询更为简单，并且易于阅读和理解。使用 IN 关键字的 SQL 语句如下：

```
USE Book1
GO
SELECT 书名
FROM book1
WHERE 编号 IN('XH5468','YBZT0001','YBZT0024')
GO
```

运行结果如图 5.12 所示。

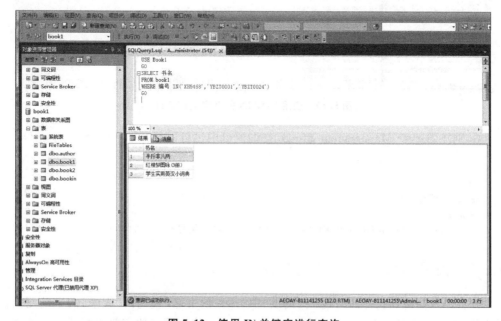

**图 5.12　使用 IN 关键字进行查询**

**注意**：使用 IN 关键字时，括号内的 3 项之间的关系为"或"的关系。

【例 5.13】 查询编号不为 XH5468、YBZT0001、YBZT0024 的图书的编号和书名，查询条件可以表示为"编号 NOT IN('XH5468','YBZT0001','YBZT0024')"或者"编号<>'XH5468' AND 编号<>'YBZT0001' AND 编号<>'YBZT0024'"。

在 SQL Server Management Studio 查询窗口中运行如下命令：

```
USE Book1
GO
SELECT 编号,书名
FROM book1
WHERE 编号 NOT IN('XH5468','YBZT0001','YBZT0024')
```

运行结果如图 5.13 所示。

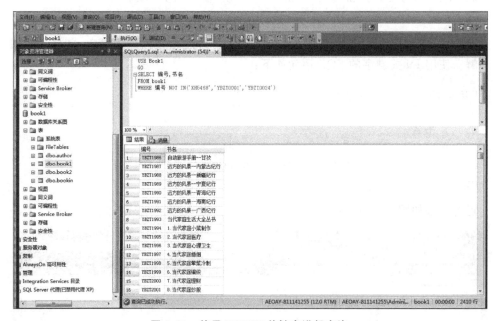

**图 5.13 使用 NOT IN 关键字进行查询**

在 SQL Server Management Studio 查询窗口中也可以运行如下命令：

```
USE Book1
GO
SELECT 编号,书名
FROM book1
WHERE 编号<>'XH5468' AND 编号<>'YBZT0001' AND 编号<>'YBZT0024'
```

## 5.2.12 使用 LIKE 关键字进行查询

读者经常会碰到这样的问题：查询以"中"开头的书名，查询以"大学"两字结尾的出版社名，或者查询第二个字为"人"的书名等。查询与给定的某些字符串相匹配的数据可以使用 LIKE 关键字。LIKE 关键字是一个匹配运算符，它与字符串表达式相匹配，字符串表达式由字符串和通配符组成。SQL 有 4 个通配符：

(1) %：匹配包含 0 个或多个字符的字符串。

(2) _：匹配任何单个的字符。

(3) []：排列通配符，匹配任何在范围或集合之内的单个字符，例如，[m-p]匹配的是 m、n、o、p 4 个字母。

(4) [^]：匹配任何不在范围或集合之内的单个字符，例如，[^mnop]或[^m-p]匹配的是除了 m、n、o、p 之外的任何字符。

通配符和字符串必须括在单引号中，例如，

LIKE'中%'匹配以"中"开始的字符串，LIKE'%大学'匹配以"大学"两字结尾的字符串，LIKE'_人%'匹配的是第二个字符为"人"的字符串，LIKE'[ck]ars[eo]n'表示 carsen、carson、karsen、karson 中的任何一个字符串，LIKE 'n[^c]%' 匹配所有以字母 n 开始并且第二个字母不是 c 的所有字符串。

要查找通配符本身时，需将它们用方括号起来。例如，LIKE'[ [ ]'表示要匹配"["，LIKE'5[%]'表示要匹配"5%"。

**【例 5.14】** 查询书名以"中"开头的所有图书。

在 SQL Server Management Studio 查询窗口中运行如下命令：

```
USE Book1
GO
SELECT *
FROM book1
WHERE 书名 LIKE '中%'
GO
```

运行结果如图 5.14 所示。

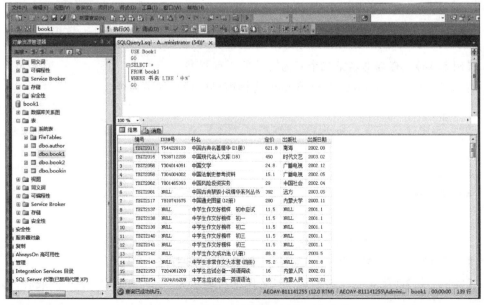

**图 5.14　查询书名以"中"开头的所有图书**

【例 5.15】 查询书名以"大学"两字结尾的所有图书。

在 SQL Server Management Studio 查询窗口中运行如下命令：

```
USE Book1
GO
SELECT *
FROM book1
WHERE 书名 LIKE '%大学'
GO
```

运行结果如图 5.15 所示。

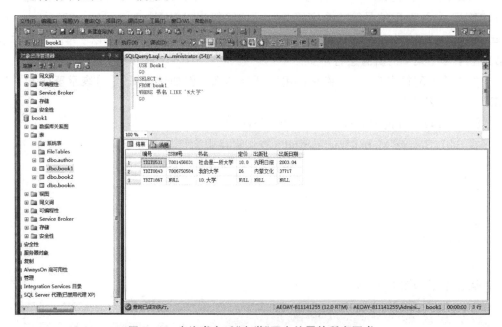

**图 5.15　查询书名以"大学"两字结尾的所有图书**

【例 5.16】 查询书名第二个字为"人"的所有图书。

在 SQL Server Management Studio 查询窗口中运行如下命令：

```
USE Book1
GO
SELECT *
FROM book1
WHERE 书名 LIKE '_人%'
GO
```

运行结果如图 5.16 所示。

【例 5.17】 查询书名第一个字不为"半"的所有图书。

【实例分析】匹配第一个字不是"半"的图书可表示为"书名 LIKE'[^半]%'"或者"书名 NOT　LIKE'半%'"。

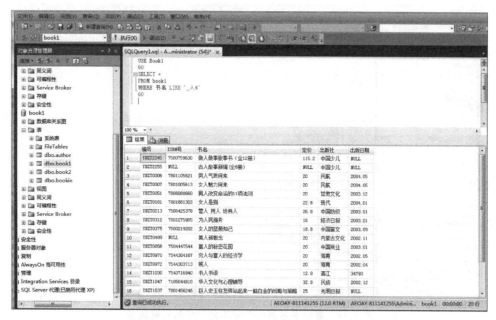

**图 5.16　查询书名第二个字为"人"的所有图书**

在 SQL Server Management Studio 查询窗口中运行如下命令：

```
USE Book1
GO
SELECT *
FROM book1
WHERE 书名 LIKE '[^半]%'
GO
```

运行结果如图 5.17 所示。

使用 NOT　LIKE 的查询语句为

```
USE Book1
GO
SELECT *
FROM book1
WHERE 书名 NOT  LIKE'半%'
GO
```

两者的查询结果是一样的。

## 5.2.13　使用 IS NULL 关键字查询没有赋值的行

**【例 5.18】** 查询 book1 表中没有出版社的书名和出版社。

**【实例分析】**图书未定价的表达式为"WHERE 定价 IS NULL"。

在 SQL Server Management Studio 查询窗口中运行如下命令：

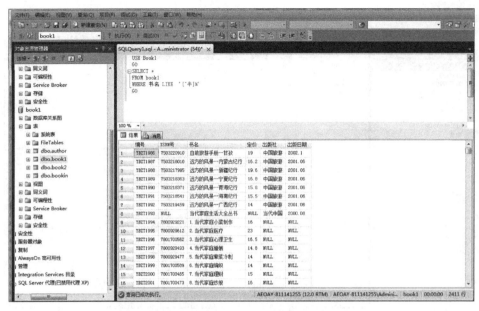

图 5.17  查询书名第一个字不为"半"的所有图书

```
USE Book1
GO
SELECT 书名,出版社
FROM book1
WHERE 出版社 is NULL
GO
```

运行结果如图 5.18 所示,从结果上可知 book1 表有 812 行的出版社没有赋值。

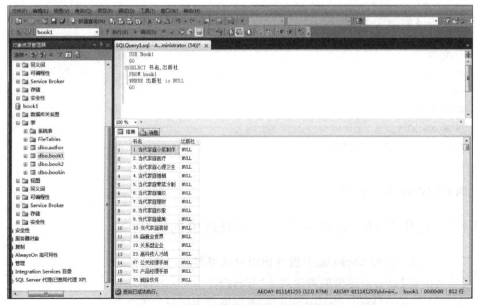

图 5.18  使用 IS NULL 关键字查询没有赋值的行

### 5.2.14　查询某一范围内的信息

如果经常需要查询在某个范围内的信息,需要使用 WHERE 子句限制查询条件,这个条件通常是一个逻辑表达式,在表达式中可以使用比较运算符＝、＜、＜＞、！＞、！＝、＞＝、＜＝、！＞、！＜,范围运算符 BETWEEN 和 NOT BETWEEN,逻辑运算符 NOT(非)、AND(与)、OR(或)。

【例 5.19】　查询图书定价低于 25 的书。

在 SQL Server Management Studio 查询窗口中运行如下命令:

```
USE Book1
GO
SELECT *
FROM book1
WHERE 定价<25
GO
```

运行结果如图 5.19 所示,可以看出满足条件的书有 1452 本。

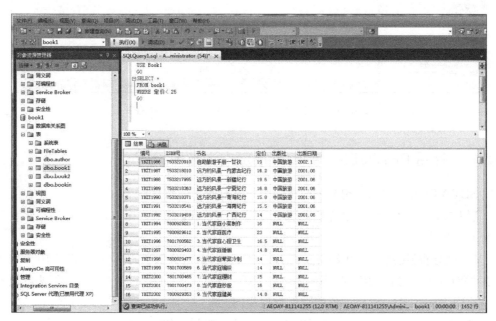

**图 5.19　查询图书定价低于 25 的书**

【例 5.20】　查询图书定价高于 1000 并且低于 2000 的图书信息。

【实例分析】定价小于 2000 并且大于 1000 元可表示为"WHERE 定价＞1000 AND 定价＜2000"。

在 SQL Server Management Studio 查询窗口中运行如下命令:

```
USE Book1
GO
```

```
SELECT *
FROM book1
WHERE   定价>1000 AND 定价<2000
GO
```

运行结果如图 5.20 所示。

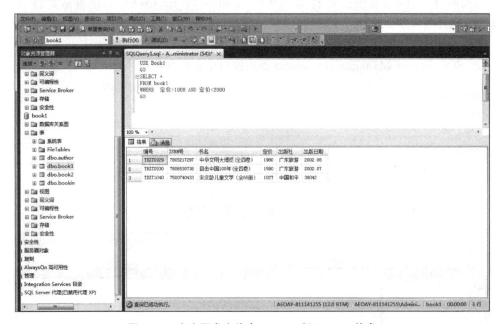

图 5.20　查询图书定价高于 1000、低于 2000 的书

### 5.2.15　使用 BETWEEN…AND…指定查询范围

BETWEEN…AND…用来查询在一个指定范围内的信息。

【例 5.21】　查询图书定价低于 2000 并且高于 1000 的所有图书,要求查询结果按照定价升序排序。

【实例分析】使用 BETWEEN…AND…进行查询,定价低于 2000 并且高于 1000 可表示为"WHERE 定价 BETWEEN 1000 AND 2000",子句中的列的数据类型必须和 BETWEEN…AND…给出的值的数据类型相同。

在 SQL Server Management Studio 查询窗口中运行如下命令:

```
USE Book1
GO
SELECT 书名,定价
FROM book1
WHERE   定价 BETWEEN 1000 AND 2000
ORDER BY 定价 ASC
GO
```

运行结果如图 5.21 所示,注意与例 5.20 进行对比。

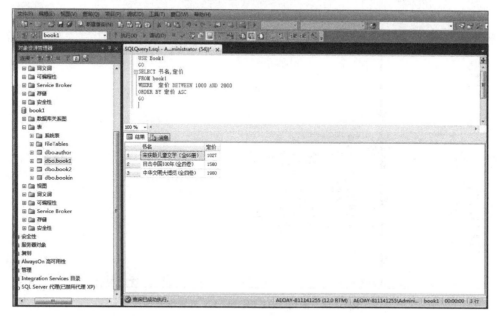

**图 5.21　使用 BETWEEN…AND…指定查询范围**

【例 5.22】　查询定价高于 2000 或低于 5 的图书,要求查询结果按照定价降序排序。

【实例分析】查询定价高于 2000 或低于 5 有两种表示方法:"WHERE 定价 NOT BETWEEN 5 AND 2000"或者"WHERE 定价>2000 OR 定价<5"。

在 SQL Server Management Studio 查询窗口中运行如下命令:

```
USE Book1
GO
SELECT 书名,定价
FROM book1
WHERE  定价 NOT BETWEEN 5 AND 2000
ORDER BY 定价 DESC
GO
```

运行结果如图 5.22 所示。

## 5.2.16　使用 GROUP BY 子句

将查询结果按照 GROUP BY 后指定的列进行分组,该子句写在 WHERE 子句的后面。当在 SELECT 子句中包含聚合函数时,最适合使用 GROUP BY 子句。SELECT 子句中的选项列表中出现的列应包含在聚合函数或者 GROUP BY 子句中,否则,SQL Server 将返回如下错误提示消息:"表名.列名在选择列表中无效,因为该列既不包含在聚合函数中,也不包含在 GROUP BY 子句中。"

图 5.22    使用 NOT BETWEEN 关键字查询

【例 5.25】    按出版社分组统计出书本数。

【实例分析】本例查询结果应为出版社的名称以及出书本数,即 COUNT()的值。这样,由于在 SELECT 子句中包含聚合函数 COUNT(),而且按出版社分组统计,所以该查询语句应使用"GROUP BY 出版社"子句。

在 SQL Server Management Studio 查询窗口中运行如下命令:

```
USE Book1
GO
SELECT 出版社,count(出版社) AS '本数'
FROM book1
GROUP BY 出版社
GO
```

运行结果如图 5.23 所示。

## 5.2.17    使用 HAVING 子句

HAVING 子句用于限定组或聚合函数的查询条件。该子句常常用在 GROUP BY 子句之后,在结果集分组之后再进行判断。如果查询条件需要在分组之前被应用,则使用 WHERE 子句,其限制查询条件比使用 HAVING 子句更有效,这种技巧减少了要进行分组的行数。如果无 GROUP BY 子句,则 HAVING 子句仅在选择列表中用于聚合函数。在这种情况下,HAVING 子句的作用与 WHERE 子句的作用相同。如果 HAVING 子句不是在这两种情况下使用的,则 SQL Server 将返回错误提示消息。

**图 5.23　使用 GROUP BY 子句查询**

【**例 5.26**】　查询中国长安出版社所出书的平均价格。

【**实例分析**】本例与例 5.25 有些相似,不同点是本例只查询中国长安出版社所出书的平均价格,此时需要对查询的范围进行限制。可使用 HAVING 子句或者 WHERE 子句,表示为"HAVING 出版社='中国长安'"或"WHERE 出版社='中国长安'"。两者的区别在于,前者先分组,再判断"出版社"列是否为"中国长安";后者是先判断"出版社"列是否为"中国长安",然后再进行分组,减少了分组的行数。

在 SQL Server Management Studio 查询窗口中运行如下命令:

```
USE Book1
GO
SELECT 出版社,AVG(定价) AS '平均价格'
FROM book1
GROUP BY 出版社
HAVING 出版社='中国长安'
GO
```

运行结果如图 5.24 所示。

使用 WHERE 子句的 SELECT 语句如下:

```
USE Book1
GO
SELECT 出版社,AVG(定价) AS '平均价格'
FROM book1
GROUP BY 出版社
WHERE 出版社='中国长安'
GO
```

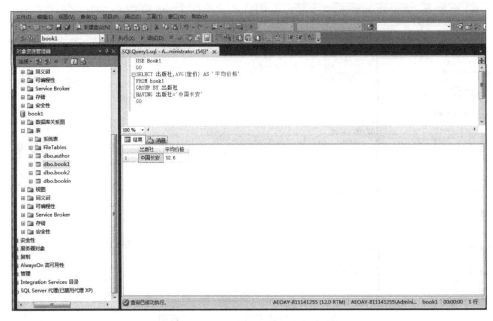

**图 5.24　使用 HAVING 子句查询**

**注意**：可以在 SELECT 子句和 HAVING 子句中使用聚合函数，但是不能在 WHERE 子句中使用聚合函数。

【**例 5.27**】　查询出书的平均价格高于 60 的出版社及其出书的平均价格。

【**实例分析**】本例的限制条件表示为 AVG(定价)>60，只能使用 HAVING 子句。如果使用 WHERE 子句限制条件，SQL Server 会显示如图 5.25 所示的错误提示消息。

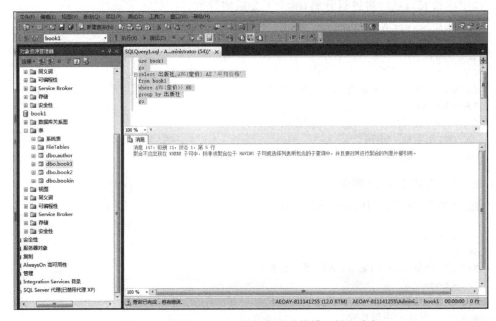

**图 5.25　使用 WHERE 子句查询时的错误提示消息**

使用 HAVING 子句的 SELECT 语句如下：

```
USE Book1
GO
SELECT 出版社,AVG(定价) AS '平均价格'
FROM book1
GROUP BY 出版社
HAVING AVG(定价)>60
group by 出版社
GO
```

执行 SQL 语句,查询结果如图 5.26 所示,只显示平均价格高于 60 的出版社及其出书的平均价格。

总结：WHERE 子句对原始记录进行过滤,HAVING 子句对结果进行过滤。

**图 5.26　使用 HAVING 子句的查询结果**

### 5.2.18　使用嵌套查询

一个 SELECT…FROM…WHERE 语句称为一个查询块。有时一个查询块无法完成查询任务,需要一个子查询的结果作为主查询语句的条件。将一个查询块嵌套在另一个查询块的条件子句中的查询被称为嵌套查询。嵌套查询可以用多个简单查询构成复杂的查询,从而增强其查询功能。

SQL Server 允许多层嵌套查询,即一个子查询中还可以嵌套其他子查询。嵌套查询一般由里向外进行处理,即每个子查询在上一级查询处理之前进行,子查询的结果用于建立其父查询的查找条件。子查询中所存取的表可以是父查询没有存取的表,子查询的结果不显示。需要特别指出的是,子查询的 SELECT 语句中不能使用 ORDER BY 子句,ORDER BY 子句只能对最终查询结果排序。

子查询的返回结果是一个值的嵌套查询称为单值嵌套查询。

**【例 5.28】** 查询定价高于所有图书平均价格的图书的编号、书名和定价。

**【实例分析】**所有图书的平均价格可表示为"SELECT AVG(定价)FROM book1"。查询高于平均价格的图书应表示为"WHERE 定价>(SELECT AVG(定价)FROM book1)"。

在 SQL Server Management Studio 查询窗口中运行如下命令:

```
USE Book1
GO
SELECT 编号,书名,定价
FROM book1
WHERE 定价>(SELECT AVG(定价)FROM book1)
GO
```

运行结果如图 5.27 所示,所有图书的平均价格为 39.68。

图 5.27　单值嵌套查询

子查询是包含在另一个查询中的查询,可以使用子查询代替表达式。子查询只能返回一列数据,有时只能返回一行数据。

## 5.2.19　使用 UNION 运算符

UNION 运算符用于将两个或多个查询结果合并成一个结果。当使用 UNION 运算符时,需要遵循以下两个规则:

（1）所有查询中列数和列的顺序必须相同。

（2）所有查询中按顺序对应列的数据类型必须兼容。

加入 UNION 运算符的 SELECT 语句中的列按下面的方式对应：第一个 SELECT 语句的第一列将对应每一个随后的 SELECT 语句的第一列，第二列对应每一个随后的 SELECT 语句的第二列……

另外，对应的列必须是兼容的数据类型，这意味着两个对应列必须是相同的数据类型，或者 SQL Server 必须可以明确地从一种数据类型转换到另一种数据类型。

【**例 5.29**】　从 book1 表中查询图书名，从 book2 表中查询图书编号，使用 UNION 运算符合并这两个查询结果。

【**实例分析**】从 book1 表中查询图书名的 SELECT 语句为 SELECT 书名 FROM book1，从 book2 表中查询图书编号的 SELECT 语句为 SELECT 编号 FROM book2，合并这两个查询结果需要使用 UNION 运算符。

在 SQL Server Management Studio 查询窗口中运行如下命令：

```
USE Book1
GO
SELECT 书名 FROM book1
UNION
SELECT 编号 FROM book2
GO
```

运行结果如图 5.28 所示。

**图 5.28　使用 UNION 运算符合并查询结果**

在运行结果中，可以看到 book1 表中的书名和 book2 表中的编号连接在一起。两个查询结果列数相同,都为一列。book1 表中的书名和 book2 表中的编号的数据类型均为 char,符合使用 UNION 运算符的规定。UNION 运算符的结果集的列标题取自第一个 SELECT 语句。如果希望改变列标题,则在第一个 SELECT 语句中进行。

在 SQL Server Management Studio 查询窗口中运行如下命令:

```
USE Book1
GO
SELECT 书名 AS  'book1 表的书名和 book2 表的编号'  FROM book1
UNION
SELECT 编号 FROM book2
GO
```

运行结果如图 5.29 所示,语句中第一个 SELECT 语句改变了查询结果的列标题。

图 5.29   使用 UNION 运算符合并查询结果并指定列标题的别名

如果希望对多个查询结果的合并结果重新排序,则在最后的 SELECT 语句中使用 ORDER BY 子句。

【例 5.30】   从 book1 表中查询图书名,从 book2 表中查询图书编号,使用 UNION 运算符合并这两个查询结果,改变列标题并按降序排列。

在 SQL Server Management Studio 查询窗口中运行如下命令:

```
USE Book1
GO
SELECT 书名 AS '按降序排列后 book1 表的书名和 book2 表的编号' FROM book1
UNION
SELECT 编号 FROM book2
ORDER BY 按降序排列后 book1 表的书名和 book2 表的编号 DESC
```

GO

运行结果如图 5.30 所示。

**图 5.30　使用 UNION 合并查询结果,指定别名并降序排列**

## 5.2.20　对多个表进行查询

### 1. 笛卡儿积

前面所讲的内容主要是对单个表进行查询。假如想从 book1 表中查询编号为 XH5468 的书名、定价、作者姓名和作者的职称,由于书名、定价在 book1 表中,作者姓名和职称在 author 表中,即该查询需要从 book1 和 author 两个表中进行查询,这就是对多个表进行查询。

可对多个表或多个视图进行查询。查询时,需要使用 WHERE 子句将表(或视图)与表(或视图)进行连接,否则就会出现数量为笛卡儿积的查询结果,达不到查询的目的,而且会造成大量的数据冗余,甚至由于占用存储空间过多而导致系统超载。

例如,book1 表中有 2413 行数据,author 表中有 5 行数据。在 SQL Server Management Studio 查询窗口中运行如下命令:

```
USE Book1
GO
SELECT *
FROM book1,author
GO
```

运行结果如图 5.31 所示,得到的结果集有 14 478 行。查询花费的时间显示为 0(注意,这里为示例数据,实际应用中如果数据稍微多一些,就会造成查询时间的急剧增长,所以一定要谨慎)。查询结果的列数为 book1 表的列数与 author 表的列数之和,即 6+5=11 列;查询结果的行数为 book1 表的行数乘以 author 表的行数,即 2413×6=14 478 行。

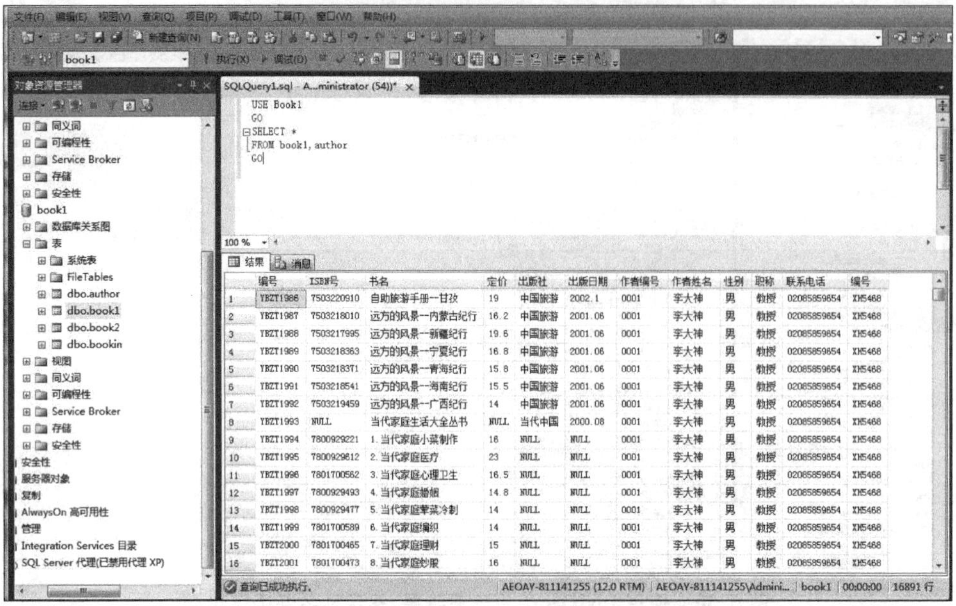

**图 5.31 数量为笛卡儿积的查询结果**

产生这样的查询结果,是因为 SQL Server 从 book1 表中每取出一行数据,就和 author 表中的每一行进行组合,形成结果集的 6 个数据行;book1 表中共有 2413 行,因此,查询结果集有 6×2413=14 478 行,这样的情况称为笛卡儿积查询。

如果对 book1、book2、author 这 3 个表进行查询,则在 SQL Server Management Studio 查询窗口中运行如下命令:

```
USE Book1
GO
SELECT *
FROM book1,book2,author
GO
```

SELECT 语句中的星号表示从 FROM 子句给出的所有表达式中取出所有的列。

运行结果如图 5.32 所示,查询时间需要约 20min(因计算机而异),查询结果集共有 2413×5469×6=79 180 182 行(3 个表的行数的乘积),有 17 列(3 个表的列数之和)。花费如此之长的时间,得到的数据却没有具体的意义。

**2. 连接条件**

为避免产生笛卡儿积查询结果,能够得到所需要的查询结果,必须使用 WHERE 子句给出连接条件。一般来说,对 $N$ 个表(或视图)的查询要有 $N-1$ 个连接条件。

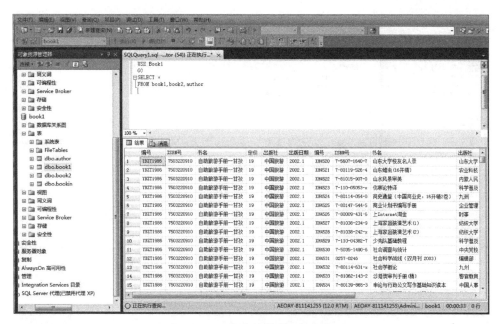

**图 5.32　3 个表的笛卡儿积查询**

对 book1 表、author 表的查询，需要给出 $1(N-1,N=2)$ 个连接条件。book1 表和 author 表是通过"编号"列进行连接的，这两个列称为连接列。book1 表中的图书编号一定会和 author 表中某个编号相等。可将该连接条件表示为"book1. 编号＝author. 编号"。两个或两个以上的表或视图查询连接条件类似于此。

多表查询中的表或视图可以在同一个数据库中，也可以来自不同的数据库。在 FROM 子句中最多可使用 16 个表或视图。

**【例 5.31】**　查询编号为 XH5468 的书名、定价、作者姓名和作者的职称。

**【实例分析】**该查询需要从 book1 表或 book2 表（因为这两个表中都有"书名""定价"两个列）和 author 表中进行查询，需要同时满足两个条件："book1. 编号＝author. 编号"和"编号＝'XH5468'"。

在 SQL Server Management Studio 查询窗口中运行如下命令：

```
USE Book1
GO
SELECT 编号,书名,定价,作者姓名,职称
FROM book1,author
WHERE book1.编号=author.编号 AND 编号='XH5468'
GO
```

运行结果出现如图 5.33 所示的错误提示信息。

出错的原因是列名"编号"不明确，因为 book1 表、author 表中均有"编号"列，SQL Server 不清楚要使用哪个表的"编号"列，所以出错。在引用多个表时，如果列名在多个表中存在，在 SELECT 子句中一定要在列名前加上表的前缀，即"表名. 列名"。在 book1

**图 5.33　错误的多表连接查询**

表的列前增加表前缀 book1 后的 SELECT 语句为

```
USE Book1
GO
SELECT book1.编号,书名,定价,作者姓名,职称
FROM book1,author
WHERE book1.编号=author.编号 AND book1.编号='XH5468'
GO
```

运行结果如图 5.34 所示。

连接的类型有内连接、外连接和交叉连接。内连接是包含满足连接条件的数据行，它主要有自然连接和相等连接等形式。外连接是连接运算的扩展，可以处理缺失信息，它又分为左外连接、右外连接和全外连接 3 种形式。交叉连接是一种很少使用的连接，两个表的交叉连接的结果集的总行数等于两个表的行数相乘。例如，将一个有 10 000 行的表与一个有 10 000 行的表进行交叉连接，结果集总行数为 10 000×10 000＝100 000 000。交叉连接通常没有实际的意义。

在 SQL Server 中可以使用两种连接语法形式。一种是 ANSI 连接语法形式，此时连接用在 FROM 子句中；另一种是 SQL Server 连接语法形式，此时连接用在 WHERE 子句中，例 5.31 采用的是 SQL Server 连接语法形式。在下面的例题中分别采用两种连接语法形式表示。

### 3. 相等连接

相等连接是将要连接的列作相等比较后所作的连接，相等连接总会产生冗余，因为

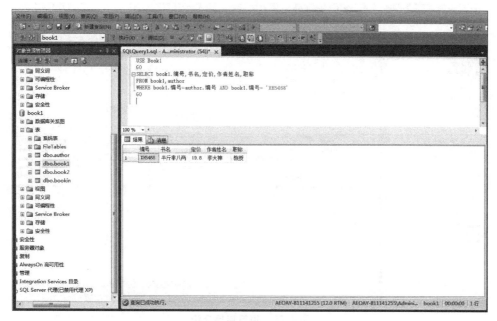

**图 5.34　正确的多表连接查询**

连接的列要显示两次。

**【例 5.32】** 查询所有图书和所有作者的信息。

**【实例分析】**本例要查询 book1 表和 author 表的所有信息,即显示两个表的所有列,在 SELECT 子句中使用 * 、book1. * 或 author. * 都可以。连接条件是两个表的"编号"列的值要相等,即 book1. 编号＝author. 编号。

在 SQL Server Management Studio 查询窗口中运行如下命令:

```
USE Book1
GO
SELECT *
FROM book1,author
WHERE book1.编号=author.编号
GO
```

运行结果如图 5.35 所示,在进行相等连接时,先计算两个表的笛卡儿积,然后再消除不满足连接条件即 book1. 编号＝author. 编号的那些行,在该查询结果中有完全相同的两列"编号"。

使用 ANSI 连接语法的 SELECT 语句如下:

```
USE Book1
GO
SELECT *
FROM book1 INNER JOIN author
ON book1.编号=author.编号
GO
```

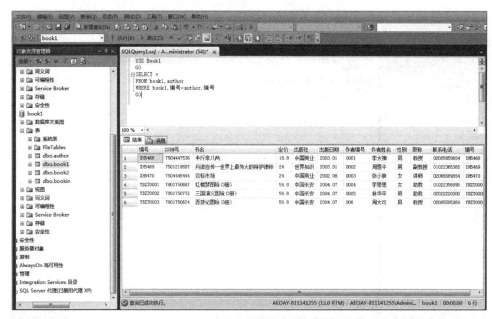

**图 5.35　相等连接查询**

运行结果与图 5.35 完全相同。

### 4. 自然连接

自然连接是将要连接的列作相等比较的连接,但是连接的列只显示一次。自然连接消除了相等连接产生的冗余。

【例 5.33】　查询所有图书和所有作者的信息。要求连接的列只显示一列。

【实例分析】本例与例 5.32 的区别是对连接的列只显示一列,SELECT 子句的选项列表可以写成"SELECT book1.＊,作者姓名,职称"。

在 SQL Server Management Studio 查询窗口中运行如下命令:

```
USE Book1
GO
SELECT book1.＊,作者姓名,职称
FROM book1,author
WHERE book1.编号=author.编号
GO
```

运行结果如图 5.36 所示。

使用 ANSI 连接语法的 SELECT 语句如下:

```
USE Book1
GO
SELECT book1.＊,作者姓名,职称
FROM book1 Inner Join author
ON book1.编号=author.编号
```

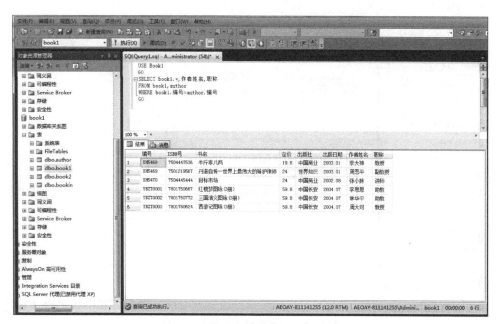

图 5.36 自然连接查询

```
GO
```

### 5. 带有选择条件的连接

在进行多表查询时,在指定的连接条件之外也可以包括其他的选择条件。

【例 5.34】 查询图书的定价在 50 元以上的书名、定价、作者姓名和出版社。

在 SQL Server Management Studio 查询窗口中运行如下命令:

```
USE Book1
GO
SELECT book1.书名,book1.定价,author.作者姓名,book1.出版社
FROM book1, author
where book1.编号=author.编号 AND book1.定价>=50
GO
```

运行结果如图 5.37 所示。

### 6. 不等值连接

在连接条件中使用除等于运算符以外的其他比较运算符(>、>=、<=、<、! >、! <、<>)来比较被连接的列值。

【例 5.35】 查询 book1 表和 book2 表中编号不相等的所有书的书名和编号信息。

【实例分析】本例实际的条件为"book1.编号<>book2.编号"。

在 SQL Server Management Studio 查询窗口中运行如下命令:

```
USE Book1
```

图 5.37　带有选择条件的连接查询

```
GO
SELECT book1.书名,book1.编号,book2.书名,book2.编号
FROM book1, book2
where book1.编号<>book2.编号
GO
```

运行结果如图 5.38 所示。

### 7. 自连接

如果所连接的两个表为同一个表,那么这种连接又称为自连接。自连接能把一个表中的行和该表中的另外一些行联系起来。

【例 5.36】　在 book1 表查询与编号为 YBZT0005 的图书的出版社相同的书名、定价和出版日期。

【实例分析】　本例是对 book1 表进行查询,将 book1 表进行自连接,这里为 book1 表定义两个别名 a、b,由于是查询与编号为 YBZT0005 的图书的出版社相同的其他图书信息,所以在查询结果中不应该包括编号为 YBZT0005 的信息,因此查询条件为"a. 出版社＝b. 出版社 AND a. 编号<> 'YBZT0005' AND b. 编号＝ 'YBZT0005'"。

在 SQL Server Management Studio 查询窗口中运行如下命令:

```
USE Book1
GO
SELECT a.编号,a.书名,a.定价,a.出版日期
FROM book1 a, book1 b
WHERE a.出版社=b.出版社 AND a.编号<>'YBZT0005' AND b.编号='YBZT0005'
GO
```

**图 5.38　不等值连接查询**

运行结果如图 5.39 所示。

**图 5.39　自连接查询**

### 8. 左外连接

为了方便说明,先在 author 表中插入一条新记录:

| 作者编号 | 作者姓名 | 性别 | 职称 | 联系电话 | 编号 |
|---|---|---|---|---|---|
| 0007 | 周大奇 | 男 | 讲师 | 02022229536 | YBZT4 |

左外连接需要在 FROM 子句中指明:

```
FROM 左表名 LEFT JOIN 右表名 ON  连接条件
```

【例 5.37】 使用左外连接查询 book1 表中有作者信息的所有图书的信息。

为比较数据,先使用自然连接查询 book1 表中有作者信息的图书。

1) 使用自然连接

在 SQL Server Management Studio 查询窗口中运行如下命令:

```
USE Book1
GO
SELECT book1.书名,book1.出版社,ISBN号,author.作者姓名
FROM book1,author
WHERE book1.编号=author.编号
GO
```

运行结果如图 5.40 所示,只得到 6 个数据行。因为使用自然连接时,对于条件 "book1.编号＝author.编号",要求"编号"在 book1 表和 author 表中都出现,才会显示在结果里面。因为 book1 表中不存在编号为 YBZT4 的图书信息,所以自然连接在此没有显示编号为 YBZT4 的行。为显示出该行,此时可以使用左外连接,其中左表为 author

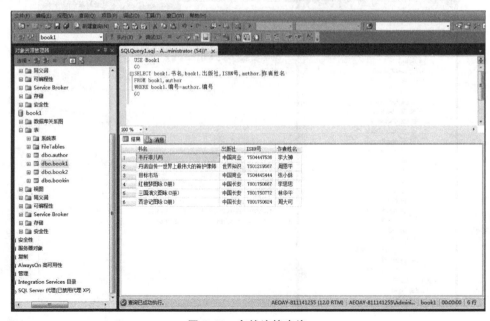

**图 5.40  自然连接查询**

表,因为 author 表中存在图书编号为 YBZT4 的作者信息。

2）使用左外连接

在 SQL Server Management Studio 查询窗口中运行如下命令：

```
USE Book1
GO
SELECT book1.书名,book1.出版社,ISBN号,author.作者姓名
FROM author LEFT JOIN book1
ON book1.编号=author.编号
GO
```

运行结果如图 5.41 所示,得到 6 个数据行。因为使用左外连接时,先计算两个表的自然连接,然后取出 author 表(左表)中编号与 book1 表(右表)中任一数据行都不匹配的那些行,用空值填充来自 book1 表(右表)的那些列,再把从左表中取出的行增加到自然连接的结果集中(最后多了一行,因为没有编号为 YBZT4 的图书)。

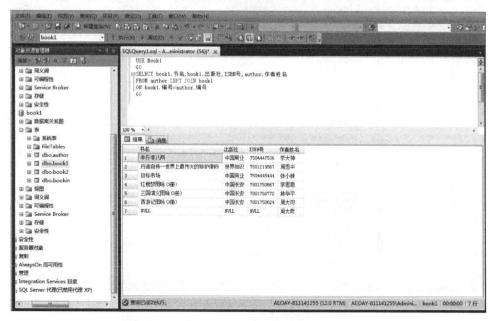

**图 5.41 左外连接查询**

### 9. 右外连接

右外连接与左外连接相对应：右外连接首先计算两个表的自然连接,再取出右表中与左表任一数据行都不匹配的那些行,用空值填充所有来自左表的那些列,再把从右表中取出的行增加到自然连接的结果集中。

右外连接需要在 FROM 子句中指明：

```
FROM 左表名 RIGHT JOIN 右表名 ON 连接条件
```

【例 5.38】 使用右外连接查询 book1 表中有作者信息的所有图书的信息。

在 SQL Server Management Studio 查询窗口中运行如下命令：

```
USE Book1
GO
SELECT book1.书名,book1.出版社,ISBN 号,author.作者姓名
FROM author RIGHT JOIN book1
ON book1.编号=author.编号
GO
```

运行结果如图 5.42 所示,得到 2413 个数据行。因为使用右外连接时,先计算两个表的自然连接,然后取出 book1 表(右表)中编号与 author 表(左表)中任一数据行都不匹配的那些行,用空值填充来自 author 表(左表)的那些列,再把从右表中取出的行增加到自然连接的结果集中。

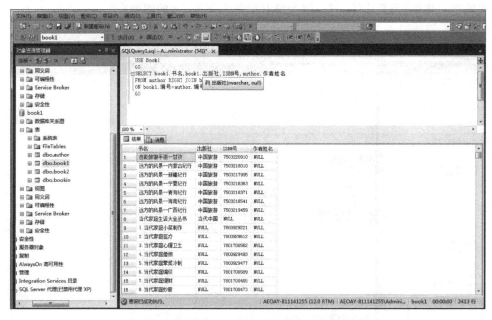

图 5.42　右外连接查询

### 10. 全外连接

为了包含两个表中都不匹配的数据行,可以使用全外连接,它可以完成左外连接和右外连接的操作,包括了左表和右表中所有不满足条件的行。

全外连接的 FROM 子句为

```
FROM 左表名 FULL JOIN 右表名 ON 连接条件
```

【例 5.39】 使用全外连接查询 book1 表中有作者信息的所有图书的信息。

在 SQL Server Management Studio 查询窗口中运行如下命令：

```
USE Book1
GO
SELECT book1.书名,book1.出版社,ISBN 号,author.作者姓名
FROM author FULL JOIN book1
ON book1.编号=author.编号
GO
```

运行结果如图 5.43 所示,得到 2414 个数据行。注意,最后多了一行数据,它是在 book1 表(左表)中没有的。全外连接完成了左外连接和右外连接的操作,包括了左表和右表所有不满足条件的行。

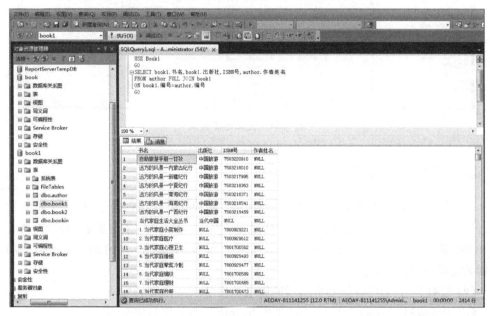

图 5.43　全外连接查询

### 11. 交叉连接

交叉连接就是将连接的两个表的所有行进行组合,形成一个结果集,该结果集的列数等于两个表的列数和,行数等于两个表的行数积。

【**例 5.40**】　计算 book1 表和 author 表的交叉连接。

在 SQL Server Management Studio 查询窗口中运行如下命令:

```
USE Book1
GO
SELECT *
FROM author,book1
GO
```

交叉连接的查询结果如图 5.44 所示。

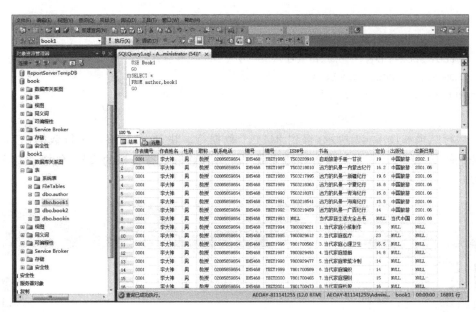

图 5.44 交叉连接查询

### 5.2.21 使用表的别名

可以给表定义别名,以方便查询时对列的引用和简化连接条件的书写,其实在例 5.36 中已用到了表的别名。定义表的别名的方法是:在 FROM 子句中定义表的别名,格式为 "FROM 表名 别名"。例如 FROM book1 b,将 b 定义为 book1 表的别名。下面使用表的别名完成下列的查询。

【例 5.41】 查询所有作者所出版的图书的信息。

【实例分析】将 book1 表的别名定义为 b,author 表的别名定义为 t。

在 SQL Server Management Studio 查询窗口中运行如下命令:

```
USE Book1
GO
SELECT b.书名,b.定价,t.作者姓名
FROM author t,book1 b
WHERE t.编号=b.编号
GO
```

运行结果如图 5.45 所示。

### 5.2.22 使用 EXISTS 关键字

EXISTS 子句用于测试跟随的子查询中的行是否存在,如果存在则返回 TRUE(真)。

【例 5.42】 查询有作者信息的图书的书名和定价。

【实例分析】因为作者姓名在 author 表中,所以首先在 author 表中查询作者姓名对应的编号集合,然后判断 book1 表中的编号在该集合中是否存在。

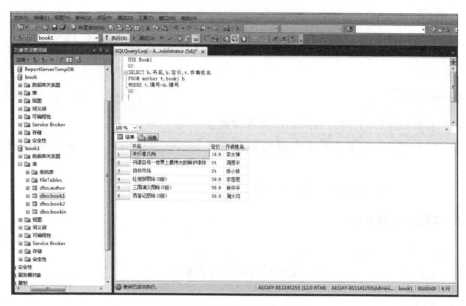

**图 5.45　使用表的别名查询**

在 SQL Server Management Studio 查询窗口中运行如下命令：

```
USE Book1
GO
SELECT 书名,定价
FROM book1
WHERE EXISTS(SELECT 编号 FROM author)
GO
```

运行结果如图 5.46 所示。

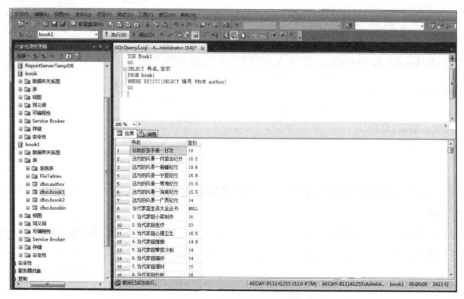

**图 5.46　EXISTS 子句查询**

# 本章实训

### 1. 实训目的

（1）掌握 SELECT 语句的基本语法和用法。

（2）掌握用 ORDER BY 子句进行排序和使用 GROUP BY 子句进行分组统计的方法。

（3）学会数据汇总、连接查询、子查询的方法。

### 2. 实训内容和步骤

1）SELECT 语句的基本使用

（1）查询图书表 book1 中的每本图书的所有数据。

```
USE Book1
GO
SELECT *

_____
```

（2）参考上面的代码分别查询 book2 表和 author 表的全部信息。

（3）在图书 book1 表中查询每本图书的书名和定价。

```
USE Book1
GO
SELECT ____,定价
FROM book1
```

（4）参考上面的代码在 book2 表中查询编号和出版社,在 author 表中查询作者姓名、职称和编号。

（5）在 book1 表中查询编号为 YBZT0003 的图书的书名和定价。

```
USE Book1
GO
SELECT 书名,定价
FROM book1
WHERE _____
```

（6）参照上面的代码在 book2 表中查询出版社名为北京大学的所有图书的书名、出版社和出版日期。

（7）在 book1 表中查询定价为 20 的图书的编号、书名和定价。使用 AS 子句将结果中的列标题分别显示为"图书编号""图书名"和"图书定价"。

```
USE Book1
GO
```

```
SELECT 编号 AS _____,书名 AS _____,定价 AS 图书定价
FROM book1
WHERE 定价 _____ 20
```

(8) 参照上面的代码在 book2 表中查询定价为 10～50 的图书的书名和定价,分别取别名为"图书的书名"和"图书的定价"。

(9) 在 book1 表中查询书名中有一个"中"字的所有图书。

```
USE Book1
GO
SELECT *
FROM book1
_____
```

(10) 参照上面的代码在 book2 表中查询出版社名中有一个"人"字并且定价为 10～150 之间的所有图书。

2) 子查询的使用

(1) 在 book1 表中查询出书的平均价格低于 50 的出版社的图书信息。

```
USE Book1
GO
SELECT 编号,书名,定价
FROM book1
WHERE 定价< ( SELECT AVG(____) FROM book1)
GO
```

(2) 参照上面的代码在 book2 表中查询出版社出书的平均价格高于 1000 的图书的信息。

3) 连接查询的使用

(1) 查询图书的书名、定价和作者姓名。

```
USE Book1
GO
SELECT book1.书名,book1.定价,author.作者姓名
FROM book1 author
WHERE _____
```

(2) 参照上面的代码查询图书的书名、定价、作者姓名、职称和 ISBN 号(必须用 bookin 表中的 ISBN 号)。

4) 数据汇总

(1) 在 book1 表中查询中国长安出版社所出图书的平均定价。

```
USE Book1
GO
SELECT _____ AS 本出版社所出图书的平均定价
FROM book1
```

WHERE 出版社='中国长安'

（2）参照上面的代码查询 book1 表中一共有多少本书。

5）GROUP BY、ORDER BY 子句的使用

（1）统计各个出版社所出书的平均定价。

```
USE Book1
GO
SELECT 编号,书名,定价,出版社
FROM book1
ORDER BY 出版社
COMPUTE AVG(定价) BY 出版社
GO
```

（2）参照上面的代码统计 book1 表中每个出版社一共有多少本书。

**3. 实训总结与体会**

结合操作的具体情况写出总结。

# 习　　题

## 一、简答题

1. 用 BETWEEN…AND…形式改写条件子句"WHERE 定价＞300 AND 定价＜500"。

2. 什么集合函数能对数值类型的列进行求和？什么集合函数能用来确定一个表中包含多少行？

3. HAVING 与 WHERE 都用于指出查询条件,试说明各自的应用场合。

4. 什么数据类型可与 LIKE 关键字一起使用？

5. SELECT 语句的哪一个子句可以告诉 SQL Server 要从何处查询数据？怎样才能限制从 SQL Server 中返回的行数？怎样才能改变 SELECT 语句返回的行的排序？在 SELECT 语句中使用什么关键字能消除重复的行？

## 二、填空题

1. 在 SQL 2005 中,_____语句是数据操作语句。

2. 在 SELECT 语句中,_____子句用于将查询结果存储在一个新表中。

3. 查询可分为_____和_____两类。

4. _____运算符可以替代 WHERE 子句中的 OR 运算符。

5. 在 T-SQL 中使用_____语句来实现数据查询。

6. 在 SELECT 查询语句中:

_____子句用于指定查询结果中的字段列表。

_____子句用于创建一个新表,并将查询结果保存到这个新表中。

_____子句用于指出所要进行查询的数据来源,即表或视图的名称。

_____子句用于指出查询数据时要满足的检索条件。

_____子句用于对查询结果分组。

_____子句用于计算汇总结果。

_____子句用于对查询结果排序。

7. 在 SQL Server 中计算最大、最小、平均、求和与计数的聚合函数是_____、_____、_____、_____和 COUNT。

# chapter 6

# 索引及其应用

**教学提示：** 索引是以表列为基础的数据库对象，它保存着表中排序的索引列，并且记录了索引列在数据表中的物理存储位置，实现了表中数据的逻辑排序。数据库中的索引与图书中的目录类似。在一本书中，利用目录可以快速查找到需要的信息，无须阅读整本书；在数据库中，索引使数据库程序无须对整个表进行扫描，就可以在其中找到需要的数据。当创建数据库并优化其性能时，应该为数据查询所使用的表创建索引，其主要目的是提高 SQL Server 系统的性能，加快数据的查询速度，减少系统的响应时间。

**教学目标：** 通过本章的学习，读者应该理解索引的概念，掌握索引的创建、统计、删除、维护和管理等操作。

在实际的数据库应用中，在数据表上创建和维护索引是一项重要的工作。本章将详细地介绍 SQL Server 2014 的索引技术。首先介绍索引的基本概念和特点，接着介绍创建索引的方法和维护索引的技术，最后介绍创建索引统计和查看索引信息和方法。

## 6.1 索　引

### 1. 索引的用途

索引是以表列为基础的数据库对象，它保存着表中排序的索引列，并且记录了索引列在数据表中的物理存储位置，实现了表中数据的逻辑排序，其主要目的是提高 SQL Server 系统的性能，加快数据的查询速度，减少系统的响应时间。为了方便理解索引，先来看书的目录，如果想快速查找而不是逐页查找指定的内容，可以通过目录中章节的页号找到其对应的内容。类似地，索引通过记录表中的关键值指向表中的记录，这样数据库引擎不用扫描整个表就能定位到相关的记录。相反，如果没有索引，则会导致 SQL Server 必须搜索表中的所有记录以获取匹配结果。

索引除了可以提高查询表内数据的速度以外，还可以使表和表之间的连接速度加快。例如，在实现数据的参照完整性时，可以将表的外键制作成索引，这样将加速表与表之间的连接。

### 2. 使用索引的代价

虽然索引具有如此多的优点，但索引的存在也让系统付出了一定的代价。创建索引和维护索引都会消耗时间,当对表中的数据进行增加、删除和修改操作时,索引就要进行维护,否则索引的作用就会下降;另外,每个索引都会占用一定的物理空间,如果占用的物理空间过多,就会影响到整个 SQL Server 系统的性能。

### 3. 建立索引的原则

创建索引虽然可以提高查询速度,但是需要牺牲一定的系统性能。因此,在创建索引时,哪些列适合创建索引,哪些列不适合创建索引,需要进行一番判断考察。具体有以下几点原则。

(1) 定义为主键的数据列一定要建立索引。主键可以加速定位到表中的某一行。

(2) 定义为外键的数据列一定要建立索引。外键列通常用于表与表之间的连接,在其上创建索引可以加快表间的连接。

(3) 对于经常查询的数据列最好建立索引。

① 对于需要在指定范围内快速或频繁查询的数据列,因为索引已经排序,其指定的范围是连续的,查询可以利用索引的有序性缩短查询的时间。

② 对于经常用在 WHERE 子句中的数据列,将索引建立在 WHERE 子句的集合过程中,对于需要加速或频繁检索的数据列,可以让这些经常参与查询的数据列按照索引的排序进行查询,缩短查询的时间。

(4) 对于在查询中很少涉及的列、重复值比较多的列不要建立索引。例如,在查询中很少使用的列,有无索引并不影响查询的速度,相反会增加系统维护时间,消耗系统空间;又如,"性别"列只有列值"男"和"女",建立索引并不能显著提高查询的速度。

(5) 对于定义为 text、image 和 bit 数据类型的列不要建立索引。因为这些数据类型的数据列的数据量要么很大,要么很小,不利于索引的使用。

### 4. 索引的分类

SQL Server 中有 3 种索引类型:聚集索引、非聚集索引和唯一索引。如果表中存在聚集索引,则非聚集索引使用聚集索引来加快数据查询。

(1) 聚集索引会对表和视图进行物理排序,所以这种索引对查询非常有效。在表和视图中只能有一个聚集索引。当建立主键约束时,如果表中没有聚集索引,SQL Server 会用主键列作为聚集索引键。可以在表的任何列或列的组合上建立索引,实际应用中一般为定义成主键约束的列建立聚集索引。

(2) 非聚集索引不会对表和视图进行物理排序。如果表中不存在聚集索引,则表是未排序的。在表或视图中,最多可以建立 250 个非聚集索引,或者 249 个非聚集索引和 1 个聚集索引。

(3) 唯一索引不允许两行具有相同的索引值。例如,如果在表中的"姓名"字段上创建了唯一索引,则以后输入的姓名将不能同名。

聚集索引和非聚集索引都可以是唯一的。因此,只要列中数据是唯一的,就可在同一个表上创建一个唯一的聚集索引。如果必须实施唯一性以确保数据的完整性,则应在列上创建 UNIQUE 或 PRIMARY KEY 约束,而不要创建唯一索引。

创建 UNIQUE 或 PRIMARY KEY 约束会在表中指定的列上自动创建唯一索引。创建 UNIQUE 约束与手动创建唯一索引没有明显的区别。进行数据查询的方式相同，而且查询优化器不区分唯一索引是由约束创建的还是手动创建的。如果存在重复的键值，则无法创建唯一索引和 UNIQUE 约束。

在同一个列组合上创建唯一索引而不是非唯一索引，可为查询优化器提供附加信息，所以最好创建唯一索引。

## 6.2　建立和管理索引

### 6.2.1　使用对象资源管理器创建索引

在 SQL Server Management Studio 的"对象资源管理器"面板中，选择要创建索引的表（如 Book1 数据库中的 book1 表），然后展开 book1 表前面的"＋"号，选中"索引"选项并右击，在弹出的快捷菜单中选择"新建索引"命令，如图 6.1 所示。

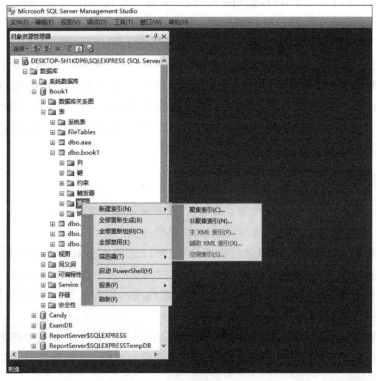

**图 6.1　新建索引**

（1）选择"非聚集索引"命令，进入如图 6.2 所示的"新建索引"对话框，在该对话框中列出了 book1 表上要建立的索引，包含索引名称、索引类型、是否设置唯一索引等。输入索引名称为 ix_book1。

（2）单击"添加"按钮进入如图 6.3 所示的界面，在列表中选择需要创建索引的列。

**图 6.2 "新建索引"对话框**

对于复合索引,可以选择多个列的组合。

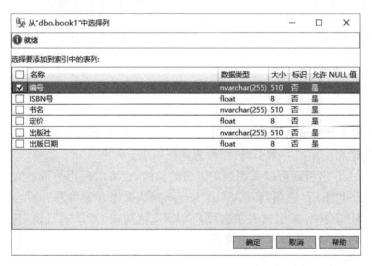

**图 6.3 选择需要创建索引的列**

单击"确定"按钮,完成索引的创建工作。

## 6.2.2 使用 Transact-SQL 语句创建索引

使用 Transact-SQL 语句创建索引的语法格式如下:

```
CREATE
[UNIQUE]
```

```
[CLUSTERED|NONCLUSTERED]
INDEX index_name
ON {table_name|view_name}
[WITH [index_property[,...n]]
```

下面对格式中的属性加以说明。

- UNIQUE：建立唯一索引。
- CLUSTERED：建立聚集索引。
- NONCLUSTERED：建立非聚集索引。
- index_name：索引名称。
- table_name：索引所在的表名称。
- view_name：索引所在的视图名称。注意：只有使用 SCHEMABINDING 定义的视图才能创建索引，且在视图上必须创建了唯一聚集索引之后，才能创建非聚集索引。
- index_property：索引属性，例如，DROP_EXISTING 表示先删除存在的索引（如果不存在，会给出错误提示信息）。

【例 6.1】 使用 Transact-SQL 语句在 Book1 数据库中的 book1 表上创建名为 IX_book1 的聚集、唯一、简单索引，该索引基于"编号"列创建。

在 SQL Server Management Studio 查询窗口中运行如下命令：

```
USE Book1
GO
CREATE UNIQUE CLUSTERED
INDEX IX_book1 ON book1(编号)
GO
```

**注意**：只有表的所有者才能执行 CREATE INDEX 语句来创建索引。

用户在创建和使用唯一索引时，应注意如下事项：

(1) UNIQUE 索引既可以采用聚集索引的结构，也可以采用非聚集索引的结构。如果不指明 CLUSTERED 选项，那么 SQL Server 默认采用非聚集索引的结构。

(2) 建立 UNIQUE 索引的表在执行 INSERT 语句或 UPDATE 语句时，SQL Server 将自动检验新的数据中是否存在重复值。如果存在，则 SQL Server 在第一个重复值处取消语句，并返回错误提示信息。

(3) 具有相同组合列、不同组合顺序的复合索引彼此是不同的。

(4) 如果表中已有数据，那么在创建 UNIQUE 索引时，SQL Server 将自动检验是否存在重复值，若有重复值，则不能创建 UNIQUE 索引。

### 6.2.3 删除索引

**1. 在 SQL Server Management Studio"对象资源管理器"面板中删除索引**

【例 6.2】 在 SQL Server Management Studio"对象资源管理器"面板中删除例 6.1

建立的索引。

(1) 在 SQL Server Management Studio 的"对象资源管理器"面板中展开 Book1 数据库,单击"表"选项,展开 book1,再展开"索引"前面的加号,选中索引 IX_book1 并右击,弹出快捷菜单,如图 6.4 所示。

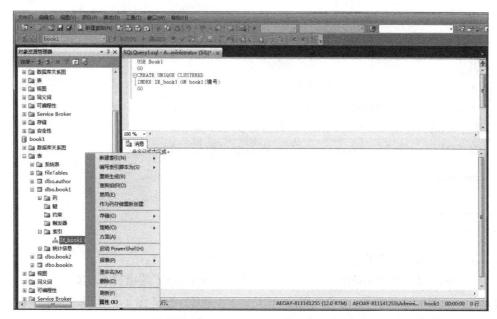

**图 6.4 右击要删除的索引**

(2) 在快捷菜单中选择"删除"命令,进入如图 6.5 所示的窗口,单击"确定"按钮,即可删除该索引。

**图 6.5 删除索引**

**说明**：为保证本书的连贯性，删除后应按原样恢复。

**2. 使用 Transact-SQL 语句删除索引**

使用 Transact-SQL 语句删除索引的语法格式如下：

```
DROP INDEX
Table_name.index_name[,...]
```

其中：

- table_name：索引所在的表名称。
- index_name：要删除的索引的名称。

**【例 6.3】** 使用 Transact-SQL 语句删除例 6.1 建立的索引。

在 SQL Server Management Studio 查询窗口中运行如下命令：

```
USE Book1
GO
DROP INDEX book1.IX_book1
GO
```

在用 DROP INDEX 命令删除索引时，需要注意如下事项：

(1) 不能用 DROP INDEX 语句删除由 PRIMARY KEY 约束或 UNIQUE 约束创建的索引。要删除这些索引，必须先删除 PRIMARY KEY 约束或 UNIQUE 约束。

(2) 在删除聚集索引时，表中的所有非聚集索引都将被重建。

**【例 6.4】** 为了说明上面的注意事项，先把 book1 表中的"编号"列设为 PRIMARY KEY 约束，然后按例 6.1 中所示方法再建立 PK_book1 索引，尝试使用 Transact-SQL 语句删除索引 PK_book1，观察有何结果。

在 SQL Server Management Studio 查询窗口中运行如下命令：

```
USE Book1
GO
DROP INDEX book1.PK_book1
GO
```

返回结果如图 6.6 所示，这是因为 PK_book1 索引为 PRIMARY KEY 约束创建的索引，必须删除 PRIMARY KEY 约束后才能删除此索引。

## 6.2.4　索引的相关操作

### 1. 显示索引信息

在建立索引后，可以对表的索引信息进行查询。下面介绍两种方法：

(1) 在 SQL Server Management Studio 的"对象资源管理器"面板中，使用与创建索引同样的方法，打开如图 6.4 所示的快捷菜单，选择"属性"命令，即可看到该索引对应的信息。

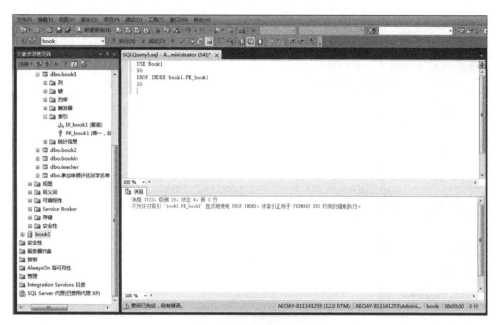

**图 6.6 删除索引时的错误**

（2）使用系统存储过程 sp_helpindex 查看指定表的索引信息。

【例 6.5】 使用系统存储过程 sp_helpindex 查看 Book1 数据库中 book1 表的索引信息。

在 SQL Server Management Studio 查询窗口中运行如下命令：

```
USE Book1
GO
EXEC sp_helpindex book1
GO
```

结果给出了 book1 表上所有索引的名称、类型和建立索引的列，如图 6.7 所示。

### 2. 重新命名索引

在建立索引后，索引的名称是可以更改的。下面介绍两种方法。

（1）在 SQL Server Management Studio 的"对象资源管理器"面板中，使用与创建索引同样的方法，打开如图 6.4 所示的快捷菜单，选择"重命名"命令，然后直接输入新名即可。

（2）通过 Transact-SQL 语句来实现，更改索引名称的命令格式如下：

```
EXEC sp_rename table_name.old_index_name, new_index_name
```

其中：

- table_name：索引所在的表名称。
- old_index_name：要重新命名的索引的名称。

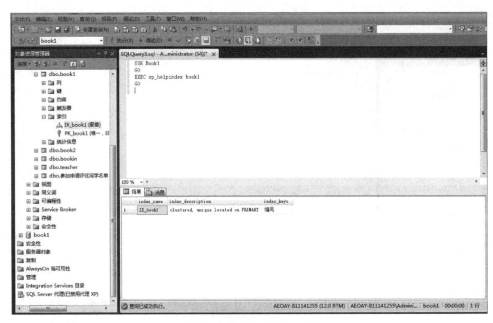

图 6.7　使用存储过程 **sp_helpindex** 查看索引

• new_index_name：索引的新名称。

【例 6.6】 使用 Transact-SQL 语句将 Book1 数据库的 book1 表的索引 IX_book1 重新命名为 IX_book1new。

在 SQL Server Management Studio 查询窗口中运行如下命令：

```
USE Book1
GO
EXEC sp_rename 'book1.IX_book1','IX_book1new'
GO
```

在查询窗口中运行如上命令后将返回如图 6.8 所示的警告信息。

**说明**：为保证本书的连贯性，重新命名后应按原样恢复。

## 6.2.5　索引的分析与维护

### 1. 索引的分析

建立索引的目的是希望提高 SQL Server 数据检索的速度，如果利用索引查询的速度还不如扫描表的速度，SQL Server 就会采用扫描表而不是通过索引的方法来检索数据。因此，在建立索引后，应该根据应用系统的需要，也就是实际可能出现哪些数据检索，来对查询进行分析，以判定其是否能提高 SQL Server 的数据检索速度。

SQL Server 提供了多种分析索引和查询性能的方法，下面介绍常用的 SHOWPLAN _ALL 和 STATISTICS IO 两种命令。

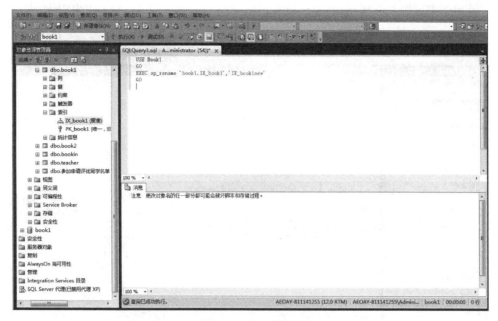

图 6.8　重命名索引

**1) SHOWPLAN_ALL**

显示查询计划是显示在执行查询的过程中连接表时所采取的每个步骤，以及是否选择了索引，选择了哪个索引，从而帮助用户分析有哪些索引被系统采用。

通常在查询语句中设置 SHOWPLAN_ALL 选项，可以选择是否让 SQL Server 显示查询计划。设置是否显示查询计划的命令为

```
SET SHOWPLAN_ALL ON|OFF
```

或

```
SET SHOWPLAN_TEXT ON|OFF
```

【例 6.7】　在 Book1 数据库中的 book1 表上查询编号为 YBZT2406 的书的信息，并分析哪些索引被系统采用。

在 SQL Server Management Studio 查询窗口中运行如下命令：

```
USE Book1
GO
SET SHOWPLAN_ALL ON
GO
SELECT *
FROM book1
WHERE 编号='YBZT2406'
GO
SET SHOWPLAN_ALL OFF
GO
```

返回结果如图 6.9 所示,在显示该查询结果的同时显示了 IX_book1 索引。

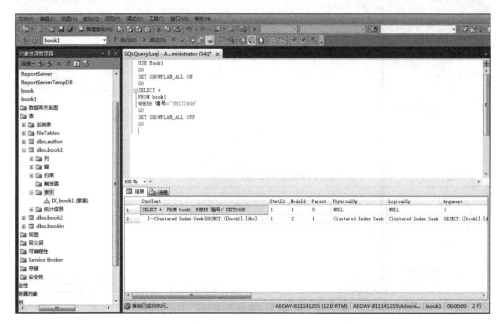

**图 6.9 使用 SHOWPLAN_ALL 分析索引**

2) STATISTICS IO

数据检索语句所花费的磁盘活动量也是用户比较关心的性能之一。通过设置 STATISTICS IO 选项,可以使 SQL Server 显示磁盘 I/O 信息。

设置是否显示磁盘 I/O 统计的命令为

```
SET STATISTICS IO ON|OFF
```

**【例 6.8】** 在 Book1 数据库的 book1 表上查询编号为 YBZT2406 的书的信息,并分析执行该数据检索所花费的磁盘活动量的信息。

在 SQL Server Management Studio 查询窗口中运行如下命令:

```
USE Book1
GO
SET STATISTICS IO ON
GO
SELECT *
FROM book1
WHERE 编号='YBZT2406'
GO
SET STATISTICS IO OFF
GO
```

在运行结果面板中选择"消息"选项卡,磁盘 I/O 统计结果如图 6.10 所示。

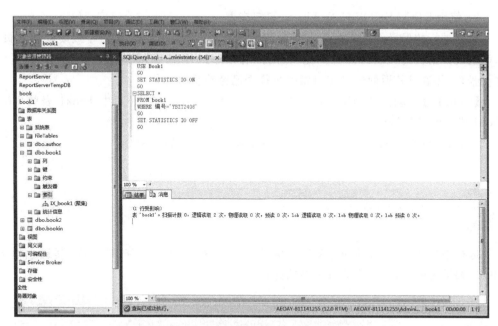

**图 6.10 使用 STATISTICS IO 分析索引**

### 2. 索引的维护

在创建索引后,为了得到最佳的性能,必须对索引进行维护。因为随着时间的推移,用户需要在数据库上进行插入、更新和删除等一系列操作,这将使数据变得杂乱无序,从而造成索引性能的下降。

SQL Server 提供了多种工具帮助用户进行索引的维护,下面介绍几种常用的方式。

1) 统计信息更新

在创建索引时,SQL Server 会自动存储有关的统计信息。查询优化器会利用索引统计信息估算使用该索引进行查询的成本。然而,随着数据的不断变化,索引和列的统计信息可能已经过时,从而导致查询优化器选择的查询处理方法不是最佳的。因此,有必要对数据库中的这些统计信息进行更新。

用户应避免频繁地进行索引统计信息的更新,特别应避免在数据库操作比较集中的时间段内更新统计。

【例 6.9】 使用 UPDATE STATISTICS 命令更新 Book1 数据库中的 book1 表的 IX_book1 索引的统计信息。

在 SQL Server Management Studio 查询窗口中运行如下命令:

```
USE Book1
GO
UPDATE STATISTICS  book1  IX_book1
GO
```

2) 使用 DBCC SHOWCONTIG 语句扫描表

对表进行数据操作可能会导致表中碎片的产生,而表中的碎片会导致读取额外页,从而造成数据查询性能的降低。此时,用户可以通过使用 DBCC SHOWCONTIG 语句来扫描表,并通过其返回值确定该索引页是否已经严重碎片化。

【例 6.10】 利用 DBCC SHOWCONTIG 获取 Book1 数据库中 book1 表的 PK_book1 索引的碎片信息。

在 SQL Server Management Studio 查询窗口中运行如下命令:

```
USE Book1
GO
DBCC SHOWCONTIG(book1, PK_book1)
GO
```

运行结果如图 6.11 所示,在返回的统计信息中,需要注意扫描密度,其理想值为100%,如果比较低,就需要清理表中的碎片了。

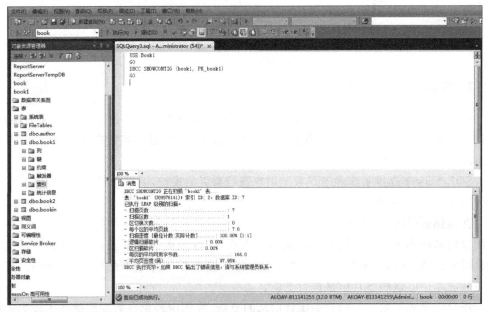

图 6.11 使用 DBCC SHOWCONTIG 语句扫描表

3) 使用 DBCC INDEXDEFRAG 语句进行碎片整理

当表或视图上的聚集索引和非聚集索引页上存在碎片时,可以通过 DBCC INDEXDEFRAG 对其进行碎片整理。

【例 6.11】 用 DBCC INDEXDEFRAG 命令对 Book1 数据库中 book1 表的 IX_book1 索引进行碎片整理。

在 SQL Server Management Studio 查询窗口中运行如下命令:

```
USE Book1
GO
```

```
DBCC INDEXDEFRAG(Book1,book1,IX_book1)
GO
```

运行结果如图 6.12 所示。

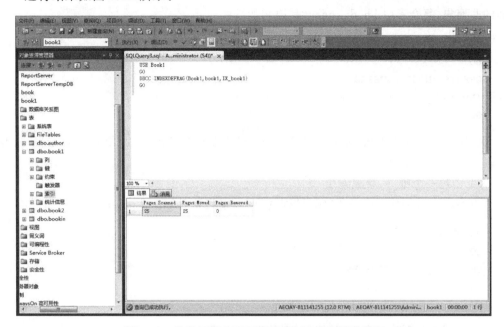

图 6.12 使用 DBCC INDEXDEFRAG 进行碎片整理

## 本 章 实 训

### 1. 实训目的

(1) 了解索引的作用。
(2) 学会使用对象资源管理器或查询分析器来创建索引。
(3) 学会创建唯一、聚集、复合索引。
(4) 学会查看和修改索引选项,给索引改名以及删除索引。

### 2. 实训内容和步骤

1) 建立索引

为 Book1 数据库的 book1 表中的"编号"列建立一个名为 bh_index 的索引。在查询
分析器编辑窗口中输入如下语句并执行:

```
USE Book1
GO
CREATE INDEX _____ ON book1(编号)
GO
```

按照上面的操作方法为 book2 表中的"编号"列建立一个名为 bh2_index 的索引。

2）创建一个复合索引

为了方便按编号和定价查找图书，在 book1 表中创建一个基于"编号"和"定价"组合列的非聚集、复合索引 bh_dj_index，其语句如下：

```
USE Book1
GO
CREATE   NONCLUSTERED
INDEX bh_dj_index ON book1(_____)
GO
```

按照上面的操作方法，为 book2 表建立一个"编号"和"出版社"组合列的非聚集、复合索引 bh_cbs_index。

3）创建一个唯一、聚集索引

为 book1 表创建一个基于"编号"列的唯一、聚集索引 bhwy_index，其语句如下：

```
USE Book1
GO
CREATE _____ CLUSTERED
INDEX bhwy_index ON book1(编号)
GO
```

为 book2 表创建一个基于"编号"列的唯一、聚集索引 bhwy2_index。

### 3. 实训总结与体会

结合操作的具体情况写出总结。

# 习 题

### 一、简答题

1. 引入索引的主要目的是什么？
2. 创建索引的缺点有哪些？
3. 删除索引时，对应的数据表会被删除吗？
4. 为 Book1 数据库的 book1 表中的"编号"列建立一个名为"bh_index"的索引。
5. 为 book1 表中基于编号和 ISBN 号组合创建非聚集、复合索引。
6. 如何查看索引的碎片？
7. 说明在 SQL Server 中聚集索引和非聚集索引的区别。

### 二、数据库操作题

写出完成下列操作的 SQL 命令，并在计算机上进行测试。

（1）为 book1 表的"编号"列创建索引 id_idx。

（2）将索引 id_idx 重新命名为 bhid_idx。

（3）删除已经建立的索引 bhid_idx。

（4）为 book1 表的"书名"列创建索引 name_idx。

（5）先在 book1 表上查询名为"中国长安"的出版社，然后显示查询处理过程中的磁盘活动统计信息。

（6）整理 name_idx 上的碎片。

# 第7章

# 视图及其应用

**教学提示**：视图是关系数据库系统提供的能够使用户以多种角度观察数据库中数据的重要机制。视图是一个虚拟表，并不表示任何物理数据，只是用来查看数据的窗口而已。视图是从一个或几个表导出的表，它实际上是一个查询结果。视图的名字和视图对应的查询存储在数据字典中。在用户看来，视图是通过不同路径去看一个实际表，就像一个窗口。人们通过窗口去看外面的高楼，可以看到高楼的不同部分；而数据库用户透过视图可以看到数据库中自己感兴趣的内容。

**教学目标**：本章要求掌握视图的建立、修改、使用和删除操作，并能通过视图查询数据、修改数据、更新数据和删除数据。

视图(view)作为一种数据库对象，为用户提供了一个可以检索数据表中的数据的方式。用户通过视图来浏览数据表中自己感兴趣的部分或全部数据，而数据的物理存储位置仍然在表中。本章将介绍视图的概念以及创建、修改和删除视图的方法。

## 7.1 视图概述

### 7.1.1 视图的概念

视图是一个虚拟表，并不表示任何物理数据，只是用来查看数据的窗口而已。视图与真正的表很类似，也是由一组命名的列和数据行组成的，其内容由查询所定义。但是视图并不是以一组数据的形式存储在数据库中，数据库中只存储视图的定义，而不存储视图对应的数据，这些数据仍存储在导出视图的基本表中。当基本表中的数据发生变化时，从视图中查询出来的数据也随之改变。

视图中的数据行和列都来自基本表，是在视图被引用时动态生成的。使用视图可以集中、简化和制定用户的数据库显示，用户可以通过视图来访问数据，而不必直接访问该视图的基本表。

视图由视图名和视图定义两部分组成。视图是从一个或几个表导出的表，它实际上是一个查询结果，视图的名字和视图对应的查询存储在数据字典中。例如，图书数据库中有图书基本信息表 book1（编号，ISBN 号，书名，定价，出版社，出版日期），此表为基本表,对应一个存储文件。可以在其基础上定义一个出版社基本情况表"book1_出版社" (ISBN 号,书名,出版社,定价)。在数据库中只存储"book1_出版社"表的定义,而"book1 _出版社"表的记录不重复存储。在用户看来,视图是通过不同路径去看一个实际表,就 像一个窗口。人们通过窗口去看外面的高楼,可以看到高楼的不同部分;而数据库用户 透过视图可以看到数据库中自己感兴趣的内容。

## 7.1.2　使用视图的优点和缺点

### 1. 使用视图的优点

使用视图有如下优点:

(1) 数据保密。对不同的用户定义不同的视图,使用户只能看到与自己有关的数据。

(2) 简化查询操作。为复杂的查询建立一个视图,用户不必输入复杂的查询语句,只 需针对此视图做简单的查询即可。

(3) 保证数据的逻辑独立性。对于视图的操作,例如查询,只依赖于视图的定义,当 构成视图的基本表需要修改时,只需要修改视图定义中的子查询部分,而基于视图的查 询不用改变。

### 2. 使用视图的缺点

当更新视图中的数据时,实际上是对基本表的数据进行更新。事实上,当从视图中 插入或者删除数据时,情况也是这样。然而,某些视图是不能更新数据的,这些视图有如 下的特征:

(1) 有 UNION 等集合操作符的视图。

(2) 有 GROUP BY 子句的视图。

(3) 有诸如 AVG、SUM 或者 MAX 等函数的视图。

(4) 使用 DISTINCT 关键字的视图。

(5) 连接表的视图(其中有一些例外)。

## 7.2　视图的创建

用户必须拥有数据库所有者授予的创建视图的权限才可以创建视图,同时,用户也 必须对定义视图时所引用的表有适当的权限。

视图的创建者必须拥有在视图定义中引用的任何对象(如相应的表、视图等)的适当 权,才可以创建视图。

视图的命名必须遵循标识符规则,对每一个用户都是唯一的,即视图名称不能和创 建该视图的用户的其他任何一个表的名称相同。

视图的定义可以加密,以保证其定义不会被任何人(包括视图的拥有者)获得。

创建视图的基本语法如下:

```
CREATE VIEW view_name
[WITH ENCRYPTION]
AS
select_statement
```

其中,WITH ENCRYPTION 子句对视图进行加密。

【例 7.1】 使用 Transact-SQL 语句在 book1 表中创建一个名为 v_book1 的视图。该视图仅显示 book1 表中出版社名是中国长安的书的信息(本例学习视图应用——基本表的行的子集)。

(1) 在 SQL Server Management Studio 查询窗口中运行如下命令:

```
USE Book1
GO
CREATE VIEW v_book1
AS
SELECT *
FROM book1
WHERE 出版社='中国长安'
```

(2) 视图创建成功后,用户可以通过查询语句来检查视图是否已建立以及视图的返回结果。在 SQL Server Management Studio 查询窗口中运行如下命令:

```
USE Book1
SELECT *
FROM v_book1
```

运行完毕后,在"结果"面板中返回的结果如图 7.1 所示,表示视图创建成功,同时返

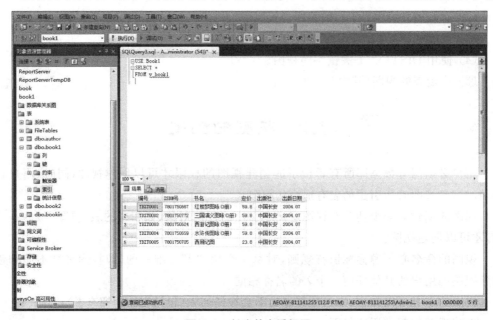

图 7.1　创建并查看视图

回了相应视图的结果。

【**例 7.2**】 在 SQL Server Management Studio 窗口中查看和修改视图的属性。

在"对象资源管理器"面板中展开 Book1 选项。

（1）展开"视图"选项，在视图列表中可以见到名为 v _book1 的视图。如果没有看到，单击刷新按钮，刷新一次。

（2）右击 v_book1 视图，在弹出的快捷菜单中选择"设计"命令，进入如图 7.2 所示的视图设计器，可以在其中直接对视图的定义进行修改。

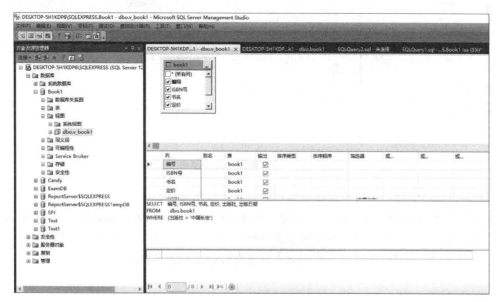

图 7.2 查看和修改视图的定义

【**例 7.3**】 在 SQL Server Management Studio 窗口中查看视图的返回结果。

在如图 7.2 所示的界面中右击空白处，在弹出的快捷菜单中选择"执行 SQL"命令，返回结果如图 7.3 所示。

【**例 7.4**】 使用 Transact-SQL 语句在 Book1 数据库中创建一个名为 v_book2 的视图。该视图仅显示 book2 表中的"书名"和"定价"列（本例学习视图应用——基本表的列的子集）。

在 SQL Server Management Studio 查询窗口中运行如下命令：

```
USE Book1
GO
CREATE VIEW v_book2
AS
SELECT 书名,定价
FROM book2
```

【**例 7.5**】 根据上面的实例分析，使用 Transact-SQL 语句在 Book1 数据库中创建一个名为 v_book1_t 的视图。要求仅显示书名、定价和作者（如果该书有作者姓名）的信息

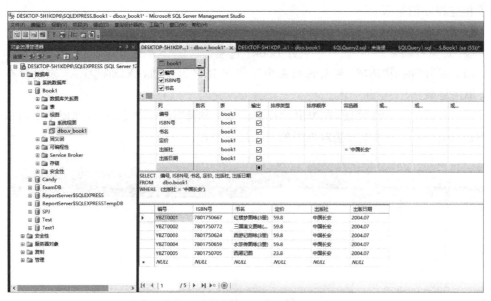

**图 7.3 查看视图的返回结果**

(本例学习视图应用——两个或多个基本表连接组成的查询)。

【实例分析】本例要显示的书名和定价在 book1 表中,而作者姓名在 author 表中,所以这些信息来自两个表,需要对这些表进行组合查询。

在 SQL Server Management Studio 查询窗口中运行如下命令:

```
USE Book1
GO
CREATE VIEW v_book1_t
AS
SELECT book1.书名,book1.定价,author.作者姓名
FROM book1,author
WHERE book1.编号=author.编号
```

再运行如下命令:

```
USE Book1
SELECT *
FROM v_book1_t
```

在"结果"面板中返回的结果如图 7.4 所示。

【例 7.6】 使用 Transact-SQL 语句创建视图 v_Book1bycbs,使其能显示各出版社出版的图书总数(本例学习视图应用——基本表的统计汇总)。

在 SQL Server Management Studio 查询窗口中运行如下命令:

```
USE Book1
GO
CREATE VIEW v_Book1bycbs
```

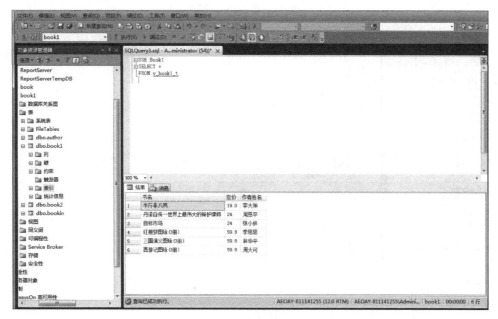

**图 7.4 多表的组合视图**

```
AS
SELECT 出版社,COUNT(*) 出版总数
FROM book1
GROUP BY 出版社
```

在 SQL Server Management Studio 查询窗口中运行如下命令：

```
USE Book1
select *
from v_Book1bycbs
```

该视图的返回结果如图 7.5 所示。

注意,视图中的 SELECT 语句必须指定列名,若单独运行下面的 SQL 语句：

```
USE Book1
GO
SELECT 出版社,COUNT(*)
FROM book1
GROUP BY 出版社
```

结果正常,但在视图中,必须为 COUNT(*)列指定列名,本例取名为“出版总数”。若不能指定列名,尝试在 SQL Server Management Studio 查询窗口中运行如下命令：

```
USE Book1
GO
CREATE VIEW v_Book1bycb
AS
```

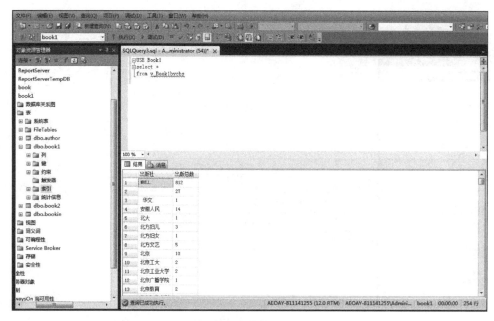

图 7.5　基本表的统计汇总视图

```
SELECT 出版社,COUNT(*)
FROM book1
GROUP BY 出版社
```

在"消息"面板中给出如图 7.6 所示的错误提示信息。

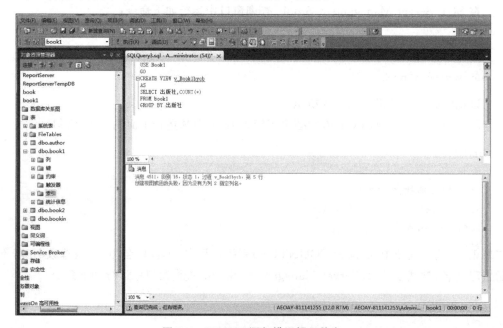

图 7.6　SELECT 语句错误提示信息

在创建视图时还要注意,视图必须满足以下几点限制:

(1) 不能将规则或者 DEFAULT 定义关联于视图。

(2) 定义视图的查询中不能含有 ORDER BY、COMPUTE、COMPUTE BY 子句和 INTO 关键字。

(3) 如果视图中的某一列是一个算术表达式、构造函数或者常数,而且视图中两个或者更多的不同列拥有一个相同的名字(这种情况通常是因为在视图的定义中有一个连接,而且连接使用的两个或者多个来自不同表的列拥有相同的名字),此时,用户需要为视图的每一列指定列的名称。

## 7.3　视图的修改和删除

### 7.3.1　视图的修改

视图的修改是由 ALTER 语句来完成的,基本语法如下:

```
ALTER VIEW view_name
[WITH ENCRYPTION]
AS
select_statement
```

【例 7.7】　使用 Transact-SQL 语句修改视图 v_Book1bycbs,使用其能显示各出版社出版的书总数和总价,并要求加密。

在 SQL Server Management Studio 查询窗口中运行如下命令:

```
USE Book1
GO
ALTER VIEW v_Book1bycbs
WITH ENCRYPTION
AS
SELECT 出版社,COUNT(*) 出版总数,SUM(定价) 出版总价
FROM book1
GROUP BY 出版社
```

在 SQL Server Management Studio 查询窗口中运行如下命令查看该视图的信息:

```
Use Book1
GO
SELECT *
FROM v_Book1bycbs
```

运行结果如图 7.7 所示。

### 7.3.2　视图的删除

视图的删除是通过 DROP 语句实现的。

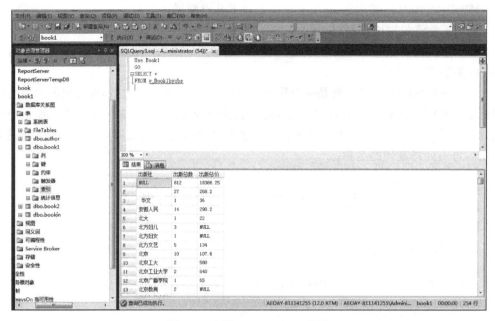

图 7.7　查看 v_Book1bycbs 视图

【例 7.8】　使用 Transact-SQL 语句删除视图 v_book1。

在 SQL Server Management Studio 查询窗口中运行如下命令：

```
USE Book1
GO
DROP VIEW v_book1
```

【例 7.9】　使用 SQL Server Management Studio 的"对象资源管理器"面板删除视图 v_book2。

（1）在"对象资源管理器"面板中展开 Book1 选项。

（2）展开"视图"选项，在其详细列表中右击 v_book2，在弹出的快捷菜单中选择"删除"命令。

# 7.4　重命名视图及显示视图的信息

## 7.4.1　重命名视图

【例 7.10】　将视图 v_book1_t 重新命名为 v_book1_tea。

（1）在"对象资源管理器"面板中展开 Book1 选项。

（2）展开"视图"选项，在视图详细列表中右击 dbo.v_book1_t，在弹出的快捷菜单中选择"重命名"命令，如图 7.8 所示。

（3）输入视图的新名称 v_book1_tea 即可。

**说明**：为保证本书的连贯，应将删除和重命名的视图重新还原回来。

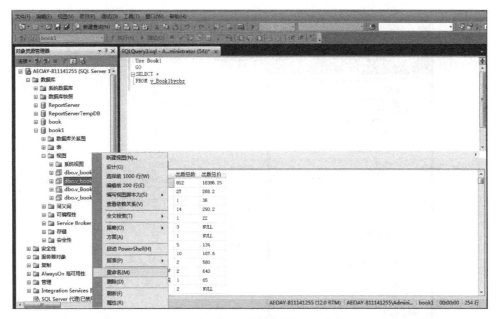

图 7.8  重命名视图

## 7.4.2  显示视图的信息

可以通过执行系统存储过程 sp_hlptext 来查看视图的定义信息。

【**例 7.11**】  通过执行系统存储过程 sp_helptext 来查看视图 v_book1_t 的定义
信息。

(1) 在 SQL Server Management Studio 查询窗口中运行如下命令：

```
USE Book1
GO
EXEC sp_helptext 'v_book1_t'
```

运行结果如图 7.9 所示。

(2) 查看已加密的视图。

在 SQL Server Management Studio 查询窗口中运行如下命令：

```
USE Book1
GO
EXEC sp_helptext 'v_Book1bycbs'
```

运行结果如图 7.10 所示。

使用系统存储过程 sp_depends 可以获得视图对象的参照对象和字段。

【**例 7.12**】  查看视图 v_Book1bycbs 的定义信息。

在 SQL Server Management Studio 查询窗口中运行如下命令：

```
USE Book1
```

图 7.9　利用存储过程 sp_helptext 查看视图

图 7.10　查看已加密的视图

```
GO
EXEC sp_depends 'v_Book1bycbs'
```

运行结果如图 7.11 所示。

从图 7.11 中可以看到,视图 v_Book1bycbs 参照了 book1 表中的定价和出版社列。

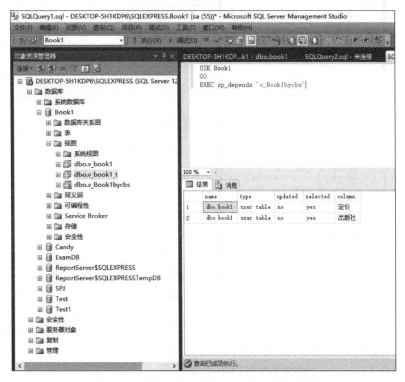

**图 7.11　使用存储过程 sp_depends 查看视图**

# 7.5　视图的应用

## 7.5.1　通过视图查询数据

在定义视图后,对视图的查询操作如同对基本表的查询操作一样。

**【例 7.13】**　查找视图 v_book1_t 中定价是 59.8 的书名和作者姓名。

在 SQL Server Management Studio 查询窗口中运行如下命令:

```
USE Book1
GO
SELECT 书名,作者姓名
FROM v_book1_t
WHERE 定价=59.8
```

运行结果如图 7.12 所示。

图 7.12　对视图 v_book1_t 的查询

此查询的执行过程是：系统首先在数据字典中找到 v_book1_t 的定义，然后把此定义和用户的查询结合起来，转换成等价的对基本表 book1 的查询，这一转换过程称为视图解析（view resolution），相当于执行以下查询命令：

```
USE Book1
GO
SELECT 书名,作者姓名
FROM book1
WHERE 定价=59.8 AND book1.编号=author.编号
```

由例 7.12 可以看出，当对一个基本表进行复杂的查询时，可以先对基本表建立一个视图，然后只需对此视图进行查询，从而简化查询操作。

### 7.5.2　通过视图更新数据

更新视图指通过视图插入、删除和修改数据。像查询视图那样，对视图的更新操作也是通过解析转换为对表的更新操作。如果要防止用户通过视图对数据库进行增加、删除和修改或者有意无意地对不属于视图范围内的基本表数据进行操作，则在视图定义时要加上 WITH CHECK OPTION 子句。这样在视图上进行增加、删除、修改数据时，DBMS 会检查视图定义中子查询的 WHERE 子句中的条件，若操作的记录不满足条件，则拒绝执行相应的操作。

### 1. 插入

【**例 7.14**】　根据前面的方法，新建一个名为 v_book2 的视图，向该视图中插入一本书的书名和定价：硬件测试，50。

在 SQL Server Management Studio 查询窗口中运行如下命令：

```
USE Book1
GO
INSERT INTO v_book2(书名,定价)
VALUES('硬件测试',50)
```

运行结果如图 7.13 所示，结果影响一行。

**图 7.13　向视图 v_book2 插入数据**

系统在执行上面的语句时，首先从数据字典中找到视图 v_book2 的定义，然后把此定义和插入操作结合起来，转换成等价的对基本表 book2 的插入。下面再来验证 book2 表中是不是通过视图 v_book2 真的被插入了一行。

在 SQL Server Management Studio 查询窗口中运行如下命令：

```
USE Book1
GO
SELECT *
FROM book2
WHERE 书名='硬件测试'
```

运行结果如图 7.14 所示,结果是真的插入了一行。

**图 7.14  验证插入数据**

### 2. 修改和删除

修改和删除的过程与以上的操作类似,在此不再详细说明,读者可作为练习进行操作。

在关系数据库中,并不是所有视图都是可更新的,因为有些视图的更新不能唯一地转换成对应表的更新。

例如,向视图 v_book1_t 中插入一条记录"硬件测试',50,'周奇奇'"。

在 SQL Server Management Studio 查询窗口中运行如下命令:

```
USE Book1
GO
INSERT INTO v_book1_t
VALUES('硬件测试',50,'周奇奇')
```

运行结果如图 7.15 所示。

其中,"硬件测试"和"50"是 book1 表中"书名"和"定价"列对应的值,而"周奇奇"是由 author 表中"作者姓名"得来的。这个 SQL 语句对视图的插入是无法转换成对 book1 表和 author 表的更新的,所以视图 v_book1_t 是不可以插入数据的。

**图 7.15　错误的数据插入**

# 本 章 实 训

**1. 实训目的**

(1) 理解视图的概念。
(2) 学会使用对象资源管理器和查询分析器来创建视图。
(3) 学会查询、更新、删除视图的方法。

**2. 实训内容和步骤**

1) 创建视图

(1) 将 book1 表中所有出版社的记录定义为一个视图(printer_info_view),在查询窗口中输入并执行语句,并在"对象资源管理器"面板中显示其结果,其运行结果分别如图 7.16 和图 7.17 所示。

(2) 对 author 表定义一个能反映作者姓名和职称的视图(author_info_view),在查询窗口中输入并执行语句,并在"对象资源管理器"面板中显示其结果,操作方法类似于图 7.16 和图 7.17。

(3) 生成一个含有作者姓名、职称、书名和出版社信息的视图(xzsc_info_view)在查询窗口中输入并执行语句,并在"对象资源管理器"面板中显示其结果,操作方法类似于

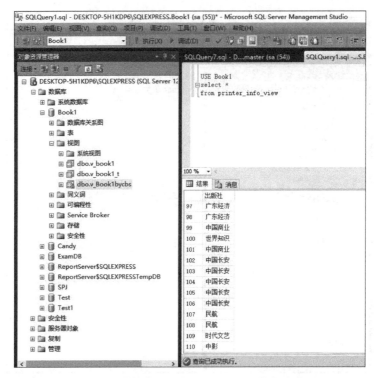

**图 7.16 通过视图 printer_info_view 执行查询**

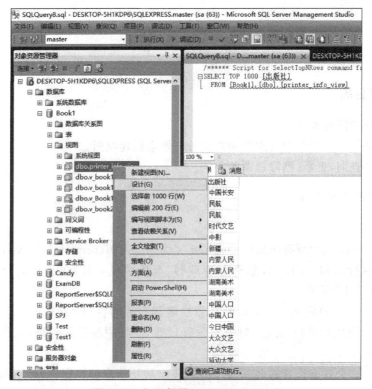

**图 7.17 打开视图 printer_info_view**

图 7.16 和图 7.17,代码可以参考例 7.5。

2) 使用视图

(1) 对视图 printer_info_view 进行加密,然后在查询窗口中利用该视图进行查询,代码可以参考例 7.6。

(2) 将视图 author_info_view 重命名为 author_info,可参考图 7.8 的操作。

(3) 显示视图 xzsc_info_view 的信息,参考下面的代码:

```
USE Book1
GO
EXEC sp_helptext '_____'
```

(4) 将视图 printer_info_view 用对象资源管理器删除,视图 author_info 和视图 author_info_view 用 SQL 语句删除。

```
USE Book1
GO
_____ author_info
```

(5) 参照例 7.14 利用视图 v_book2 完成修改和删除操作:把书名“大学英语阅读技巧与实践”的定价改为 67,删除书名为“硬件测试”的书(必须先完成例 7.14,否则本题将无法完成),并验证操作是否成功,可参考图 7.14 的操作结果。

**3. 实训总结与体会**

结合操作的具体情况写出总结。

## 习 题

**一、简答题**

1. 引入视图的主要目的是什么?

2. 当删除视图时,对应的数据表会被删除吗?

3. 视图有何缺点? 如果有,试说明。

4. 视图有何优点? 如果有,试说明。

**二、选择题**

1. ( )语句用来创建视图。
   A. CREATE VIEW          B. CREATE TABLE
   C. ALTER VIEW           D. ALTER TABLE

2. ( )是正确的。
   A. 视图是一种常用的数据库对象,使用视图不可以简化数据库操作
   B. 使用视图可以提高数据库的安全性

C. 删除视图的同时也删除了基本表。

D. 视图和表一样是由数据构成的

3. 建立视图时,(　　)用于加密 CREATE VIEW 语句文本。

A. WITH UPDATE　　　　　　　　B. WITH READ ONLY

C. WITH CHECK OPTION　　　　　D. WITH ENCRYPTION

4. 执行(　　)系统存储过程可以查看视图的定义信息。

A. sp_helptext　　　B. sp_depends　　　C. sp_help　　　D. sp_rename

5. 下列代码中(　　)语法有错。

① USE Book1

② GO

③ ALTER VIEW v_Book1bycbs

④ WITH ENCRYPTION

⑤ AS

⑥ SELECT 出版社,COUNT(*),SUM(定价) 出版总价

⑦ FROM book1

⑧ GROUP BY 出版社

A. 第①行　　　　B. 第④行　　　　C. 第⑥行　　　　D. 没有错误

6. SQL Server 将创建视图的 CREATE TABLE 语句文本存储在(　　)系统表中。

A. sp_helptext　　　B. syscomments　　　C. encryption　　　D. sysobjects

7. 如果要防止用户通过视图对数据库进行增加、删除和修改或者有意无意地对不属于视图范围内的基本表数据进行操作,则在视图定义时要加上(　　)子句。

A. WITH READ ONLY　　　　　　B. WITH CHECK OPTION

C. CREATE VIEW　　　　　　　　D. ORDER BY

# 存储过程与触发器

**教学目标**：存储过程和触发器是由一系列的 Transact-SQL 语句组成的子程序，用来满足更高的应用需求。触发器也是一种存储过程，它是一种在基本表被修改时自动执行的内嵌过程，它主要是由事件触发而被执行，而存储过程可以通过存储过程的名字被直接调用。它们可以说是 SQL Server 程序设计的灵魂，掌握和使用好它们对数据库的开发与应用非常重要。

**教学提示**：通过本章的学习，要求掌握存储过程和触发器的概念、用途、创建、修改等管理和操作，能编写简单的存储过程，熟练运用 INSERT 触发器、UPDATE 触发器和DELETE 触发器。

在 SQL Server 2014 应用操作中，存储过程和触发器扮演了相当重要的角色，基于预编译并存储在 SQL Server 数据库中的特性，它们不仅能提高应用效率，确保一致性，而且能提高系统执行的速度。同时，使用触发器来完成业务规则，能达到简化程序设计的目的。本章将介绍存储过程和触发器的作用，并讨论使用 SQL Server Management Studio 窗口和 Transact-SQL 语句这两种方法来创建、修改、删除存储过程和触发器。

## 8.1 存储过程概述

### 8.1.1 什么是存储过程

当开发一个应用程序时，为了易于修改和扩充，经常会将负责特定功能的语句单独保存起来，独立放置，以便能够反复调用，而这些独立放置且拥有特定功能的语句即是存储过程（store procedure）。SQL Server 2014 的存储过程包含一些 Transact-SQL 语句，经编译后以特定的名称存储在数据库中（存储过程也是一种数据库对象）。可以在存储过程中声明变量、有条件地执行操作以及实现各项强大的程序设计功能。

SQL Server 2014 的存储过程与其他程序设计语言的过程类似，同样能按下列方式运行：

（1）它能够包含执行各种数据库操作的语句，并且可以调用其他的存储过程。

（2）能够接收输入参数，并以输出参数的形式将多个数据值返回给调用程序（calling

procedure)或批处理(batch)。

(3) 向调用程序或批处理返回一个状态值,以表明成功或失败(以及失败的原因)。

(4) 用户通过指定存储过程的名字并给出参数(如果该存储过程带有参数)来执行它。

## 8.1.2　存储过程的类型

### 1. 系统存储过程

存储过程在运行时生成执行方式,其后在运行时执行速度很快。SQL Server 2014 不仅提供了用户自定义存储过程的功能,而且提供了许多可作为工具使用的系统存储过程。

系统存储过程(system stored procedure)主要存储在 master 数据库中,并以 sp_为前缀。系统存储过程主要是从系统表中获取信息,从而为系统管理员管理 SQL Server 2014 提供支持。通过系统存储过程,SQL Server 2014 中的许多管理性或信息性的活动(如了解数据库对象、数据库信息)都可以有效地完成。尽管这些系统存储过程被存储在 master 数据库中,但是仍可以在其他数据库中对其进行调用,在调用时,不必在存储过程名前加上数据库名。而且当创建一个数据库时,一些系统存储过程会在新的数据库中被自动创建。

系统存储过程能完成的操作多达千百项。例如,提供帮助的系统存储过程有: sp_helpsql,显示关于 SQL 语句、存储过程和其他主题的信息;sp_help,提供关于存储过程或其他数据库对象的报告;sp_helptext,显示存储过程和其他对象的文本;sp_depends,列举引用或依赖指定对象的所有存储过程。事实上,在前面的内容中就已使用过一些系统存储过程,例如,取得数据库中关于表和视图的相关信息的 sp_tables,更改数据库名称的 sp_renamedb,等等。

SQL Server 2014 系统存储过程是为用户提供方便的,它们使用户可以很容易地从系统表中提取信息,管理数据库,并执行涉及更新系统表的其他任务。

系统存储过程中在 master 数据库中创建,由系统管理员管理。所有系统存储过程的名字均以 sp_开始。

如果一个过程以 sp_开始,又在当前数据库中找不到,SQL Server 2014 就在 master 数据库中寻找。以 sp_前缀命名的过程中引用的表如果不能在当前数据库中解析出来,也将在 master 数据库查找。

当系统存储过程的参数是保留字或对象名,且对象名由数据库或拥有者名字限定时,整个名字必须包含在单引号中。一个用户可以在所有数据库中执行一个系统存储过程的许可权,否则在任何数据库中都不能执行系统存储过程。

### 2. 本地存储过程

本地存储过程(local stored procedures)也就是用户自行创建并存储在用户数据库中的存储过程。事实上,一般所说的存储过程指的就是本地存储过程。

### 3. 临时存储过程

临时存储过程(temporary stored procedure)可分为以下两种。

1) 本地临时存储过程

不论当前数据库是哪一个数据库,如果在创建存储过程时以 ♯ 作为其名称的第一个字符,则该存储过程将成为一个存放在 tempdb 数据库中的本地临时存储过程(例如 CREATE PROCEDURE ♯ Book1_proc)。本地临时存储过程只有创建它并且当前与 SQL Server 保持连接的用户才能够执行它,而且一旦这位用户断开与 SQL Server 的连接(也就是注销 SQL Server 2014),本地临时存储过程就会自动删除,当然,这位用户也可以在连接期间用 DROP PROCEDURE 命令删除他所创建的本地临时存储过程。

由于本地临时存储过程的适用范围仅限于创建它时的连接,因此,无须担心其名称会和其他连接中创建的本地临时存储过程的名称相同。

2) 全局临时存储过程

不论当前数据库是哪一个数据库,只要创建的存储过程名称是以 ♯♯ 开始的,则该存储过程都将成为一个存储在 tempdb 数据库中的全局临时存储过程(例如 CREATE PROCEDURE ♯ ♯ Book1_proc)。全局临时存储过程一旦创建,以后连接到 SQL Server 2014 的任意用户都能执行它,而且不需要特定的权限。

当创建全局临时存储过程的用户断开与 SQL Server 2014 的连接时,SQL Server 2014 将检查是否有其他用户正在执行该全局临时存储过程。如果没有,SQL Server 2014 便立即将全局临时存储过程删除;如果有,SQL Server 2014 会让这些正在执行中的操作继续进行,但是不允许任何用户再执行这个全局临时存储过程,等到所有未完成的操作执行完毕后,这个全局临时存储过程就会自动删除。

由于全局临时存储过程能够被所有的连接用户使用,因此,必须注意其名称不能和其他连接中创建的本地临时存储过程的名称相同。

不论创建的是本地临时存储过程还是全局临时存储过程,只要 SQL Server 2014 一停止运行,它们将不复存在。

### 4. 远程存储过程

在 SQL Server 2014 中,远程存储过程(remote stored procedure)是位于远程服务器上的存储过程,通常可以使用分布式查询和 EXECUTE 命令执行一个远程存储过程。

### 5. 扩展存储过程

扩展存储过程(extended stored procedure)是使用外部程序设计语言编写的存储过程。显而易见,扩展存储过程可以弥补 SQL Server 2014 的不足,可以使用户按需要自行扩展功能。扩展存储过程在使用和执行上与一般的存储过程完全相同。可以将参数传递给扩展存储过程,扩展存储过程也能够返回结果和状态值。

扩展存储过程的名称通常以 xp_开头。扩展存储过程以动态链接库的形式存在,能让

SQL Server 2014 动态地装载和执行。扩展存储过程一定要存储在系统数据库 master 中。

### 8.1.3　存储过程的优点

存储过程有以下优点：

（1）通过本地存储、代码预编译和缓存技术实现高性能的数据操作。

（2）通过通用编程结构和过程实现编程框架。如果业务规则发生变化，可以通过修改存储过程来适应新的业务规则，而不必修改客户端的应用程序。这样所有调用该存储过程的应用程序就会遵循新的业务规则。

（3）通过隔离和加密的方法提高数据库的安全性。数据库用户可以通过得到权限来执行存储过程，而不必直接访问数据库对象，这些对象将由存储过程来操作。另外，存储过程可以加密，这样用户就无法阅读存储过程中的 Transact-SQL 语句。这些安全特性将数据库结构和数据库用户隔离开来，进一步保证了数据的完整性和可靠性。

### 8.1.4　存储过程与视图的比较

存储过程与视图有以下不同：

（1）可以在单个存储过程中执行一系列 Transact-SQL 语句，而在视图中只能执行 SELECT 语句。

（2）视图不能接收参数，只能返回结果集；而存储过程可以接收参数，包括输入输出参数，并能返回单个或多个结果集以及返回值，这样可大大地提高应用的灵活性。

一般来说，人们将经常用到的多个表的连接查询定义为视图，而存储过程用于完成复杂的一系列的处理，在存储过程中也会经常用到视图。

## 8.2　创建和执行存储过程

### 8.2.1　创建存储过程

```
CREATE PROCEDURE procedure_name
[WITH ENCRYPTION]
[WITH RECOMPILE]
AS
sql_statement
```

其中：

- WITH ENCRYPTION：对存储过程进行加密。
- WITH RECOMPILE：重新编译存储过程。

【例 8.1】　使用 Transact-SQL 语句在 Book1 数据库中创建一个名为 p_book1 的存储过程。该存储过程返回 book1 表中所有出版社名为"中国长安"的记录。

在 SQL Server Management Studio 查询窗口中运行如下命令：

```
USE Book1
GO
CREATE PROCEDURE p_book1
AS
SELECT * FROM book1 WHERE 出版社='中国长安'
```

## 8.2.2 执行存储过程

在存储过程创建成功后,用户可以执行存储过程来检查存储过程的返回结果。

执行存储过程的基本语法如下:

```
EXEC procedure_name
```

【例 8.2】 使用 Transact-SQL 语句执行例 8.1 中创建的存储过程。

在 SQL Server Management Studio 查询窗口中运行如下命令:

```
USE Book1
GO
EXEC p_book1
```

运行完毕后,在 SQL Server Management Studio 查询窗口中返回的结果如图 8.1 所示,表示存储过程创建成功,同时返回相应存储过程的执行结果。

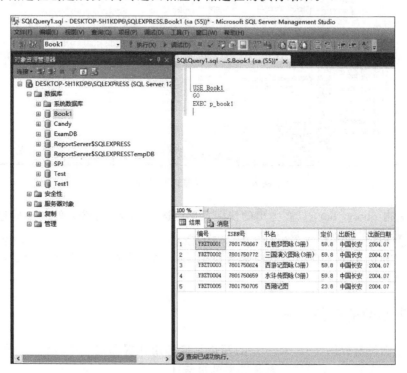

图 8.1 执行 p_book1 存储过程

在存储过程创建成功后,用户可以在 SQL Server Management Studio 窗口中查看存储过程的属性。

【例 8.3】 在 SQL Server Management Studio 窗口中查看存储过程 p_book1 的属性。

(1)在"对象资源管理器"中展开 Book1 选项。

(2)展开"可编程性"选项,在列表中可以看见名为 p_book1 的存储过程,如图 8.2 所示。

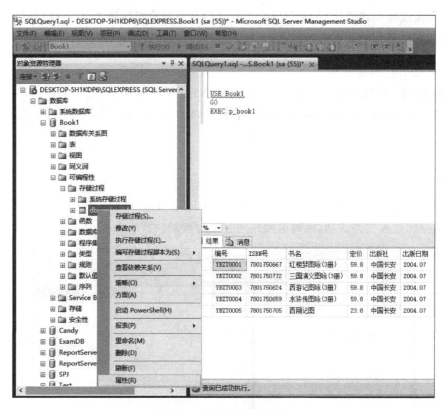

**图 8.2 查看存储过程路径**

(3)右击 dbo. p_book1,在弹出的快捷菜单中选择"属性"命令,弹出"存储过程属性-p_book1"对话框,如图 8.3 所示。

(4)右击 p_book1,在弹出的快捷菜单中选择"修改"命令,如图 8.4 所示,可以在这里对存储过程的定义进行修改。

### 8.2.3 带参数的存储过程

由于视图没有提供参数,对于行的筛选只能绑定在视图定义中,灵活性不大。而存储过程提供了参数,大大提高了系统开发的灵活性。

向存储过程设定输入和输出参数的主要目的是通过参数向存储过程输入和输出信息来扩展存储过程的功能。通过设定参数,可以多次使用同一存储过程并按用户要求获

**图 8.3 "存储过程属性 - p_book1"对话框**

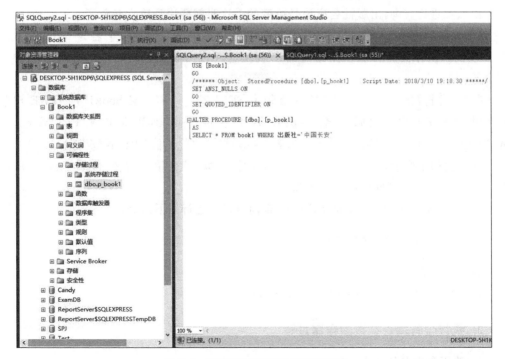

**图 8.4 对存储过程的定义进行修改**

得所需的结果。

### 1. 带输入参数的存储过程

输入参数是指由调用程序向存储过程传递的参数,它们在创建存储过程语句中被定义,在执行存储过程中给出相应的变量值。为了定义接收输入参数的存储过程,需要在 CREATE PROCEDURE 语句中声明一个或多个变量作为参数。

其语法格式如下:

```
CREATE PROCEDURE procedure_name
@parameter_name datatype=[default]
[WITH ENCRYPTION]
[WITH RECOMPILE]
AS
sql_statement
```

其中:

- @parameter_name:存储过程的参数名,必须以符号@为前缀。
- datatype:参数的数据类型。
- default:参数的默认值。如果执行存储过程时未提供该参数的变量值,则使用默认值。

在例 8.1 中,存储过程 p_book1 只能对中国长安出版社进行查询。要使用户能够对任意出版社进行查询,出版社名应该是可变的。这时就要用到输入参数了。

【例 8.4】 使用 Transact-SQL 语句在 Book1 数据库中创建一个名为 p_book1p 的存储过程。该存储过程能根据给定的出版社返回该出版社代码对应的 book1 表中的记录。

【实例分析】在例 8.1 中,AS 后的语句为 SELECT ＊ FROM book1 WHERE 出版社='中国长安',现将出版社名"中国长安"用变量代替:SELECT ＊ FROM book1 WHERE 出版社=@出版社,其中变量名"@出版社"取代了值"中国长安"。

由于使用了变量,所以需要定义该变量,把"出版社"变量设为 20 位的字符串,所以在 AS 之前定义变量"@出版社 varchar(20)"。

在 SQL Server Management Studio 查询窗口中运行如下命令:

```
CREATE PROCEDURE p_book1p
@出版社 varchar(20)
AS
SELECT ＊ FROM book1 WHERE 出版社=@出版社
```

### 2. 执行含有输入参数的存储过程

#### 1) 使用参数名传递参数值

在执行存储过程的语句中,通过语句@parameter_name＝value 给出参数的传递值。

当存储过程含有多个输入参数时,参数值可以按任意顺序设定。对于允许空值和具有默认值的输入参数,可以不给出参数的传递值。

其语法格式如下:

```
EXEC procedure_name
[@parameter_name=value][,...]
```

【**例 8.5**】 用参数名传递参数值的方法执行存储过程 p_book1p,分别查询出版社名为"中国长安"和"安徽人民"的图书记录。

在 SQL Server Management Studio 查询窗口中运行如下命令:

```
EXEC p_book1p @出版社='中国长安'
GO
EXEC p_book1p @出版社='安徽人民'
GO
```

运行结果如图 8.5 所示。

**图 8.5 按参数名传递参数值的视图**

图 8.5 显示了在执行带有不同参数时该存储过程的返回结果。可以看出,在使用参数后,用户可以方便地根据需要查询信息。

### 2) 按位置传递参数值

在执行存储过程的语句中,不通过参数传递参数值,而直接给出参数的传递值。当存储过程含有多个输入参数时,传递值的顺序必须与存储过程中定义的输入顺序相一致。按位置传递参数时,也可以忽略空值和具有默认值的参数,但不能因此改变输入参数的设定顺序。例如,在一个含有 4 个参数的存储过程中,用户可以忽略第 3 个和第 4 个参数,但无法在忽略第 3 个参数的情况下指定第 4 个参数的输入值。

其语法格式如下:

```
EXEC procedure_name
[value,...]
```

【例 8.6】 用按位置传递参数值的方法执行存储过程 p_book1p,分别查找出版社名为"中国人口"和"内蒙人民"的图书记录。

在 SQL Server Management Studio 查询窗口中运行如下命令:

```
EXEC p_book1p '内蒙人民'
GO
EXEC p_book1p '中国人口'
GO
```

运行结果如图 8.6 所示,可以看出,按位置传递参数值比按参数名传递参数值更简捷,比较适合参数值较少的情况。而按参数名传递的方法使程序的可读性强。特别是参数数量较多时,建议使用按参数名传递参数的方法,这样的程序可读性和可维护性都要好一些。

### 3. 带输出参数的存储过程

如果需要从存储过程中返回一个或多个值,可以通过在创建存储过程的语句中定义输出参数来实现。为了使用输出参数,需要在 CREATE PROCEDURE 语句中指定 OUTPUT 关键字。

定义输出参数的语法如下:

```
@parameter_name datatype=[default] OUTPUT
```

【例 8.7】 创建存储过程 p_book1Num,要求能根据用户给定的出版社,统计该出版社的出书数量,并将数量以输出变量的形式返回给用户。

在 SQL Server Management Studio 查询窗口中运行如下命令:

```
CREATE PROCEDURE p_book1Num
@出版社 VARCHAR(20), @book1Num SMALLINT OUTPUT
AS
SET @book1Num=
(
SELECT COUNT(*) FROM book1
```

图 8.6 按位置传递参数值的视图

```
WHERE 出版社=@出版社
)
PRINT @book1Num
```

**【例 8.8】** 执行存储过程 p_book1Num。

由于在存储过程 p_book1Num 中使用了参数@出版社和@book1Num，所以，在测试时需要先定义相应的变量，对于输入参数@出版社需要赋值，而输出参数@book1Num无须赋值，它是从存储过程中获得返回值供用户进一步使用的。

在 SQL Server Management Studio 查询窗口中运行如下命令：

```
DECLARE @出版社 VARCHAR(20),@book1Num SMALLINT
SET @出版社='中国长安'
EXEC p_book1Num @出版社,@book1Num
```

如图 8.7 所示，中国长安出版社一共出版了 5 本书。

**说明**：这里是在 SQL Server 2014 环境下进行测试的，而在进行系统开发时，往往变量的定义、赋值、使用都是在应用程序中设计的。存储过程 p_book1Num 的 PRINT @book1Num 语句也只是为了在 SQL Server 2014 环境中测试而设计的。

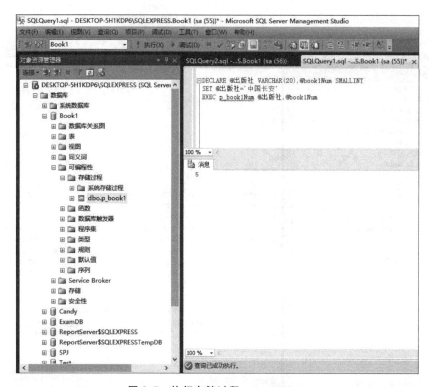

图 8.7　执行存储过程 p_book1Num

# 8.3　修改、删除、重命名存储过程

## 8.3.1　存储过程的修改

修改存储过程是由 ALTER 语句来完成的,其语法如下:

```
ALTER PROCEDURE procedure_name
[WITH ENCRYPTION]
[WITH RECOMPILE]
AS
sql_statement
```

【例 8.9】　使用 Transact-SQL 语句修改存储过程 p_book1p,根据用户提供的出版社名称进行模糊查询,并要求加密。

在 SQL Server Management Studio 查询窗口中运行如下命令:

```
ALTER PROCEDURE p_book1p
@出版社 VARCHAR(20)
WITH ENCRYPTION
AS
```

```
SELECT 出版社,ISBN号,定价,作者姓名
FROM book1,author
WHERE book1.编号=author.编号 and 出版社 LIKE '%@出版社%'
```

## 8.3.2 存储过程的删除

存储过程的删除是通过 DROP 语句来实现的。

【例 8.10】 使用 Transact-SQL 语句来删除存储过程 p_book1。

在 SQL Server Management Studio 查询窗口中运行如下命令：

```
USE Book1
GO
DROP procedure p_book1
```

【例 8.11】 在 SQL Server Management Studio 窗口中删除存储过程 p_book1p。

(1) 在 SQL Server Management Studio 窗口中打开"对象资源管理器"面板,展开 Book1 选项。

(2) 展开"可编程性"选项,右击 dbo. p_book1p,在弹出的快捷菜单中选择"删除"命令即可,如图 8.8 所示。

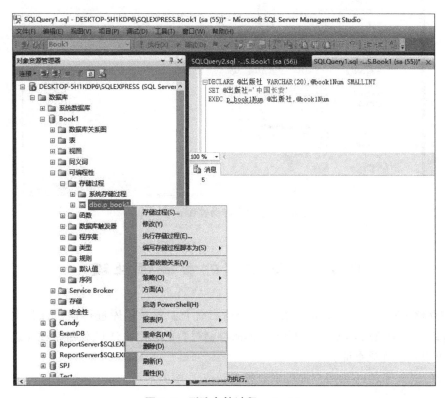

**图 8.8 删除存储过程 p_book1p**

### 8.3.3 存储过程的重命名

【例 8.12】 将存储过程 p_book1p 重命名为 p_book1Num。

（1）在 SQL Server Management Studio 窗口中打开"对象资源管理器"面板并展开 Book1 选项。

（2）展开"可编程性"选项，在存储过程详细列表中右击 dbo. p_book1p，在弹出的快捷菜单中选择"重命名"命令，如图 8.9 所示。

（3）输入存储过程的新名称 p_book1Num 即可。

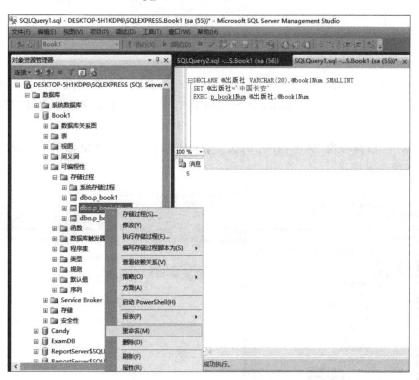

图 8.9 重命名存储过程 p_book1p

## 8.4 存储过程的重编译处理

在存储过程中所用的查询只在编译时进行优化。对数据库进行索引或其他会影响数据库统计的更改后，可能会降低已编译的存储过程的效率。通过对存储过程进行重新编译，可以重新优化查询。

SQL Server 2014 为用户提供了 3 种重新编译的方法。

**1. 在创建存储过程时使用 WITH RECOMPILE 子句**

WITH RECOMPILE 子句可以指示 SQL Server 2014 不将该存储过程的查询计划

保存在缓存中,而是在每次运行时重新编译和优化,并创建新的查询计划。

【例 8.13】　使用 WITH RECOMPILE 子句创建例 8.4 中的存储过程,使其在每次运行时重新编译和优化。

在 SQL Server Management Studio 查询窗口中运行如下命令:

```
USE Book1
GO
CREATE PROCEDURE p_book1p
@出版社 VARCHAR(20)
WITH RECOMPILE
AS
SELECT * FROM book1 WHERE 出版社=@出版社
```

这种方法并不常用,因为在每次执行存储过程时都要重新编译,在整体上降低了存储过程的执行速度。只有在存储过程本身是一个比较复杂、耗时的操作时,编译的时间相对于执行存储过程的时间少,才会使用这种方法。

### 2. 在执行存储过程时设定重新编译选项

通过在执行存储过程时设定重新编译选项,可以让 SQL Server 2014 在执行存储过程时重新编译该存储过程,在本次执行后,新的查询计划又被保存在缓存中。

其语法格式如下:

```
EXECUTE procedure_name WITH RECOMPILE
```

【例 8.14】　以重新编译的方式执行存储过程 p_book1p。

在 SQL Server Management Studio 查询窗口中运行如下命令:

```
USE Book1
GO
EXECUTE p_book1p '中国长安' WITH RECOMPILE
```

此方法一般在存储过程创建后数据发生了显著变化时使用。

### 3. 通过系统存储过程设定重新编译选项

其语法如下:

```
EXEC sp_recompile object
```

其中,object 是当前数据库中的存储过程、表或视图的名称。

【例 8.15】　通过系统存储过程设定使 book1 表的触发器和存储过程在下次运行时被重新编译。

在 SQL Server Management Studio 查询窗口中运行如下命令:

```
EXEC sp_recompile Book1
```

# 8.5 触发器的创建和管理

## 8.5.1 触发器概述

### 1. 触发器的基本概述

在 SQL Server 2014 数据库系统中,存储过程和触发器都是 SQL 语句和流程控制语句的集合。就本质而言,触发器也是一种存储过程,它是一种在基本表被修改时自动执行的内嵌过程,主要通过事件触发而被执行,而存储过程可以通过存储过程名直接调用。当对某一张表进行 UPDATE、INSERT、DELETE 等操作时,SQL Server 2014 就会自动执行触发器所定义的 SQL 语句,从而确保对数据的处理符合由这些 SQL 语句所定义的规则。触发器的主要作用是实现由主键和外键所不能保证的复杂的参照完整性和数据的一致性。除此之外,各种触发器还有许多不同的功能。

### 2. 使用触发器的优点

由于在触发器中可以包含复杂的处理逻辑,因此,应该将触发器用于保持低级的数据的完整性,而不是返回大量的查询结果。使用触发器主要可以实现以下操作:

(1) 强制比 CHECK 约束更复杂的数据的完整性。在数据库中要实现数据的完整性的约束,可以使用 CHECK 约束或触发器来实现。但是在 CHECK 约束中不允许引用其他表中的列来完成检查工作,而触发器可以引用其他表中的列来完成数据的完整性的约束。

(2) 使用自定义的错误提示信息。用户有时需要在数据的完整性遭到破坏或其他情况下使用预先自定义的错误提示信息或动态自定义的错误提示信息。通过使用触发器,用户可以捕获破坏数据完整性的操作,并返回自定义的错误提示信息。

(3) 实现数据库中多张表的级联修改。用户可以通过触发器对数据库中的相关表进行级联修改。

(4) 比较数据库修改前后数据的状态。触发器提供了访问由 INSERT、UPDATE 或 DELETE 语句引起的数据前后状态变化的能力,因此用户就可以在触发器中引用由于修改所影响的记录行。

(5) 维护规范化数据

用户可以使用触发器来保证非规范数据库中的低级数据的完整性。维护非规范化数据与表的级联是不同的。表的级联指的是不同表之间的主键与外键关系,维护表的级联可以通过设置表的主键与外键的关系来实现;而非规范数据通常是指在表中派生的、冗余的数据值,维护非规范化数据应该通过触发器来实现。

## 8.5.2　触发器的创建

### 1. 使用命令创建触发器

基本语法如下：

```
CREATE TRIGGER trigger_name
ON{table|view}
{FOR|AFTER|INSTEAD OF} {[INSERT],[UPDATE],[DELETE]}
[WITH ENCRYPTION]
AS
IF UPDATE(column_name)
[{and|or} UPDATE(column_name),...]
sql_statements
```

其中：

- trigger_name：是触发器的名称，用户可以选择是否指定触发器所有者名称。
- table|view：是执行触发器的表或视图，可以选择是否指定表或视图的所有者名称。
- AFTER：是指在对表的相关操作正常完成后，触发器被触发。如果仅指定 FOR 关键字，则 AFTER 是默认设置。
- INSTEAD OF：指定执行触发器而不是执行触发语句，从而替代触发语句的操作。可以为表或视图中的每个 INSERT、UPDATE 或 DELETE 语句定义一个 INSTEAD OF 触发器。如果在定义一个可更新的视图时使用了 WITH CHECK OPTION 选项，则 INSTEAD OF 触发器不允许在这个视图上定义。用户必须用 ALTER VIEW 删除上述选项后，才能定义 INSTEAD OF 触发器。
- {[INSERT],[UPDATE],[DELETE]}：用于指定在表或视图上执行哪些数据修改语句时激活触发器的关键字。必须至少指定其中一个选项。在触发器定义中允许使用以任意顺序组合的关键字。如果指定的选项多于一个，需要用逗号分隔。对于 INSTEAD OF 触发器，不允许在具有 ON DELETE 级联操作引用关系的表上使用 DELETE 选项。同样，也不允许在具有 ON UPDATE 级联操作引用关系的表上使用 UPDATE 选项。
- ENCRYPTION：是加密含有 CREATE TRIGGER 语句正文文本的 syscomments 项，这是为了满足数据安全的需要。
- sql_statements：定义触发器被触发后将执行的数据库操作。它指定触发器执行的条件和动作。触发器条件是除引起触发器执行的操作外的附加条件；触发器动作是指当前用户执行激发触发器的某种操作并满足触发器的附加条件时触发器所执行的动作。
- IF UPDATE：指定对表内某列做增加或修改内容时触发器才起作用，它可以指定两个以上的列，列名前可以不加表名。IF 子句中的多个触发器可以放在

BEGIN 和 END 之间。

1) INSERT 触发器

【例 8.16】 在 Book1 数据库的 book1 表上创建 book1_trigger1 触发器，当执行 INSERT 操作时，该触发器被触发（即向所定义触发器的表中插入数据时触发器被触发）。

在 SQL Server Management Studio 查询窗口中运行如下命令：

```
USE Book1
GO
CREATE TRIGGER book1_trigger1
ON book1
FOR INSERT
AS
PRINT '数据插入成功'
GO
```

当用户向 book1 表中插入数据时，触发器被触发，而且数据被插入表中。例如向表中加入如下记录内容：

```
INSERT INTO book1
VALUES('YBZT2411','7500433921','SQL2005',25.00,'中山大学',2007)
```

运行结果如图 8.10 所示，并给出了提示信息。

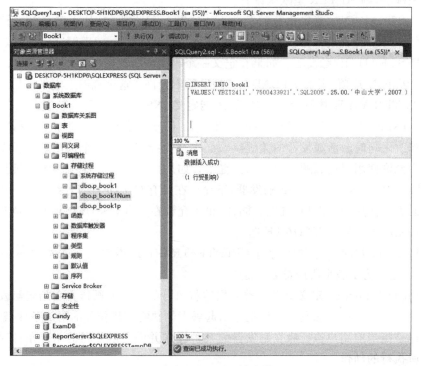

图 8.10　INSERT 触发器

用户可以用 SELECT ＊ FROM book1 语句查看表的内容,可以发现上述记录已经插入到 book1 表中,如图 8.11 所示。这是由于在定义触发器时指定的是 FOR 选项,因此 AFTER 是默认设置。此时,触发器只有在触发 SQL 语句的 INSERT 中指定的所有操作都已成功执行后才能激发。因此,用户仍能将数据插入到 book1 表中。有什么办法能实现在触发器被执行的同时取消触发器的 SQL 语句的操作呢? 答案是使用 INSTEAD OF 关键字来实现。

**图 8.11　验证 INSERT 触发器**

**【例 8.17】**　在 Book1 数据库的 book1 表上创建 book1_trigger2 触发器,当执行 DELETE 操作时触发器被触发,且要求触发触发器的 DELETE 语句在执行后被取消,即删除不成功。

在 SQL Server Management Studio 查询窗口中运行如下命令:

```
USE Book1
GO
CREATE TRIGGER book1_trigger2
ON book1
INSTEAD OF DELETE
AS
PRINT '数据删除不成功'
GO
```

删除 book1 表中例 8.17 新增的记录,

在 SQL Server Management Studio 查询窗口中运行如下命令：

```
DELETE
FROM book1
WHERE 编号='YBZT2411'
```

运行结果如图 8.12 所示。

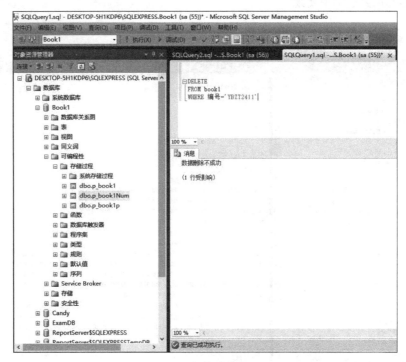

**图 8.12　数据删除不成功**

再运行如下语句来验证刚才是不是真的删除了数据：

```
USE Book1
SELECT *
FROM book1
```

运行结果如图 8.13 所示，用户此时可以发现例 8.16 新添加的记录仍然保留在 book1 表中，可见在定义触发器时，定义的 INSTEAD OF 选项取消了触发 author_trigger2 的 DELETE 操作，所以该记录未被删除。

2) UPDATE 触发器

在带有 UPDATE 触发器的表上执行 UPDATE 语句时，将触发 UPDATE 触发器。使用 UPDATE 触发器时，用户可以通过定义 IF UPDATE(column_name)语句来实现。当特定列被更新时触发触发器，而不管更新影响的是表中的一行还是多行。如果用户需要实现多个特定列中的任意一列被更新时触发触发器，可以在触发器定义中通过使用多个 IF UPDATE(column_name)语句来实现。

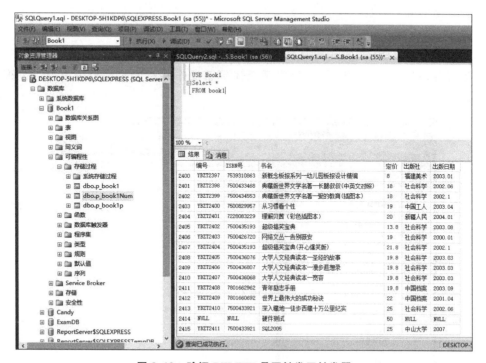

图 8.13 验证 DELETE 是否触发了触发器

【例 8.18】 在 Book1 数据库的 book1 表上建立名为 book1_trigger3 的触发器,该触发器将被 UPDATE 操作激活。该触发器将不允许用户修改表的"定价"列(本例将不使用 INSTEAD OF,而是通过 ROLLBACK TRANSACTION 子句恢复原来数据的方法,来实现字段不被修改)。

建好触发器后,试着执行 UPDATE 操作,运行结果显示:"Unauthorized!"说明操作无法进行,触发器起到了保护作用。

在 SQL Server Management Studio 查询窗口中运行如下命令:

```
USE Book1
GO
CREATE TRIGGER book1_trigger3
ON book1
FOR UPDATE
AS
IF UPDATE(定价)
BEGIN
ROLLBACK TRANSACTION
END
```

在触发器建立后,在 SQL Server Management Studio 查询窗口中运行如下命令:

```
USE Book1
GO
```

```
UPDATE book1
SET 定价=5000
WHERE 编号='YBZT2411'
```

运行结果如图 8.14 所示,可以发现上述更新操作并不能实现对表中"定价"列的更新。

**图 8.14　UPDATE 触发器**

但是 UPDATE 操作可以对没有建立保护性触发的其他列进行更新,而不会激发触发器。

例如,在 SQL Server Management Studio 查询窗口中运行如下命令:

```
USE Book1
GO
UPDATE book1
SET 出版社='华师大'
WHERE 编号='YBZT2411'
```

执行后返回的消息"所影响的行数为 1 行"。

在 SQL Server Management Studio 查询窗口中运行如下命令:

```
USE  Book1
SELECT *
FROM book1
WHERE 编号='YBZT2411'
```

运行结果如图 8.15 所示,查询 book1 表可以看到"出版社"列的内容确实已被更新。

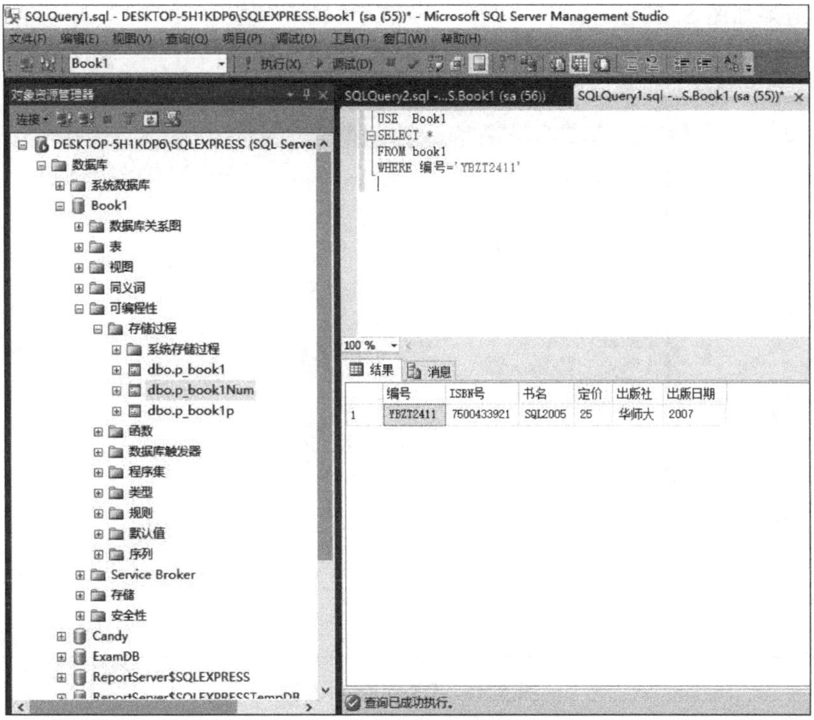

**图 8.15　验证 UPDATE 触发器**

3) DELETE 触发器

【例 8.19】　先删除例 8.17 建立的名为 book1_trigger2 的触发器。然后在 Book1 数据库的 book1 表上建立一个名为 book1_trigger4 的 DELETE 触发器,该触发器将对 book1 表中删除记录的操作给出提示信息,并取消当前的删除操作。

在 SQL Server Management Studio 查询窗口中运行如下命令:

```
USE Book1
GO
CREATE TRIGGER book1_trigger4
ON book1
FOR DELETE
AS
BEGIN
RAISERROR('Unauthorized!',10,1)
ROLLBACK TRANSACTION
END
```

建好触发器后,在 SQL Server Management Studio 查询窗口中运行如下命令:

```
DELETE
FROM book1
```

WHERE 编号='YBZT2411'

运行结果如图 8.16 所示。

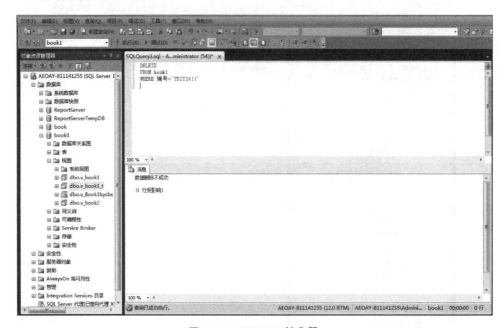

图 8.16   DELETE 触发器

注意：本例的运行和例 8.17 是相同的，只是表现方式不一样。

## 8.5.3   管理触发器

### 1. 查看触发器信息

SQL Server 2014 为用户提供多种查看触发器信息的方法。

1）使用系统存储过程

系统存储过程 sp_help、sp_helptext 和 sp_depends 分别提供有关触发器的不同信息。

（1）通过 sp_help 可以了解触发器的一般信息（名字、属性、类型、创建时间）。例如，输入 sp_help book1_trigger4 命令查看已经建立的 book1_trigger4 触发器的一般信息。

（2）通过 sp_helptext 能够查看触发器的定义信息。例如，输入 sp_helptext book1_trigger4 命令查看已经建立的 book1_trigger4 触发器的定义文本。

（3）通过 sp_depends 能够查看指定触发器所引用的表或指定的表涉及的所有触发器。例如，输入 sp_depends book1_trigger4 命令查看已经建立的 book1_trigger4 触发器所涉及的表，输入 sp_depends book1 命令查看指定的 book1 表所涉及的触发器。

注意：用户必须在当前数据库中查看触发器的信息，而且被查看的触发器必须已经被创建。用户也可以在创建触发器时通过指定 WITH ENCRYPTION 来对触发器的定义文本信息进行加密，加密后的触发器无法用 sp_helptext 来查看。

用户还可以通过使用系统存储过程 sp_helptrigger 来查看某张特定表上存在的触发器的某些相关信息,具体命令的语法如下:

```
EXEC sp_helptrigger table_name
```

【例 8.20】　使用系统存储过程 sp_helptrigger 查看 book1 表上存在的所有触发器的相关信息。

在 SQL Server Management Studio 查询窗口中运行如下代码:

```
USE Book1
GO
EXEC sp_helptrigger book1
GO
```

结果如图 8.17 所示,返回在 book1 表上定义的所有触发器的相关信息。从返回的信息中,用户可以了解到触发器的名称、所有者以及触发条件的相关信息。

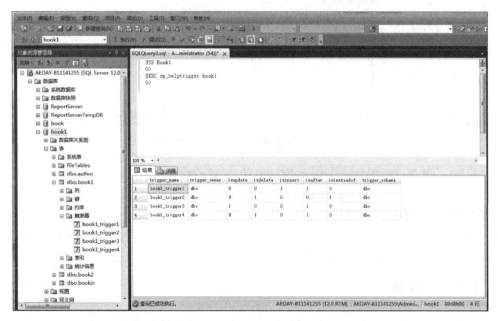

**图 8.17　使用系统存储过程 sp_helptrigger 查看触发器**

2) 使用系统表

用户还可以通过查询系统表 sysobjects 得到触发器的相关信息。

【例 8.21】　使用系统表 sysobjects 查看数据库 book1 上存在的所有触发器的相关信息。

在 SQL Server Management Studio 查询窗口中运行如下代码:

```
USE Book1
GO
SELECT name
```

```
FROM sysobjects
WHERE type='TR'
GO
```

查询结果返回在 book1 数据库上定义的所有触发器的名称,如图 8.18 所示。

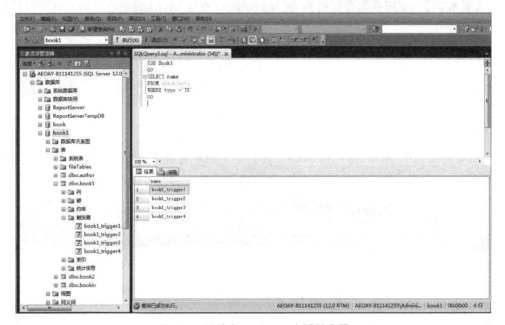

图 8.18　系统表 sysobjects 查看触发器

3) 在 SQL Server Management Studio 的“对象资源管理器”面板中查看触发器

使用 SQL Server Management Studio 的“对象资源管理器”面板可以方便地查看数据库中某个表上的触发器的相关信息。具体步骤为：在 SQL Server Management Studio 的“对象资源管理器”面板中,展开 Book1 选项,再展开“表”选项,选中 dbo. book1 选项并展开,最后再展开“触发器”选项,选中要查看的触发器名进行查看,如图 8.19 所示。

**2. 修改触发器**

通过使用系统存储过程、SQL Server Management Studio 窗口或 Transact_SQL 命令,可以修改触发器的名字和正文。

(1) 使用 sp_rename 命令修改触发器的名字,其语法格式为

```
sp_rename oldname,newname
```

其中,oldname 为触发器原来的名称,newname 为触发器的新名称。

(2) 在 SQL Server Management Studio 窗口中修改触发器定义。在 SQL Server Management Studio 窗口中修改触发器定义的操作步骤与查看触发器信息一样,如图 8.20 所示。

(3) 通过 ALERT trigger 命令修改触发器的正文。在实际应用中,用户可能需要改变一个已经存在的触发器,可以通过使用 SQL Server 2014 提供的 ALTER TRIGGER

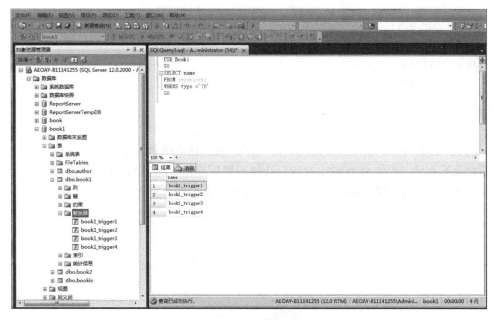

图 8.19 查看触发器

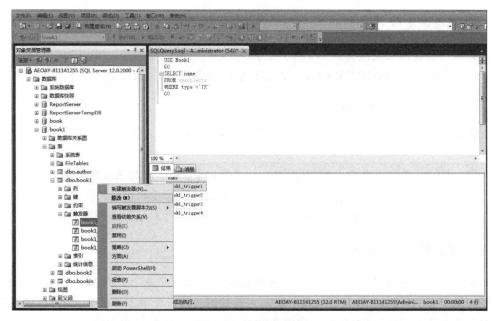

图 8.20 修改触发器

语句来实现。SQL Server 2014 可以在保留现有触发器名称的同时,修改触发器的触发动作和执行内容。修改触发器的具体语法如下:

```
ALTER TRIGGER trigger_name
ON{table|view}
```

```
{FOR|AFTER|INSTEAD OF} {[INSERT],[UPDATE],[DELETE]}
[WITH ENCRYPTION]
AS
IF UPDATE(column_name)
[{and|or} UPDATE(column_name),...]
sql_statements
```

其中,各参数的意义与建立触发器语句中参数的意义相同。

【例 8.22】 修改 Book1 数据库中的 book1 表上建立的触发器 book1_trigger1,使得在用户执行删除、增加、修改操作时能自动给出错误提示信息,撤销此次操作。

在 SQL Server Management Studio 查询窗口中运行如下代码:

```
USE Book1
GO
ALTER TRIGGER book1_trigger1
ON book1
INSTEAD OF DELETE,INSERT,UPDATE
AS
PRINT '你执行的删除、增加、修改无效'
```

### 3. 删除触发器

删除已创建的触发器有以下 3 种方法。

(1) 使用命令 DROP TRIGGER 删除指定的触发器,具体语法形式如下:

```
DROP TRIGGER trigger_name
```

例如,用户可以使用 DROP TRIGGER author_trigger1 命令删除触发器 author_trigger1。

(2) 删除触发器所在的表时,SQL Server 2014 将自动删除与该表相关的触发器。

(3) 按照前面介绍的方法进入"对象资料管理器"面板,找到相应的触发器并右击,在弹出的快捷菜单中选择"删除"命令即可。

### 4. 禁止和启用触发器

在使用触发器时,用户可能会遇到需要禁止某个触发器起作用的场合。例如,用户需要向某个有 INSERT 触发器的表中插入大量数据。当一个触发器被禁止后,该触发器仍然存在于表上,只是触发器的动作将不再执行,直到该触发器被重新启用。禁止和启用触发器的具体语法如下:

```
ALTER TABLE table_name
{ENABLE|DISABLE}TRIGGER
{ALL|trigger_name[,...]}
```

其中,{ENABLE | DISABLE} TRIGGER 指定启用或禁止触发器。当一个触发器

被禁止时,它对表的定义依然存在;然而,当在表上执行 INSERT、UPDATE 或 DELETE
语句时,触发器中的操作将不执行,除非重新启用该触发器。ALL 指定启用或禁止表中
所有的触发器。trigger_name 指定要启用或禁止的触发器名称。

**【例 8.23】**　禁止和启用在 Book1 数据库中 book1 表上创建的所有触发器。

在 SQL Server Management Studio 查询窗口中运行如下代码:

```
ALTER TABLE Book1 DISABLE TRIGGER ALL
ALTER TABLE Book1 ENABLE TRIGGER ALL
```

用户可以自己尝试禁止和启用在数据库 Book1 中 book1 表上创建的某个触发器。

# 本 章 实 训

### 1. 实训目的

(1) 理解存储过程和触发器的作用。
(2) 学会使用对象资源管理器和查询分析器创建存储过程。
(3) 学会使用对象资源管理器和查询分析器创建触发器。
(4) 学会存储过程和触发器的管理方法。

### 2. 实训内容和步骤

1) 创建和执行存储过程

(1) 在 Book1 数据库中创建名为 dj_book2 的存储过程。该存储过程返回 book2 表
中所有定价为 500～1000 的图书的记录。

```
USE Book1
GO
CREATE _____ dj_book2
AS
SELECT * FROM book1 WHERE 定价>=500 and 定价<=1000
```

执行已经定义的存储过程 dj_book2 要达到如图 8.21 所示的结果,即把定价为 500～
1000 的书全部显示出来,一共有 17 本,可参照例 8.2 的执行代码。

(2) 创建存储过程 p_book2price,要求能根据用户给出的出版社名,统计该出版社所
出书的平均定价,并将平均定价以输出变量返回给用户。

```
CREATE PROCEDURE p_book2price
@出版社 VARCHAR(20),@book2price money output
AS
SET @book2price=
(
SELECT avg(定价) FROM book2
WHERE 出版社=@出版社
```

图 8.21  dj_book2 的存储过程

```
)
PRINT @book2price
```

执行已经定义的存储过程代码如下:

```
DECLARE @出版社 VARCHAR(20),@book2price money
SET @出版社='海南'
EXEC _____ @出版社,@book2price
```

例如,输入出版社为"海南"平均定价为 90.12。要求达到如图 8.22 所示的结果。

(3) 删除存储过程 p_book2price。

2) 创建和管理触发器

(1) 使用 CREATE TRIGGER 命令创建一个触发器 book2_tri1,当向 book2 表中插入一条记录时,自动显示信息"数据插入成功"。在查询分析器中输入触发器的代码:

```
USE Book1
GO
CREATE TRIGGER book2_tri1
ON book2
FOR INSERT
AS
PRINT '数据插入成功'
GO
```

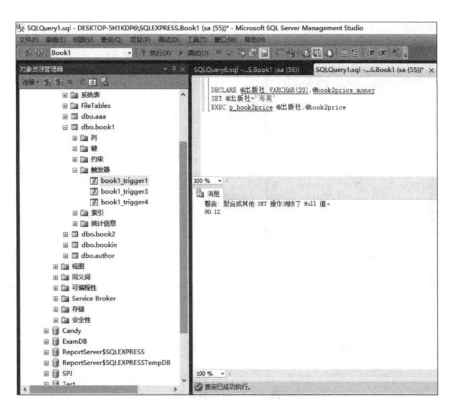

**图 8.22　执行存储过程 p_book2price**

触发器建立完毕后，当执行如下操作时会显示信息"数据插入成功"，如图 8.23
所示。

```
USE Book1
GO
INSERT INTO book2
VALUES('YBZT2412','750043922','SQL2007','北大','2018-3-10',20.7)
```

验证此行有没有被插入：

```
USE Book1
SELECT *
FROM book2
WHERE 编号='YBZT2412'
```

执行结果如图 8.24 所示，此行成功插入。

（2）禁用或删除刚才创建的 book2_tri1 触发器。

（3）使用 CREATE TRIGGER 命令创建触发器 book22_tri1，当向 book2 表中插入
一条记录时，自动显示 book2 表中的记录，此时，显示的只是以前的全部内容，即插入不
成功。可参考上题的代码和步骤。插入的数据为"'YBZT2413','750043923','SQL2008','
清华',29,2008"。

（4）使用系统存储过程 sp_helptext 查看触发器 book22_tri1 的定义文本信息。

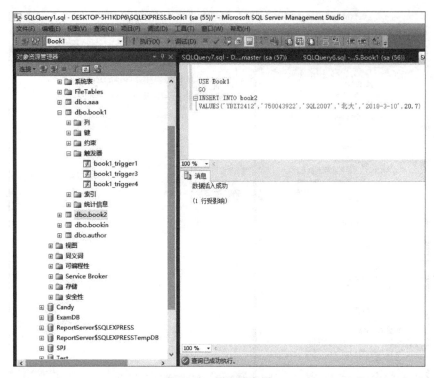

图 8.23　操作触发器

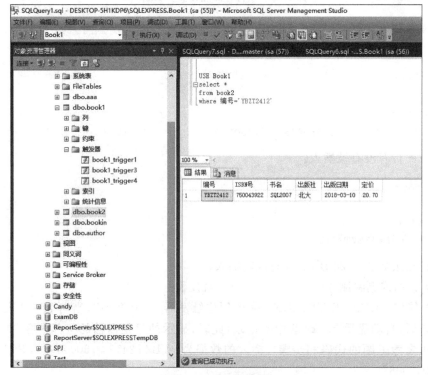

图 8.24　验证触发器

**3. 实训总结与体会**

结合操作的具体情况写出总结。

# 习　　题

## 一、简答题

1. 什么是存储过程?
2. 写出删除一个存储过程的步骤。
3. 使用触发器有什么优点?
4. 设计一个实例,分别创建 INSERT、UPDATE、DELETE 触发器。
5. 当一个表同时具有约束和触发器时将如何执行?

## 二、选择题

1. 单项选择题

(1) (　　)用来创建一个触发器。

  A. CREATE PROCEDURE     B. CREATE TRIGGER

  C. DROP PROCEDURE      D. DROP TRIGGER

(2) 触发器创建在(　　)中。

  A. 表     B. 视图     C. 数据库     D. 查询

(3) CREATE PROCEDURE 用来创建(　　)语句。

  A. 程序     B. 过程     C. 触发器     D. 函数

(4) 以下触发器是当对 book1 表进行(　　)操作时触发。

```
CREATE TRIGGER abc ON book1
FOR INSERT,UPDATE,DELETE
AS ...
```

  A. 只修改         B. 只插入

  C. 只删除         D. 插入、修改、删除

(5) 要删除一个名为 AA 的存储过程,应使用命令(　　)PROCEDURE AA。

  A. DELETE   B. ALTER   C. DROP     D. EXECUTE

(6) 触发器可引用视图或临时表,并产生两个特殊的表(　　)。

  A. deleted、inserted      B. delete、insert

  C. view、table        D. view1、table1

(7) 执行带参数的过程,正确的格式为(　　)。

  A. 过程名(参数)       B. 过程名 参数

  C. 过程名=参数       D. A、B、C 都可以

（8）当要将一个过程执行的结果返回给一个整型变量时，不正确的格式为（　　）。

　　A. 过程名（@整型变量）　　　　　　B. 过程名@整型变量

　　C. 过程名＝@整型变量　　　　　　　D. @整型变量＝过程名

（9）当删除（　　）时，与它关联的触发器也同时被删除。

　　A. 视图　　　　　B. 临时表　　　　C. 过程　　　　　D. 表

# 第9章

# SQL Server 2014 的安全管理

**教学目标**：安全性对于任何数据库管理系统来说都是至关重要的，SQL Server 2014 提供了有效的数据访问安全机制，本章主要从用户、角色和权限方面进行安全性的分析和讲解。

**教学提示**：通过本章的学习，读者应该掌握 SQL Server 2014 服务器的安全机制，并熟练掌握创建和管理安全账户、管理数据库用户、角色及权限等操作。

本章从安全性的角度对 SQL Server 2014 系统的基本管理方法进行分析和讲解。无论对于系统管理员还是数据库编程人员，甚至对于每个用户，数据库系统的安全性都是至关重要的。通过对本章的学习，读者应该学会使用用户账户，会给账户授予相应的权限，对用户、角色和权限的管理可以进行管理。

## 9.1 SQL Server 2014 的安全认证阶段

当用户使用 SQL Server 2014 时，需要经过两个安全认证阶段：身份验证阶段和权限认证阶段。

（1）身份验证阶段。用户在 SQL Server 2014 上获得对任何数据库的访问权限之前，必须登录 SQL Server 2014，并且被认为是合法的。SQL Server 2014 或者 Windows 对用户进行验证。如果验证通过，用户就可以连接到 SQL Server 2014 服务器上；否则，服务器将拒绝用户登录，以保证系统的安全性。

（2）权限认证阶段。在身份验证阶段，系统只验证用户是否有连接 SQL Server 2014 的权限。如果身份验证通过，只表示用户可以连接到 SQL Server 2014 服务器上；否则，系统将拒绝用户的连接。而权限认证检测用户是否有访问服务器数据的权限，为此需要为每个数据库用户账户授予访问权限。权限认证可以控制用户对数据库进行操作。

## 9.2 身份验证

在身份验证阶段，系统对用户身份进行验证。SQL Server 2014 和 Windows 是结合在一起的，它们会产生两种验证模式：Windows 身份验证模式和混合身份验证模式

（Windows 身份验证和 SQL Server 2014 身份验证）。

### 9.2.1　Windows 身份验证模式

Windows 身份验证模式是使用 Windows 操作系统的安全机制来验证用户身份，只要用户能够通过 Windows 用户身份验证，即可连接到 SQL Server 2014 服务器上。这种验证模式只适用于能够有效进行身份验证的 Windows 操作系统，在其他的操作系统下无法使用。

### 9.2.2　混合身份验证模式

混合身份验证模式使用户可以使用 Windows 身份验证或 SQL Server 身份验证与 SQL Server 2014 服务器连接。它将区分用户账户在 Windows 操作系统下是否可信，对于可信的连接用户，直接采用 Windows 身份验证模式。否则，SQL Server 2014 会通过账户的存在性和密码的匹配性自行进行验证。例如，允许某些非可信的 Windows 用户连接 SQL Server 2014 服务器，它通过检查是否已设置 SQL Server 2014，登录输入的账户以及密码是否与设置的相符来进行验证。如果 SQL Server 2014 服务器未设置登录信息，则身份验证失败，而且用户会收到错误提示信息。

使用哪个模式取决于在最初的通信时使用的协议标准。如果用户使用 TCP/IP Sockets 进行登录验证，则将使用 SQL Server 验证模式；如果用户使用命名管道，则登录时使用 Windows 验证模式，这种模式更适合用户的各种环境。但是对于 Windows 9x 系列的操作系统，只能使用 SQL Server 验证模式。在 SQL Server 验证模式下，输入登录名和密码后，SQL Server 在系统注册表中检测输入的登录名和密码，如果输入的登录名和密码正确，就可以登录到 SQL Server 服务器上。

# 9.3　权限认证

为防止不合理的使用造成数据的泄露和破坏，SQL Server 2014 数据库管理系统除使用身份验证方法来限制用户进入数据库系统外，还使用权限认证来控制用户对数据库的操作。

当用户通过身份验证，连接到 SQL Server 2014 服务器后，在用户可以访问的每个数据库中都要求单独的用户账户，对于没有账户的用户，将无法访问数据库。

此时，用户虽然可以发送各种 Transact-SQL 语句，但是这些操作语句在数据库中是否能够成功地执行，还取决于该用户账户在该数据库中对这些操作的权限设置。如果发出操作命令的用户没有执行该语句的权限或者访问该对象的权限，则 SQL Server 2014 将不会执行该操作语句，所以，若没有通过数据库的权限认证，即使用户连接到 SQL Server 2014 服务器上，也无法使用数据库。

一般来说，数据库的用户或者对象的用户可以对其他的数据库用户执行授予或者解除权限的操作。

# 9.4　创建 SQL Server 登录账户

## 9.4.1　使用对象资源管理器创建 SQL Server 2014 登录账户

使用对象资源管理器创建 SQL Server 2014 登录账户的步骤如下：

（1）在"对象资源管理器"面板中，展开服务器对应的"安全性"选项，在"登录名"选项上右击，在弹出的快捷菜单中选择"新建登录名"命令，进入"登录名-新建"窗口，如图 9.1 所示。

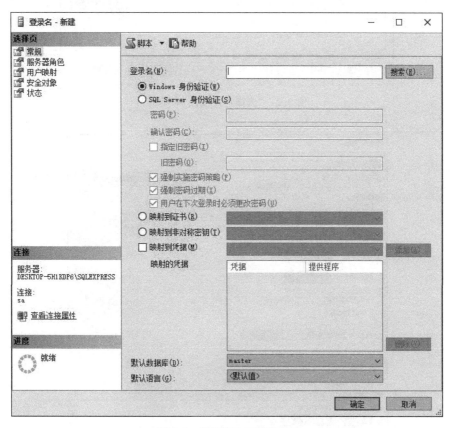

**图 9.1　"登录名-新建"窗口**

（2）如果选中"Windows 身份验证"单选按钮，再单击"搜索"按钮，如图 9.2 所示，单击"高级"按钮，在展开的高级选项中单击"立即查找"按钮，进入如图 9.3 所示的对话框，在该对话框中可以选择 Windows 系统的用户作为 SQL Server 2014 服务器的登录账户。不过，在此之前需要选择"开始"→"设置"→"账户"→"家庭和其他用户"→"将其他人添加到这台电脑"命令，弹出如图 9.4 所示的对话框，在其中单击"我没有这个人的登录信息"，在下一界面选择"添加一个没有 Microsoft 账户的用户"，创建一个新账户，如图 9.5 所示。

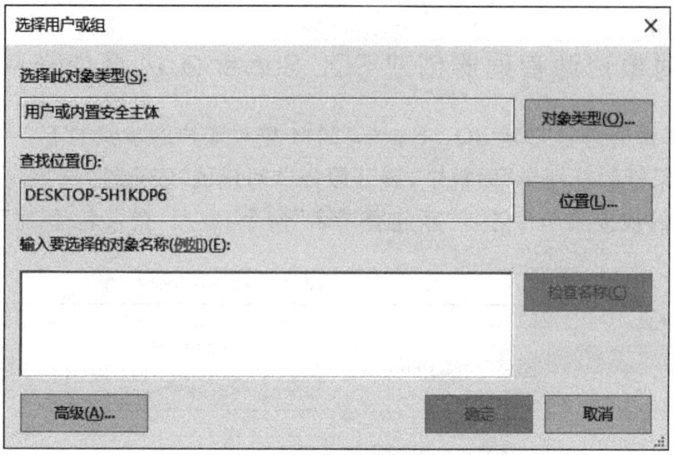

图 9.2　"选择用户或组"对话框

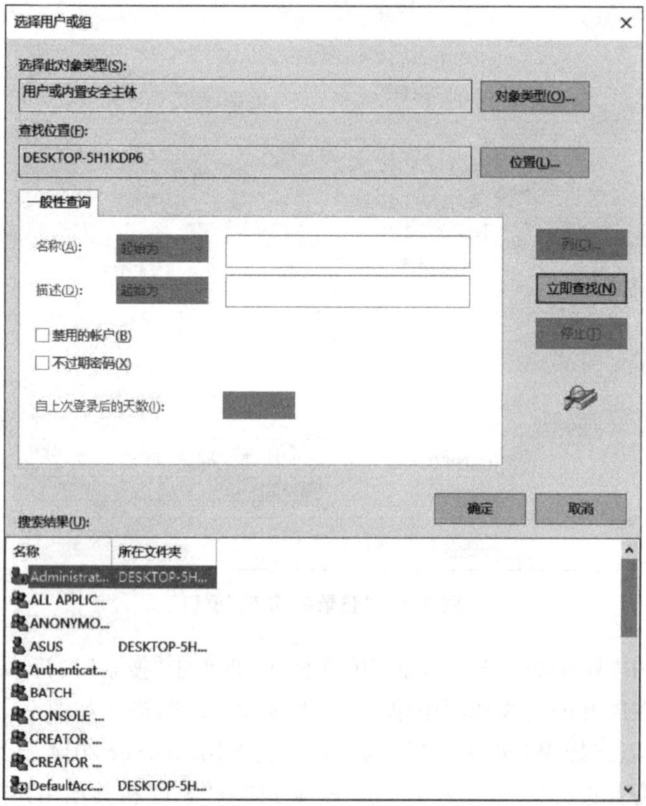

图 9.3　查找用户

**图 9.4　添加登录者**

**图 9.5　创建新账户**

（3）如果选中"SQL Server 身份验证"单选按钮,在"登录名"文本框中输入要创建的登录账户名称,例如 zhou_user,并输入密码。然后在"默认设置"选项组中选择数据库列表中的某个数据库。

（4）在图 9.1 中选择"服务器角色",打开"服务器角色"选项卡,在此选项卡中,可以设置登录账户的服务器角色。

(5) 选择"用户映射",在此选项卡中可选择登录账户访问的数据库。

(6) 设置完毕后,单击"确定"按钮,即可完成登录账户的创建。

### 9.4.2　使用系统存储过程创建登录账户

要在 SQL Server 2014 服务器中添加登录账户,可以使用系统存储过程 sp_addlogin。

其创建登录账号的语法格式如下:

```
sp_addlogin[@loginname=]'login'[,[@passwd=]'password'][,[@defdb=]'database']
[,[@deflanguage=]'language'][,[@sid=]sid][,[@encryptopt=]'encryption_option']
```

其中:

[@loginname=]'login'为登录账户名称。

[@passwd=]'password'为登录密码。

[@defdb=] 'database'为登录的默认数据库名。

[@deflanguage=]'language'为默认使用的语言。

[@sid=]sid 为安全标识号。

[@encryptopt=]'encryption_option'指定当密码存储在系统表中时密码是否需要加密。

**说明**:默认使用的语言如果指定为 NULL,则表示使用系统默认语言。

**【例 9.1】**　建立一个名为 Book1_login 的登录账户,并将登录账户加入到 Book1 数据库中,即能连接 Book1 数据库。

在 SQL Server Management Studio 查询窗口中运行以下代码:

```
USE Book1
EXEC sp_addlogin 'Book1_login', 'Book1'
EXEC sp_adduser 'Book1_login'
```

**说明**:运行以上代码后,即创建了新登录,向用户 Book1_login 授予了数据库的访问权限。第 3 行语句在 9.5.2 节会讲到。

**【例 9.2】**　建立 SQL Server 2014 登录账户 my_login,密码是 123456,默认数据库是 Book1。

在 SQL Server Management Studio 查询窗口中运行以下代码:

```
EXEC sp_addlogin 'my_login', '123456','Book1'
```

## 9.5　创建数据库的用户

由 9.4 节可知,SQL Server 2014 账户有两种:一种是登录服务器的登录账户,另一种是使用数据库的用户账户。登录账户是指能登录到 SQL Server 2014 服务器的账户,属于服务器的层面,它本身并不能让用户访问服务器中的数据库;而要访问 SQL Server

2014 服务器中的数据时,必须使用用户账户。就如同一个人在公司门口先刷卡进入,然后再拿钥匙打开自己的办公室一样。用户账户要在特定的数据库内创建,并关联一个登录户,用户定义的信息存放在服务器的每个数据库的 SYSUSERS 表中。

## 9.5.1　使用对象资源管理器创建数据库用户

使用对象资源管理器创建数据库用户的步骤如下:

(1) 在"对象资源管理器"面板中,展开某一数据库(例如 Book1)的文件夹,再展开"安全"选项,然后右击"用户",在弹出的快捷菜单中选择"新建用户"命令,弹出"数据库用户-新建"对话框,如图 9.6 所示。

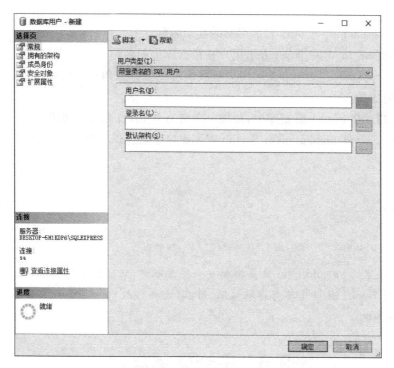

**图 9.6　创建数据库用户**

(2) 单击"登录名"文本框右侧的"…"按钮,选择登录账号,如 Book1_log,在"用户名"文本框中输入用户名(如 b_user),也可以在"数据库角色成员身份"列表中选择新建用户应该属于的数据角色。

(3) 设置完毕后,单击"确定"按钮,即可在 Book1 数据库中创建一个新的用户账户。

## 9.5.2　使用存储过程创建数据库用户

### 1. 使用 sp_grantdbaccess

sp_grantdbaccess 的语法格式为:

```
sp_grantdbaccess [@loginame=]'login'[,[@name_in_db=]'name_in_db']
```

其中:

- [@loginame=]'login'表示新账户的登录名称。
- [@name_in_db=]'name_in_db']表示新账户在数据库中的名称。

**2. 使用 sp_adduser**

sp_adduser 的语法格式如下:

```
sp_adduser[@loginname=]'login'[,[@name_in_db=]'user'][,[@grpname=]'group']
```

其中:

- [@loginname=]'login'表示用户的登录名称。
- [@name_in_db=]'user'表示用户在数据库中的名称。
- [@grpname=]'group'表示用户所属的组或数据库角色,新用户自动地成为指定组的成员。

**【例 9.3】** 在 Book1 数据库中,添加一个名为 b_user1 的用户账户。

在 SQL Server Management Studio 查询窗口中运行以下代码:

```
USE Book1
GO
EXEC sp_addlogin 'b_login', 'Book1'
GO
EXEC sp_adduser 'b_login', 'b_user1',db_owner
```

说明:这里的 sp_addlogin 只是添加一个登录账户,只能登录到 SQL Server 2014 服务器,并不对 Book1 数据库具有存取权限,所以,还要利用 sp_adduser 将登录账户加入到指定的数据库中。

## 9.6 安全管理账户

### 9.6.1 查看服务器的登录账户

**1. 使用对象资源管理器查看登录账户**

启动 SQL Server Management Studio,进入"对象资源管理器"面板,展开"安全性"选项,再展开"登录名"选项,即可看到系统创建的默认登录账户以及建立的其他登录账户,如图 9.7 所示。

**2. 使用 SQL Server Management Studio 查询窗口查看登录账户**

在查询窗口中输入 sp_helplogins 可查看登录用户名,如图 9.8 所示。

图 9.7　查看登录账户

图 9.8　使用 sp_helplogins 查看登录用户名

### 9.6.2　修改登录账户属性

**1. 使用对象资源管理器修改登录账户属性**

在创建登录账户后,有时需要更改密码、默认数据库或默认语言。

(1) 启动 SQL Server Management Studio,进入"对象资源管理器"面板,展开"安全性"选项,再展开"登录名"选项,选择要修改属性的用户名并右击,在弹出的快捷菜单中选择"属性"命令,如图 9.9 所示。

图 9.9　选择登录账户

(2) 进入"登录属性-＃＃MS_PolicyEventProcessingLogin＃＃"对话框,选择"常规"选项卡,在其中可以修改密码、默认数据库和默认语言,如图 9.10 所示。

(3) 在"服务器角色""用户映射""安全对象"及"状态"选项卡中进行相应的修改,这里的操作与创建登录时基本相同,在此不再重复。最后,单击"确定"按钮,完成登录账户属性的修改。

**2. 使用存储过程修改登录属性**

(1) 用 sp_password 改变登录账户的密码,语法格式如下:

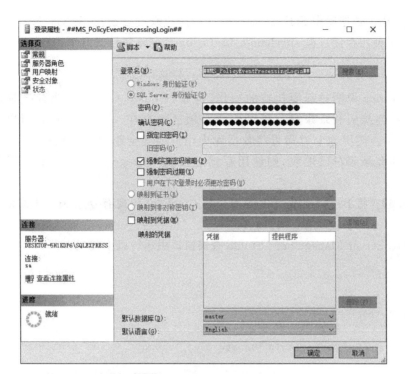

**图 9.10　修改登录账户属性**

```
EXEC sp_password 'old_password','new_password','login'
```

其中，old_password 表示旧密码，new_password 表示新密码，login 表示登录账户名称。

【**例 9.4**】　将在例 9.3 中创建的登录账户 b_login 的密码由原来的 zhouqi 改为zhouqiqi。

在 SQL Server Management Studio 查询窗口中运行以下代码：

```
Use Book1
GO
EXEC sp_password 'zhouqi','zhouqiqi','b_login'
```

（2）用 sp_addsrvrolemember 将登录账号加入服务器角色，语法格式如下：

```
EXEC sp_addsrvrolemember 'login','role'
```

其中，login 表示添加到服务器角色的登录名称，role 表示服务器角色名称（sysadmin、securityadmin、serveradmin、setupadmin、processadmin、diskadmin、dbcreator、bulkadmin）。

【**例 9.5**】　将登录账户 b_login 加入 dbcreator 服务器角色。

在 SQL Server Management Studio 查询窗口中运行以下代码：

```
Use Book1
GO
EXEC sp_addsrvrolemember 'b_login','dbcreator'
```

要更改当前数据库中 SQL Server 2005 的用户账户与 SQL Server 2005 登录账户之间的关系,可使用存储过程 sp_change_users_login,其语法格式如下:

```
Sp_change_users_login 'action','user','login'
```

其中,action 说明过程要执行的操作,例如,Update_One 是将当前数据库中指定的用户账户连接到登录账户。登录账户必须已经存在,不能为 sa,而用户账户不能为 dbo、guest。使用这个过程可将数据库中用户的安全账户连接到不同的登录账户。如果用户的登录账户已更改,则使用存储过程 sp_change_users_login 将不会丢失用户的权限。

【例 9.6】 将 Book1 数据库中的用户账户 zhouqi 与现有登录账户之间的连接变更到新的登录 Book1_newlogin 账户上。

在 SQL Server Management Studio 查询窗口中运行以下代码:

```
Use Book1
GO
EXEC sp_addlogin 'Book1_newlogin'
GO
EXEC sp_change_users_login 'Update_One','zhouqi','Book1_newlogin'
```

### 9.6.3 查看数据库的用户

#### 1. 使用对象资源管理器查看数据库的用户

在"对象资源管理器"面板中,展开某个数据库,展开"安全性"选项,再展开"用户"选项,则显示目前数据库中的所有用户,如图 9.11 所示。

#### 2. 利用存储过程查看数据库的用户

【例 9.7】 列出目前 Book1 数据库中所有的数据库用户。

在 SQL Server Management Studio 查询窗口中运行以下代码:

```
Use Book1
GO
EXEC sp_helpuser
```

运行结果如图 9.12 所示,把所有的数据库用户显示出来。

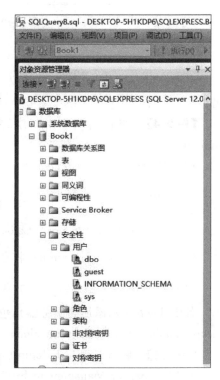

图 9.11　在对象资源管理器中
查看数据库用户

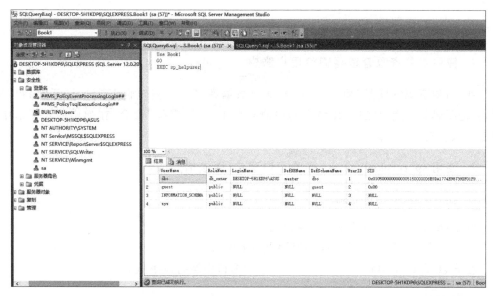

**图 9.12　使用 sp_helpuser 查看数据库用户**

# 9.7　删除登录和用户账户

## 9.7.1　删除登录账户

### 1. 使用对象资源管理器删除登录账户

启动 SQL Server Management Studio 进入"对象资源管理器"面板，展开"安全性"选项，再展开"登录名"选项，选中要删除的登录账户，再右击，在弹出的快捷菜单中选择"删除"命令即可。

### 2. 使用存储过程删除登录账号

使用存储过程 sp_droplogin 可删除某一登录账户，其语法格式如下：

```
sp_droplogin 'login'
```

其中，login 表示被删除的登录账户。

【例 9.8】　从数据库 Book1 中删除 b_login 登录账户。

在 SQL Server Management Studio 查询窗口中运行以下代码：

```
USE Book1
GO
EXEC sp_droplogin 'b_login'
```

### 9.7.2　删除用户账户

**1. 使用对象资源管理器删除用户账户**

在"对象资源管理器"面板中,展开某个数据库,展开"安全性"选项,展开"用户"选项,右击要删除的用户账户,在弹出的快捷菜单中选择"删除"命令,在弹出的对话框中,单击"确定"按钮即可。

**2. 使用 sp_revokedbaccess 删除用户账户,语法格式如下:**

```
sp_revokedbaccess 'name'
```

其中,name 表示被删除的用户账户。

【例 9.9】　从 Book1 数据库中删除 b_user1 用户。

在 SQL Server Management Studio 查询窗口中运行以下代码:

```
USE Book1
GO
EXEC sp_revokedbaccess 'b_user1'
```

## 9.8　管理数据库用户和角色

### 9.8.1　服务器角色

角色是由一组用户所构成的组,可以分为服务器角色和数据库角色。服务器角色是负责管理与维护 SQL Server 2014 的组,一般只指定需要管理服务器的登录账户属于服务器角色。SQL Server 2014 定义了几个固定的服务器角色,其具体权限如下:

(1) sysadmin:可以在 SQL Server 中执行任何操作。

(2) serveradmin:可以设置服务器范围的配置选项,还可以关闭服务器。

(3) setupadmin:可以管理连接服务器和启动过程。

(4) securityadmin:可以管理登录和创建数据库的权限,还可以读取错误日志和更改密码。

(5) processadmin:可以管理在 SQL Server 中运行的进程。

(6) dbcreator:可以创建、更改和删除数据库。

(7) diskadmin:可以管理磁盘文件。

(8) bulkadmin:可以执行 BULK INSERT(大容量插入)语句。

### 9.8.2　数据库角色

角色是一个强大的工具,可以将用户集中到一个组,然后,对该组应用权限。对一个角色授予、拒绝或废除权限也适用于该角色的任何成员。可以建立一个角色来代表一类用户所执行的工作,然后给这个角色授予适当的权限。和登录账户类似,用户账户也可以分成组,称为数据库角色。

**1. 标准角色与应用程序角色**

在 SQL Server 2014 中,数据库角色可分为两种。

1) 标准角色

标准角色是由数据库成员所组成的组,此成员可以是用户或者其他的数据库角色,在创建一个数据库时,系统默认创建 10 个标准角色。在"对象资源管理器"面板中,展开"数据库"选项,再展开某个数据库的文件夹,然后展开"安全性"选项,展开"角色"下面的"数据库角色"选项,这时可看到默认的 10 个标准角色,如图 9.13 所示。

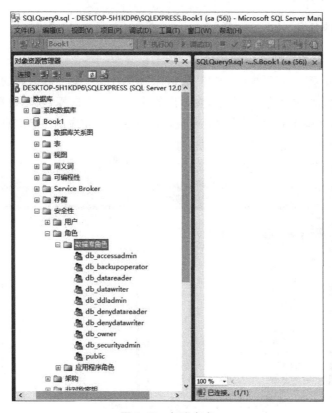

**图 9.13　标准角色**

db_accessadmin:可以添加和删除用户 ID。

db_backupoperator:可以执行 DBCC、CHECKPOINT 和 BACKUP 语句。

db_datareader:可以选择数据库内所有用户表中的所有数据。

db_datawriter:可以更改数据库内所有用户表中的所有数据。

db_ddladmin:可以执行除 GRANT、REVOKE、DENY 之外的所有数据定义语句。

db_denydatareader:不能选择数据库内任何用户表中的任何数据。

db_denydatawriter:不能更改数据库内任何用户表中的任何数据。

db_owner：在数据库中有全部权限。

db_securityadmin：可以管理全部权限、对象所有权限，拥有角色和角色成员资格。

Public：最基本的数据库角色。每个用户可以不属于上面 9 个数据库角色，但至少会属于 public 数据库角色，当在数据库中添加新用户账户时，SQL Server 2014 会自动将新的用户账户加入 public 数据库角色中。

2）应用程序角色

应用程序角色用来控制应用程序存取数据，本身并不包括任何成员。在编写数据库的应用程序时，可以自定义应用程序角色，让应用程序能存取 SQL Server 的数据，也就是说，应用程序的操作者本身并不需要在 SQL Server 上拥有登录账户以及用户账户，但是仍然可以存取数据库。

**2. 创建新的角色**

1）使用对象资源管理器创建角色

在"对象资源管理器"面板中，选择"数据库"选项，展开某个数据库的文件夹，然后展开"安全性"选项，选中"角色"并右击，在弹出的快捷菜单中选择"新建数据库角色"命令，如图 9.14 所示，在弹出的"数据库角色-新建"窗口中输入相应的角色名称和所有者，选择角色拥有的架构并添加相应的角色成员，如图 9.15 所示。

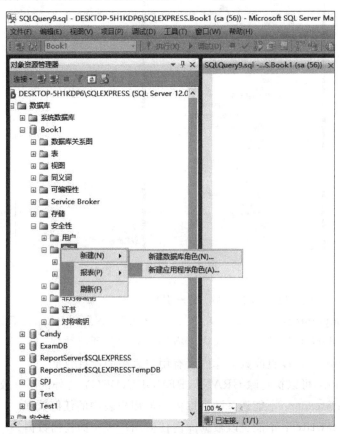

**图 9.14　创建新角色**

**图 9.15　"数据库角色-新建"对话框**

2）使用存储过程创建角色

使用 sp_addrole 在当前数据库中创建新角色，其语法格式如下：

```
sp_addrole 'role','owner'
```

其中，role 表示新角色的名称，owner 表示新建角色的拥有者。

【例 9.10】　在 Book1 数据库中创建一个名为 myrole 的角色。

在 SQL Server Management Studio 查询窗口中运行以下代码：

```
USE Book1
GO
EXEC sp_addrole 'myrole','dbo'
```

如果创建应用程序角色，需要使用 sp_addapprole 存储过程，其语法格式如下：

```
sp_addapprole 'role','password'
```

其中，role 表示新角色的名称；password 表示激活角色所需的密码，以加密形式存储。

【例 9.11】　利用 sp_addapprole 在当前数据库中建立一个应用程序角色 approle。

在 SQL Server Management Studio 查询窗口中运行以下代码：

```
USE Book1
```

```
GO
EXEC sp_addapprole 'approle','123456'
```

### 3. 查看角色的属性

下面以 Book1 数据库中的 db_owner 角色为例说明。

(1) 在"对象资源管理器"面板中,选择"数据库"选项,展开某个数据库的文件夹,然后展开"安全性"选项,展开"角色"选项。

(2) 选中要查看的角色,右击如 db_ower 角色,在弹出的快捷菜单中,选择"属性"命令,如图 9.16 所示,弹出"数据库角色属性"窗口,可以看到该角色相应的属性。在此窗口中,单击"添加"按钮可为角色添加一个用户,单击"删除"按钮可从角色中删除被选中的用户,但是 dbo 是不能被删除的,如图 9.17 所示。

图 9.16　选择要查看属性的角色

### 4. 删除角色

1) 使用对象资源管理器删除角色

在"对象资源管理器"窗口中,选中"数据库"选项,展开某一数据库,然后展开"安全性"选项,再展开"角色"选项,在某一角色上右击,在弹出的快捷菜单中选择"删除"命令

**图 9.17　数据库角色 db_owner 的属性**

即可。

2）使用存储过程删除角色

使用 sp_droprole 从当前数据库中删除指定的角色,其语法格式如下:

```
sp_droprole 'role'
```

其中,role 表示将要从当前数据库中删除的角色名称。

【例 9.12】　删除 Book1 数据库中的 myrole 角色。

在 SQL Server Management Studio 查询窗口中运行以下代码:

```
USE Book1
GO
EXEC sp_droprole 'myrole'
```

**5. 用户和角色的权限问题**

用户是否具有存取数据库的能力,不仅要看其自身权限的设置,而且还要受到角色权限的限制。

1）用户权限继承角色的权限

在数据库角色中可以包含许多用户,用户也就继承了角色对数据库对象的存取的权限。假设用户 Book1_user 属于角色 Book1_role1,角色 Book1_role1 已经取得对 Book11

表的 SELECT 权限,则用户 Book1_user 也自动取得对 Book11 表的 SELECT 权限。如果 Book1_role1 对 Book11 表没有 INSERT 权限,而 Book1_user 具有对 Book11 表的 INSERT 权限,则 Book1_user 最终也具有对 Book11 表的 INSERT 权限。然而拒绝是优先的,只要 Book1_role1 和 Book1_user 中的任何一个拒绝了某权限,则 Book1_user 最终也拒绝该权限。

2) 用户分属于不同角色

例如,用户 Book1_user 既属于角色 Book1_role1,又属于角色 Book1_role2,则用户 Book1_user 的权限基本上是 Book1_role1 和 Book1_role2 权限的并集。但是 Book1_role1 和 Book1_role2 中只要有一个拒绝了某权限,那么用户 Book1_user 的该权限就是拒绝的。

## 9.9  设置数据库用户账户的权限

用户登录到 SQL Server 2014 服务器后,角色和用户的权限就决定了该用户对数据库所能执行的操作。在 SQL Server 中用户账户的权限分为 3 类,分别是对象权限、语句权限和隐含权限。

### 9.9.1  对象权限

对象权限决定用户操作的数据库对象。数据库对象主要包括数据库中的表、视图、列或存储过程等。对象操作如表 9.1 所示。

表 9.1  对象操作

| 操    作 | 数据库对象 | 操    作 | 数据库对象 |
| --- | --- | --- | --- |
| SELECT | 表、视图、列 | DELETE | 表、视图 |
| UPDATE | 表、视图、列 | REFERENCE | 表 |
| INSERT | 表、视图 | EXECUTE | 存储过程 |

### 9.9.2  语句权限

用户账户的语句权限涉及以下语句:

BACKUP DATABASE:备份数据库。

BACKUP LOG:备份数据库日志。

CREATE DATABASE:创建数据库。

CREATE DEFAULT:在数据库中创建默认对象。

CREATE FUNCTION:创建函数。

CREATE PROCEDURE:在数据库中创建存储过程。

CREATE RULE:在数据库中创建规则。

CREATE TABLE：在数据库中创建表。

CREATE VIEW：在数据库中创建视图。

### 9.9.3　隐含权限

隐含权限控制预定义的系统角色成员或数据库对象所有者执行的操作。例如，服务器角色成员 sysadmin 自动继承在 SQL Server 2014 安装中进行操作或查看的全部权限。

在 SQL Server 2014 中，数据库对象所有者以及服务器的系统角色均具有隐含权限，可以对其所拥有或管理的对象执行一切操作。例如，拥有表的用户可以查看、添加或删除数据、更改表定义或控制其他用户对表进行操作的权限。

### 9.9.4　使用管理工具设置权限

设置权限有两种方法，一种方法是使用 SQL Server Management Studio 对象资源管理器，另一种方法是使用 Transact-SQL 语句。前者操作简单、直观，但是不能设置表或视图的列权限；后者操作很烦琐，但它功能齐全。

使用管理工具管理设置权限的步骤如下：

（1）启动 SQL Server Management Studio，进入"对象资源管理器"面板，选中要设置用户权限的对象所在的数据库（如 Book1）并右击，在弹出的快捷菜单中选择"属性"命令，如图 9.18 所示。

**图 9.18　选择要管理用户权限的数据库对象**

（2）在弹出的"数据库属性-Book1"窗口中选择"权限"选项，如图 9.19 所示。

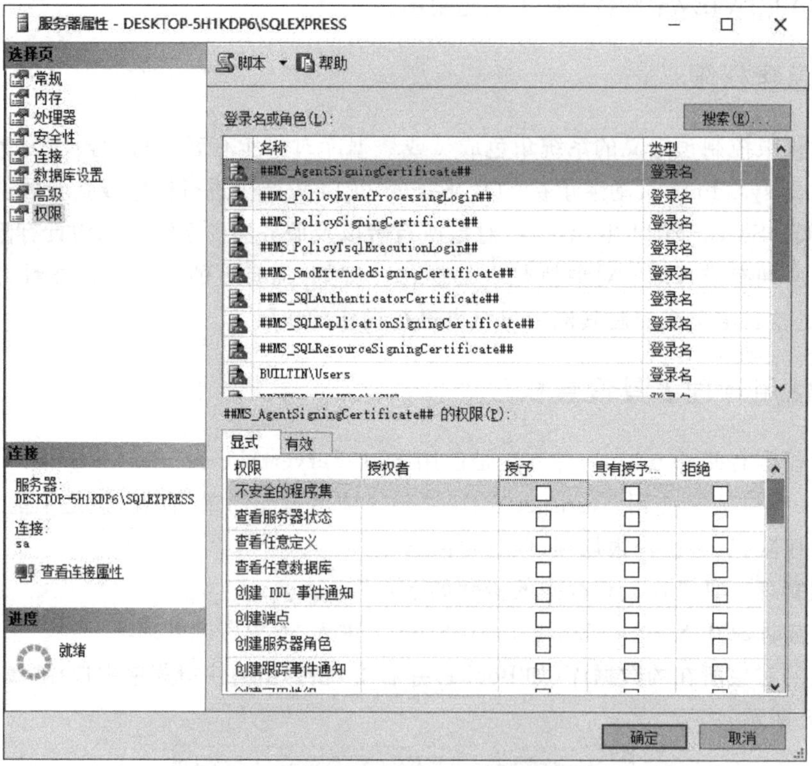

**图 9.19　设置用户操作对象的权限值**

（3）在图 9.19 中列出了该数据库的所有用户、组和角色以及可以设置权限的对象，可以选择复选框设置权限。

### 9.9.5　使用 SQL 语句设置权限

**1. 授予权限**

授予权限的操作可通过 GRANT 语句来完成。下面分别介绍授予语句权限和授予对象权限。

（1）授予语句权限的语法格式如下：

```
GRANT{ALL|statement[,...]}
TO security_account[,...]
```

（2）授予对象权限的语法格式如下：

```
GRANT
{ALL[PRIVILEGES]|permission[,...]}
{
[(column[,...])] ON {table|view}
```

```
| ON {table|view}[(column[,...])]
| ON {stored_procedure|extended_procedure}
| ON {user_defined_function}
}
TO security_account[,...]
[WITH GRANT OPTION]
[AS {group|role}]
```

如果包含 WITH GRANT OPTION 子句,则获得某种权限的用户还可以把这种权限再授予其他用户;否则获得某种权限的用户只能使用该权限,但不能向其他用户授予该权限。

【例 9.13】　用户 Book1_user1 和 Book1_user2 授予多个语句权限,即这两个用户可以创建数据库和表。(如果没有这两个用户,应该先添加这两个用户)。

在 SQL Server Management Studio 查询窗口中运行以下代码:

```
USE master
GO
GRANT CREATE DATABASE,CREATE TABLE
TO Book1_user1,Book1_user2
```

【例 9.14】　给用户 Book1_user1 和 Book1_user2 授予对 Book11 表的所有权限。先给 public 角色授予 SELECT 权限,然后将特定的权限授予 Book1_user1 和 Book1_user2。

在 SQL Server Management Studio 查询窗口中运行以下代码:

```
USE Book1
GO
GRANT SELECT ON Book11 TO public
GO
GRANT INSERT,UPDATE,DELETE ON Book11 TO Book1_user1,Book1_user2
```

### 2. 拒绝权限

拒绝权限在一定程度上类似于废除权限,但是拒绝权限拥有最高优先权,即只要设置一个保护对象拒绝一个用户或者角色的某种权限,则即使该用户或者角色被明确授予这种权限,仍然不允许执行相应的操作。

(1) 拒绝语句权限的语法如下:

```
DENY {ALL|statement[,...]} TO security_account[,...]
```

(2) 拒绝对象权限的语法为:

```
DENY
{ALL[PRIVILEGES]|permission[,...]}
{
[(column[,...])] ON {table|view}
| ON {table|view}[(column[,...])]
```

```
| ON {stored_procedure|extended_procedure}
| ON {user_defined_function}
}
TO security_account[,...]
[CASCADE]
```

**【例 9.15】** 拒绝给用户 Book1_user1 和 Book1_user2 授予多个语句权限（如果没有这两个用户，应该先添加这两个用户）。

在 SQL Server Management Studio 查询窗口中运行以下代码：

```
USE master
GO
DENY CREATE DATABASE,CREATE TABLE
TO Book1_user1,Book1_user2
```

**【例 9.16】** 拒绝给用户 Book1_user1 和 Book1_user2 授予对 Book11 表的所有权限（如果没有这两个用户，应该先添加这两个用户）。

先删除 public 角色的 SELECT 权限，然后拒绝给用户 Book1_user1 和 Book1_user2 授予特定权限。

在 SQL Server Management Studio 查询窗口中运行以下代码：

```
USE Book1
GO
REVOKE SELECT ON Book11 TO public
GO
DENY INSERT, UPDATE, DELETE ON Book11 TO Book1_user1,Book1_user2
GO
```

### 3. 撤销权限

要撤销以前授予或拒绝当前数据库内的用户的权限，可通过 REVOKE 语句来完成。

**【例 9.17】** 撤销授予用户账户 Book1_user1 的 CREATE TABLE 权限。

```
REVOKE CREATE TABLE FROM Book1_user1
```

**【例 9.18】** 撤销授予多个用户账户的多个权限。

```
REVOKE CREATE TABLE,CREATE DEFAULT
FROM Book1_user1,Book1_user2
```

可以说，SQL Server 2014 提供了非常灵活的授权机制。数据库管理员拥有对数据库中所有对象的所有权限，并可以根据应用的需要将不同的权限授予不同的用户。

用户对自己建立的表和视图拥有全部的操作权限，并且可以用 GRANT 语句把其中某些权限授予其他用户。被授权的用户如果有"继续授权"的许可，还可以把获得的权限再授予其他用户。授予其他用户的权限在必要时都可以用 REVOKE 语句撤销。REVOKE 操作只适用于当前数据库内的权限。

# 本 章 实 训

## 1. 实训目的

(1) 理解 SQL Server 2014 身份验证模式。

(2) 学会创建和管理登录账户。

(3) 学会创建和管理服务器角色和数据库角色。

(4) 学会授予、拒绝或撤销权限的方法。

## 2. 实训内容和步骤

1) 创建登录账户

(1) 使用对象资源管理器创建 SQL Server 2014 身份验证模式的登录账户,其中登录名称是 bok_login1,密码是 123456,默认数据库是 Book1,其他保持默认值。

(2) 使用对象资源管理器创建采用 Windows 身份验证模式的登录账户。

**说明**:首先在 Windows 下创建用户账户,名称是 bok_login2,密码是 123456,然后在“对象资源管理器”面板中将 Windows 用户添加到 SQL Server 2014 登录中,可参考 9.4.1 节的操作。

(3) 使用系统存储过程 sp_addlogin 创建登录账户,其登录名是 bok_login3,密码是 123456,默认数据库是 Book1。在查询窗口中输入和执行语句,并在“对象资源管理器”面板中显示其结果。

(4) 使用对象资源管理器删除 bok_login1 和 bok_login2。

(5) 使用存储过程 sp_droplogin 从 SQL Server 2014 中删除登录账户 bok_login3。在查询窗口中输入和执行语句,并在“对象资源管理器”面板中显示其结果。

2) 创建和管理数据库用户和角色

(1) 创建一个用户,其登录数据库的用户名是 bok_user1,密码是 123456,默认数据库是 Book1,并能连接到 Book1 数据库。

```
EXEC sp_addlogin 'bok_user1','123456','Book1'
USE Book1
EXEC sp_grantdbaccess 'bok_user1','bok_user1'
```

(2) 使用对象资源管理器创建数据库角色(标准角色),新角色名称是 bok_role1,然后将角色成员 bok_user1 添加到标准角色中,最后在“对象资源管理器”面板中删除数据库角色 bok_role1。

(3) 使用系统存储过程 sp_addrole 添加名为 bok_role2 的标准角色到 Book1 数据库,然后使用系统存储过程 sp_droprole 删除 Book1 数据库中名为 bok_role2 的角色。

(4) 使用系统存储过程 sp_addapprole 创建名为 bok_role3 的应用程序角色,授予 bok_role3 对 Book11 表的 SELECT 权限,以 bok_user1 身份连接另一查询分析器。

（5）创建应用程序角色 bok_approle，此角色能够访问 Book1 数据库，并具有读取、修改数据表的权限。

3）管理权限

（1）把 Book11 表的 SELECT 权限授予用户 bok_user1：

GRANT SELECT ON Book11 TO bok_user1

（2）把 Book11 表的全部操作权限授予 bok_user1：

GRANT ALL PRIVILEGES ON Book11 TO _____

（3）把 Book11 表的查询权限授予所有用户：

_____ SELECT ON Book11 TO public

（4）把 Book11 表的 INSERT 权限授予用户 bok_user1，并允许其将此权限再授予其他用户：

GRAMT INSERT ON Book11 TO bok_user1 WITH GRANT OPTION

（5）撤销所有用户对 Book11 表的查询权限：

REVOKE SELECT ON Book11 FROM public

### 3. 实训总结与体会

结合操作的具体情况写出总结。

# 习　题

### 一、简答题

1. SQL Server 2014 提供了几种身份验证模式？如何设置身份验证模式？

2. 在 SQL Server 2014 中，如何添加一个登录账号？有几种方法？

3. SQL Server 2014 的权限分为哪几种类型？如何变更登录账户和用户账户之间的关系？

4. 什么是角色？服务器角色和数据库角色的区别是什么？如何将一个表的操作权限简单地授予所有用户？建立角色的重点是什么？将没有任何权限的角色授予用户会有什么影响？

5. 要给一个用户账户授予创建表的权限，应如何操作？

### 二、填空题

1. SQL Server 2014 提供了_____和_____两种身份验证模式。

2. SQL Server 2014 为用户提供了两类角色，分别为_____、_____。

3. _____系统存储过程用来添加登录账户。

4. _____角色可以进行大容量的插入操作。

5. SQL Server 2014 数据库的语句权限如下：

（1）数据备份，包括 BACKUP DATABASE 和_____。

（2）对象创建，包括 CREATE DATABASE 、_____、_____、_____、_____、
_____和_____。

6. SQL Server 2014 权限管理的语句是 GRAND(授予权限)、_____(拒绝权限)
和_____(撤销权限)。

# 第 10 章

# SQL Server 2014 程序设计

**教学提示**：SQL Server 程序设计是读者学习 SQL Server 数据库的一个重要环节，它对以后程序开发有着直接的决定因素。本章从最简单的 Transcat-SQL 的语法入手，由浅入深地讲解函数、事务、锁和游标等，它们是灵活应用 Transcat-SQL 语句的关键，在程序设计和开发中起着重要的作用。

**教学目标**：通过本章的学习，读者应该掌握编程的基础知识、基本语句，理解事务、锁和游标等基本原理，能对事务、锁和游标进行基本操作。

本章主要介绍批处理器、流程控制、事务处理、锁、游标等 Transcat-SQL 的程序设计知识，它们是灵活应用 Transcat-SQL 语句的关键。

## 10.1　编程基础知识

### 10.1.1　Transact-SQL 语句的书写格式约定

本书所采用的 Transact-SQL 语句的书写格式约定见表 10.1。

表 10.1　Transact-SQL 语句的书写格式约定

| 书 写 格 式 | 说　　　明 |
| --- | --- |
| 大写字母 | Transact-SQL 关键字 |
| 小写字母 | Transact-SQL 语法中用户提供的参数 |
| \|（竖线） | 分隔中括号或大括号内的语法项目，表示只能选择一个项目 |
| [ ]（中括号） | 可选语法项目（在实际语句中不要输入中括号） |
| { }（大括号） | 必选语法项目（在实际语句中不要输入大括号） |
| ( )（小括号） | 语句的组成部分，必须输入 |
| [,...] | 表示前面的项可重复多次，各项间由逗号分隔 |
| [...] | 表示前面的项可重复多次，各项间由空格分隔 |
| <标签>::= | 语法块的名称，此规则用于对在语句中的多个位置使用的较长的语法单元部分进行分组和标记 |

## 10.1.2　引用数据库对象名的规则

在 SQL Server 2014 中，数据库对象有表、视图、存储过程、用户自定义函数、默认值、规则、用户自定义的数据类型、索引、触发器、函数等，一般来说，对数据库对象名的引用有下列几种方式：

```
server_name.[database_name].[owner_name].object_name
database_name.[owner_name].object_name
owner_name.object_name
object_name
```

其中：

- server_name：连接的服务器或远程服务器的名称。
- database_name：数据库对象所在的数据库名称。
- owner_name：数据库对象的所有者(属主)。
- object_name：引用的数据库对象的名称。

当引用某个特定对象时，不必总为 SQL Server 指定标识该对象的服务器、数据库和所有者。可以省略中间级节点，而使用句点表示这些位置。对象名的有效格式是

```
server_name.database_name.owner_name.object_name
server_name.database_name..object_name
server_name..owner_name.object_name
server_name...object_name
database_name.owner_name.object_name
database_name..object_name
owner_name.object_name
object_name
```

## 10.1.3　SQL Server 的变量

在 Transact-SQL 语句中有两种形式的变量，一种是用户自定义的局部变量，另一种是系统提供的全局变量。

### 1. 局部变量

局部变量是一个可以由用户自定义数据类型的对象，它的作用范围仅局限于程序内部。局部变量可以作为计数器来计算循环执行的次数或者控制循环执行的次数。另外，利用局部变量还可以保存数据值，以供控制流语句测试以及保存由存储过程返回的数据值等。局部变量被引用时，要在其名称前加上标识符@。局部变量必须先用 DECLARE 命令定义后才可以使用。其定义形式如下：

```
DECLARE @variable_name datatype[, @variable_name datatype[...]]
```

在 Transact-SQL 语句中，不能像在一般的程序语言中一样使用@ variable_name＝

value 来给变量赋值,必须使用 SELECT 或 SET 命令来设定变量的值,其语法如下:

```
SELECT @variable_name=value
SET @variable_name=value
```

【例 10.1】 声明一个长度为 6 个字符的变量"编号"并赋值。

```
DECLARE @编号 CHAR(6)
SELECT @编号='010101'
```

### 2. 全局变量

全局变量是 SQL Server 系统内部使用的变量,其作用范围并不局限于某一程序,任何程序均可调用。全局变量通常存储 SQL Server 2014 的配置设定值和效能统计数据。用户可在程序中用全局变量来测试系统的设定值或 Transact-SQL 命令执行后的状态值。使用全局变量时应注意以下几点:

(1) 全局变量不是由用户的程序定义的,它们是在服务器级定义的。

(2) 用户只能使用预先定义的全局变量。

(3) 引用全局变量时,必须以标识符@@开头。

(4) 局部变量的名称不能与全局变量的名称相同,否则会在应用程序中出现不可预测的结果。

## 10.1.4　SQL Server 的注释符

在 Transact-SQL 中可使用两类注释符:

(1) ANSI 标准的注释符--用于单行注释。

(2) 与 C 语言相同的程序注释符,即/ * … * /,其中,/ * 用于标识注释文字的开始, * /用于标识注释文字的结尾。/ * … * /可在程序中标识多行文字的注释。

## 10.1.5　SQL Server 的运算符

运算符是一些符号,它们能够用来执行算术运算、字符串连接、赋值以及在字段、常量和变量之间进行比较。在 SQL Server 2014 中,运算符主要分算术运算符、赋值运算符、位运算符、关系运算符、逻辑运算符以及字符串连接运算符,见表 10.2。

算术运算符可以对两个表达式执行算术运算,这两个表达式可以是数值型的任何数据类型。算术运算符包括加(+)、减(-)、乘( * )、除(/)、幂(**)和取模(%)。

赋值运算符(=)能够将数据值赋予特定的对象。

位运算符能够在整型数据或者二进制数据(image 数据类型除外)之间执行位操作。

关系运算符用于判断两个表达式的关系,其比较的结果是布尔值,即 TRUE(表示表达式的结果为真),FALSE(表示表达式的结果为假)以及 UNKNOWN。除了 text、ntext 或 image 数据类型之外,比较运算符还可以用于其他数据类型的数据。

表 10.2　SQL Server 的运算符

| 种类 | 运算符 | 说　明 | 种类 | 运算符 | 说　明 |
|---|---|---|---|---|---|
| 算术运算符 | %,** | 取模,幂 | 关系运算符 | = | 等于 |
| | *,/ | 乘、除 | | <>,!= | 不等于 |
| | +,- | 加、减 | | >,< | 大于,小于 |
| 逻辑运算符 | NOT | 取相反的逻辑值 | | BETWEEN …AND… | 检索两值之间的内容 |
| | AND | 两个值为真,结果为真 | | <=,>= | 小于或等于,大于或等于 |
| | OR | 只要一个值为真,就为真 | | IN | 检索匹配列表中的值 |
| 位运算符 | & | 按位与(两个操作数) | | LIKE | 检索匹配字符样式的数据 |
| | | | 按位或(两个操作数) | | IS NULL | 检索空数据 |
| | ^ | 按位异或(两个操作数) | 赋值运算符 | = | 将数据值指派给特定的对象 |
| 字符串连接运算符 | + | 将两个字符串连接起来 | | | |

逻辑运算符可以把多个关系表达式连接起来,逻辑运算符包括 AND、OR 和 NOT。逻辑运算符和比较运算符一样,返回布尔值 TRUE 或 FALSE。

字符串运算符用于连接字符串,例如,语句 SELECT 'made in'+ 'china',其结果为 made in china。

用运算符将常量、变量、函数连接起来的式子为表达式。算术运算的优先级由高到低是幂、乘除、求模、加减,同一优先级则按从左到右的顺序执行。逻辑运算的优先级由高到低是 NOT、AND、OR。

# 10.2　常　用　函　数

函数对于任何程序设计语言都是非常重要的组成部分。SQL Server 2014 提供的函数分为两大类:内部函数和用户自定义函数。

## 10.2.1　内部函数

内部函数的作用是帮助用户获得系统的有关信息、执行有关计算、实现数据转换以及统计功能等。SQL Server 提供的内部函数又分为系统函数、日期函数、字符串函数、数学函数、集合函数,下面对它们分别加以介绍。

### 1. 系统函数

系统函数可帮助用户在不直接访问系统表的情况下获取 SQL Server 系统表中的信息。系统函数对 SQL Server 服务器和数据库对象进行操作,并返回服务器配置和数据库对象的数值等信息。系统函数可用于选择列表、WHERE 子句以及任何允许使用表达式的地方。表 10.3 列出了常用的系统函数及其功能。

表 10.3　常用的系统函数及其功能

| 系 统 函 数 | 功　　能 |
| --- | --- |
| APP_NAME() | 返回当前会话的应用程序名称(如果应用程序进行了设置) |
| CASE 表达式 | 计算条件列表,并返回表达式的多个可能结果之一 |
| CAST(expression AS data_type) | 将表达式显式转换为另一种数据类型 |
| CONVERT(data_type[(length)], expression[,style]) | 将表达式显式转换为另一种数据类型。CAST 和 CONVERT 的功能相似 |
| COALESCE(expression[,…]) | 返回 expression 列表中第一个非空表达式 |
| COL_LENGTH | 返回列长度而不是列中存储的任何单个字符串的长度 |
| CURRENT_TIMESTAMP | 返回当前日期和时间。此函数等价于 GETDATE() |
| CURRENT_USER | 返回当前的用户。此函数等价于 USER_NAME() |
| DATALENGTH(expression) | 返回表达式所占用的字节数 |
| GETANSINULL(['database']) | 返回会话的数据库的默认为空属性。当给定数据库允许空值并且列或数据类型没有显式设置是否允许空值时,GETANSINULL 返回 1 |
| HOST_ID() | 返回主机标识 |
| HOST_NAME() | 返回主机名称 |
| IDENT_CURRENT('table_name') | 任何会话和任何范围中对指定的表生成的最后标识值 |
| IDENT_INCR('table_or_view') | 返回表的标识列的标识增量 |
| IDENT_SEED('table_or_view') | 返回种子值,该值是在带有标识列的表或视图中创建标识列时指定的值 |
| IDENTITY(data_type[,seed, increment]) AS column _name | 只在 SELECT INTO 中生成新表中的标识列 |
| ISDATE(expression) | 表达式为有效日期格式时返回1,否则返回 0 |
| ISNULL(check_ expression, replacement_value) | 表达式值为 NULL 时,用指定的替换值进行替换 |
| ISNUMERIC(expression) | 表达式为数值类型时返回1,否则返回 0 |
| NEWID() | 生成全局唯一的标识符 |
| NULLIF(expression1,expression2) | 如果两个指定的表达式相等,则返回空值 |
| PARSENAME('object_name', object_part) | 返回对象名的指定部分 |
| PERMISSIONS([object_id[,'column']]) | 返回一个包含位图的值,表明当前用户的语句、对象或列权限 |
| ROWCOUNT_BIG() | 返回执行最后一个语句所影响的行数 |

续表

| 系 统 函 数 | 功　　能 |
| --- | --- |
| SCOPE_IDENTITY() | 插入当前范围 IDENTITY 列中的最后一个标识值 |
| SERVERPROPERTY(property_name) | 返回服务器属性的信息 |
| SESSIONPROPERTY(option) | 会话的 SET 选项 |
| STATS_DATE(table_id,index_id) | 对 table_id 和 index_id 更新分配页的日期 |
| USER_NAME([id]) | 返回指定标识号的用户在数据库中的用户名 |

【**例 10.2**】　查询主机名称。

在 SQL Server Management Studio 查询窗口中运行以下代码：

```
SELECT HOST_NAME()
GO
```

运行结果如图 10.1 所示。

**图 10.1　查询主机名称**

【**例 10.3**】　返回 book1 表中"书名"列的长度。

在 SQL Server Management Studio 查询窗口中运行以下代码：

```
USE Book1
GO
SELECT COL_LENGTH('book1','书名') AS '书名长度'
FROM book1
GO
```

运行结果如图 10.2 所示。

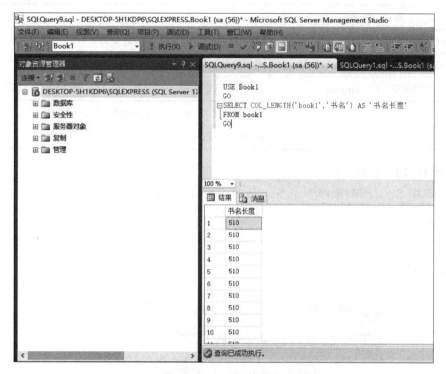

图 10.2　返回列的长度

### 2. 日期函数

日期函数用来显示日期和时间的信息。它们处理 datetime 和 smalldatetime 的值，并对其进行算术运算。表 10.4 列出了所有的日期函数。

表 10.4　日期函数

| 日 期 函 数 | 功　　能 |
| --- | --- |
| GETDATE() | 返回服务器当前的系统日期和时间 |
| DATENAME(日期元素,日期) | 返回指定日期的名字,返回值为字符串 |
| DATEPART(日期元素,日期) | 返回指定日期的一部分,返回值为整数 |
| DATEDIFF(日期元素,日期1,日期2) | 返回两个日期间的差值并转换为指定日期元素的形式 |
| DATEADD(日期元素,日期) | 将日期元素加上日期产生新的日期 |
| YEAR(日期) | 返回年份(整数) |
| MONTH(日期) | 返回月份(整数) |
| DAY(日期) | 返回某月几号的整数值 |
| GETUTCDATE() | 返回表示当前 UTC(协调世界时间)的日期值 |

表 10.5 给出了日期元素及其缩写和取值范围。

表 10.5 日期元素及其缩写和取值范围

| 日期元素 | 缩 写 | 取 值 范 围 | 日期元素 | 缩 写 | 取 值 范 围 |
|---|---|---|---|---|---|
| year | yy | 1753~9999 | hour | hh | 0~23 |
| month | mm | 1~12 | minute | mi | 0~59 |
| day | dd | 1~31 | quarter | qq | 1~4 |
| Day of year | dy | 1~366 | second | ss | 0~59 |
| week | wk | 0~52 | millisecond | ms | 0~999 |
| weekday | dw | 1~7 | | | |

**【例 10.4】** 查询服务器当前的系统日期和时间。

在 SQL Server Management Studio 查询窗口中运行以下代码：

```
USE Book1
GO
SELECT '当前日期'=GETDATE(),
'月'=MONTH(GETDATE()),
'日'=DAY(GETDATE()),
'年'=YEAR(GETDATE());
GO
```

运行结果如图 10.3 所示。

图 10.3 系统日期和时间

### 3. 字符串函数

字符串函数用于对字符串进行连接、截取等操作。表 10.6 列出了常用的字符串函数。

表 10.6　常用的字符串函数及其功能

| 字符串函数 | 功　　能 |
| --- | --- |
| ASCII(字符串表达式) | 返回字符串表达式最左边字符的 ASCII 码 |
| CHAR(整型表达式) | 将一个 ASCII 码值转换为字符,ASCII 码值应为 0~255 |
| SPACE(整型表达式) | 返回由空格组成的字符串,空格个数由整型表达式给出 |
| LEA(字符串表达式) | 返回字符串表达式的字符(而不是字节)个数,不计算尾部的空格 |
| RIGHT(字符串表达式,整型表达式) | 从字符串表达式中返回最右边指定个数的字符,返回的字符个数由整型表达式给出 |
| LEFT(字符串表达式,整型表达式) | 从字符串表达式中返回最左边指定个数的字符,返回的字符个数由整型表达式给出 |
| SUBSTRING(字符串表达式,起始点,整型表达式) | 返回字符串表达式中从"起始点"开始的指定个数的字符 |
| STR(浮点表达式[,长度[,小数]]) | 将浮点表达式转换为给定长度的字符串,小数点后的位数由"小数"参数决定 |
| LTRIM(字符串表达式) | 去掉字符串表达式的前导空格 |
| RTRIM(字符串表达式) | 去掉字符串表达式的尾部空格 |
| LOWER(字符串表达式) | 将字符串表达式的字母转换为小写字母 |
| UPPER(字符串表达式) | 将字符串表达式的字母转换为大写字母 |
| REVERSE(字符串表达式) | 返回字符串表达式的逆序字符串 |
| CHARINDEX(字符串表达式 1,字符串表达式 2,[开始位置]) | 返回字符串表达式 1 在字符串表达式 2 的开始位置,可以从指定的开始位置进行查找;如果没有指定开始位置,或者指定的值为负数或 0,则默认从字符串表达式 2 的开始位置查找 |
| DIFFERENCES(字符串表达式 1,字符串表达式 2) | 返回两个字符串表达式发音的相似程度(0~4)。为 4 时发音最相似 |
| PATINDEX("%模式%",表达式) | 返回指定模式在表达式中的起始位置,找不到时为 0 |
| PEPLICATE((字符串表达式,整型表达式) | 将字符串表达式重复多次,整数表达式给出重复的次数 |
| SOUNDEX(字符串表达式) | 返回字符串表达式所对应的 4 个字符的代码 |
| STUFF(字符串表达式 1,start,length,字符串表达式 2) | 将字符串表达式 1 中从 start 开始的 length 个字符替换成字符串表达式 2 |
| NCHAR(整型表达式) | 返回 Unicode 的字符 |
| UNICODE(字符串表达式) | 返回字符串表达式最左侧字符的 Unicode 代码 |
| CONCAT(字符串表达式 1,字符串表达式 2) | 将字符串进行连接 |

【例 10.5】　STUFF 函数的练习,从原始字符串中删除 4 个字符,然后再插入另一个字符串。

在 SQL Server Management Studio 查询窗口中运行以下代码:

```
USE Book1
```

```
GO
Print STUFF('ccccadrkuekgoj',4,3,'AAA')
GO
```

运行结果如图 10.4 所示。

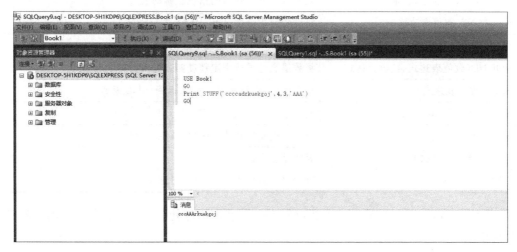

图 10.4  STUFF 函数

### 4. 数学函数

数学函数用来对数值型数据进行数学运算。表 10.7 列出了常用的数学函数。

表 10.7  常用的数学函数

| 数 学 函 数 | 功 能 |
| --- | --- |
| ABS(数值表达式) | 返回数值表达式的绝对值(正值) |
| ACOS(浮点表达式) | 返回浮点表达式的反余弦值(单位为弧度) |
| ASIN(浮点表达式) | 返回浮点表达式的反正弦值(单位为弧度) |
| ATAN(浮点表达式) | 返回浮点表达式的反正切值(单位为弧度) |
| ATAN2(浮点表达式 1,浮点表达式 2) | 返回以弧度为单位的角度值,此值的反正切值在所给的浮点表达式 1 和浮点表达式 2 之间 |
| COS(浮点表达式) | 返回浮点表达式的余弦值 |
| COT(浮点表达式) | 返回浮点表达式的余切值 |
| CEILING(数值表达式) | 返回大于或等于数值表达式的最小整数 |
| DEGREES(数值表达式) | 将弧度转换为度 |
| EXP(浮点表达式) | 返回数值的指数形式 |
| FLOOR(数值表达式) | 返回小于或等于数值表达式的最大整数,CEILING 的反函数 |
| LOG(浮点表达式) | 返回浮点表达式的自然对数值 |
| LOG10(浮点表达式) | 返回以 10 为底的浮点表达式的对数值 |

续表

| 数 学 函 数 | 功　　能 |
|---|---|
| PI() | 返回 π 的值 3.141 592 653 589 793 1 |
| POWER(数值表达式,幂) | 返回数字表达式值的指定次幂的值 |
| RADIANS(数值表达式) | 将度转换为弧度,DEGREES 的反函数 |
| RAND([整数表达式]) | 返回一个 0~1 的随机十进制数 |
| ROUND(数值表达式,整数表达式) | 将数值表达式按指定精度四舍五入为整型表达式 |
| SIGN(数值表达式) | 符号函数,正数返回 1,负数返回-1,0 返回 0 |
| SQUARE(浮点表达式) | 返回浮点表达式的平方 |
| SIN(浮点表达式) | 返回浮点表达式的正弦值(弧度为单位) |
| SQRT(浮点表达式) | 返回浮点表达式的平方根 |
| TAN(浮点表达式) | 返回浮点表达式的正切值(弧度为单位) |

【例 10.6】　使用 ROUND 函数返回 book1 表中出版社名为"中国长安"的图书的平均价格。

在 SQL Server Management Studio 查询窗口中运行以下代码:

```
USE Book1
GO
SELECT ROUND(AVG(定价),2) AS '平均价格'
FROM book1
WHERE 出版社='中国长安'
```

运行结果如图 10.5 所示。

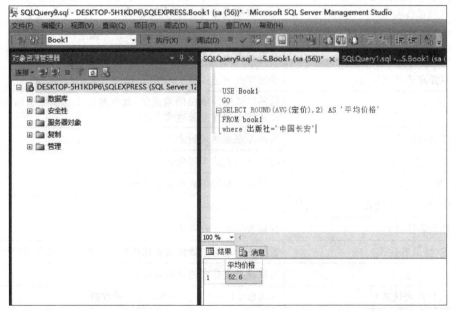

**图 10.5　ROUND 函数运行结果**

**5. 集合函数**

集合函数也称为统计函数,它对一组值进行计算并返回一个数值。集合函数经常与 SELECT 语句的子句一起使用。表 10.8 列出了常用的集合函数及其功能。

集合函数在前面已介绍过,这里就不再进行实例说明。

表 10.8　常用集合函数及其功能

| 集 合 函 数 | 功　　能 |
| --- | --- |
| SUM([ALL\|DISTINCT]expression) | 计算一组数据的和 |
| MIN([ALL\|DISTINCT]expression) | 求出一组数据的最小值 |
| MAX([ALL\|DISTINCT]expression) | 求出一组数据的最大值 |
| COUNT({[ALL\|DISTINCT]expression}\| * ) | 计算总行数。COUNT( * )返回行数,包括含有空值的行,不能与 DISTINCT 一起使用 |
| CHECKSUM( * \|expression[,...]) | 对一组数值的和进行校验,可探测表的变化 |
| BINARY_CHECKSUM( * \|expression[,...]) | 对一组二进制值的和进行校验,可探测表的变化 |
| AVG([ALL\|DISTINCT]expression) | 计算一组值的平均值 |

## 10.2.2　用户自定义函数

为了扩展 T-SQL 的编程能力,除了系统提供的内部函数,SQL Server 2014 还允许用户自定义函数。用户可以使用 CREATE FUNCTION 语句编写自己的函数,以满足特殊需要。可用用户自定义函数来传递 0 个或多个参数,并返回一个简单的数值。用户自定义函数一般返回的都是数值型或字符型的数据,如 int、char、decimal 等,SQL Server 2014 也支持返回 Table 数据类型的数据。

SQL Server 2014 支持的用户自定义函数分为 3 种,分别是标量用户自定义函数、直接表值用户定义函数和多语句表值用户自定义函数。

**1. 创建标量用户自定义函数**

标量用户自定义函数返回一个简单的数值,如 int、char、decimal 等,但禁止使用 text、ntext、image、cursor 和 timestamp 作为返回的参数。该函数的函数体被封装在以 BEGIN 语句开始,以 END 语句结束的范围内。

其语法格式如下:

```
CREATE FUNCTION[owner_name.]function_name
([{@parameter_name [AS] scalar_parameter_data_type[=default]}[,...]])
RETURNS scalar_return_data_type
[WITH<function_option>[[,]...]]
[AS]
EEGIN
```

```
function_body
RETURN scalar_expression
END
```

其中：

（1）function_name：用户自定义函数名称。函数名称必须符合标识符的命名规则，该名称在数据库中必须是唯一的。

（2）@parameter_name：用户自定义函数的参数。函数执行时，每个已经声明的参数的值必须由用户指定，除非该参数已经定义了默认值。如果函数的参数有默认值，在调用该函数时必须包含 DEFAULT 关键字才能获得默认值。相同的参数名称可以用在其他函数中。

（3）scalar_parameter_data_type：参数的数据类型。所有数值型（包括 bigint 和 sql_variant）都可用于用户自定义函数的参数。

（4）scalar_return_data_type：是标量用户自定义函数的返回值（text、ntext、image 和 timestamp 除外）。

（5）function_body：是由一系列 T-SQL 语句组成的函数体。在函数体中只能使用 DECLARE 语句、赋值语句、流程控制语句、SELECT 语句、游标操作语句、INSERT 语句、UPDATE 语句、DELETE 语句以及执行扩展存储过程的 EXECUTE 语句等。

（6）scalar_expression：指定标量函数返回的数值。scalar_expression 为函数实际返回值，返回值为 text、ntext、image 和 timestamp 之外的系统数据类型。

【例 10.7】 创建一个自定义函数，返回特定出版社所出书的平均定价。

在 SQL Server Management Studio 查询窗口中运行以下代码：

```
USE Book1
GO
CREATE FUNCTION Avgdingji_book1(@出版社 nchar(20))
RETURNS FLOAT
AS
BEGIN
DECLARE  @平均定价 FLOAT
SET @平均定价=(SELECT  AVG(定价)
FROM book1
WHERE 出版社=@出版社)
RETURN  @平均定价
END
```

**说明**：在 T-SQL 中变量声明都是以 DECLARE 关键字开头，例如：

```
DECLARE @sname nchar(30)
```

在"对象资源管理器"面板中选择服务器，展开"数据库"选项（如 Book1），展开"可编程性"选项，展开"函数"选项，最后再展开"标量值函数"选项，这时可以看到刚才建立的自定义函数 Avgdingji_book1，如图 10.6 所示。

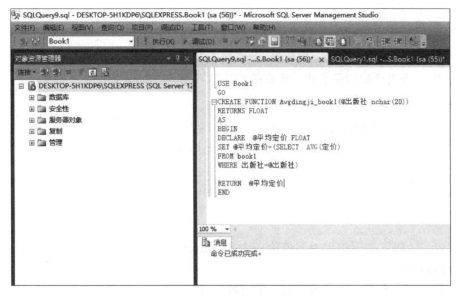

图 10.6　查看标量函数

在 SQL Server Management Studio 查询窗口中使用下面的语句对刚创建的函数进行操作：

```
USE Book1
GO
SELECT dbo.Avgdingji_book1('中国长安') AS '平均成绩'
GO
```

运行结果如图 10.7 所示，这个结果跟前面直接使用 AVG 函数是一样的。

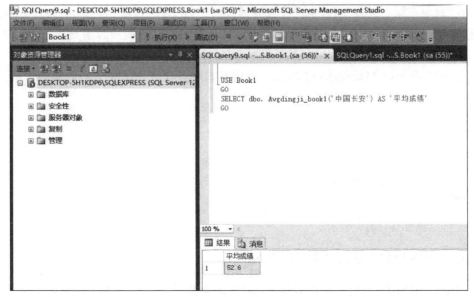

图 10.7　运行标量函数

### 2. 创建直接表值用户自定义函数

表值函数返回一个 Table 型数据,对直接表值用户定义函数而言,返回的结果只是一系列表值,没有明确的函数体。该表是 SELECT 语句的结果集。

其语法格式为

```
CREATE FUNCTION [owner_name.]function_name
([{@parameter_name [AS] scalar_parameter_data_type [=default]}][,...]])
RETURNS TABLE
[WITH <function_option>[[,]...]]
[AS]
RETURN [(select-statement)]
```

其中,TABLE 表示指定返回值为一个表,select-statement 表示单个 SELECT 语句确定返回的表的数据。

【**例 10.8**】 创建一个函数返回一个出版社所出书的部分信息。

在 SQL Server ManagementStudio 查询窗口中运行以下代码:

```
USE Book1
GO
CREATE FUNCTION 书的信息(@出版社 nvarchar(255))
RETURNS TABLE
AS
RETURN(SELECT 书名,定价,出版社
FROM   book1
WHERE 出版社=@出版社)
```

在"对象资源管理器"面板中选择服务器,展开"数据库"选项(如 Book1),展开"可编程性"选项,展开"函数"选项,最后再展开"表值函数"选项,这时可以看到刚才建立的函数"dbo.书的信息",如图 10.8 所示。

在 SQL Server Management Studio 查询窗口中使用下面语句对刚创建的函数进行操作:

```
USE Book1
GO
SELECT *
FROM dbo.书的信息('海南')
GO
```

运行结果如图 10.9 所示。

### 3. 创建多语句表值用户自定义函数

多语句表值用户自定义函数是以 BEGIN 语句开始,以 END 语句结束的函数体,这些语句可将行插入返回的表中。

**图 10.8　查看表值函数**

其语法格式为

```
CREATE FUNCTION [owner_name.]function_name
([{@parameter_name [AS] scalar_parameter_data_type [=default]}[,...]])
RETURNS @return_variable TABLE <table_type_definition>
[WITH <function_option>[[,]...]]
[AS]
BEGIN
function_body
RRTURN
END
```

其中,return_variable 指一个 table 类型的变量用于存储和累计返回的表中的数据行。其余参数与标量用户自定义函数相同。

【**例 10.9**】　创建一个函数返回定价高于一定价格的书的信息。

在 SQL Server ManagementStudio 查询窗口中运行以下代码:

```
USE Book1
GO
CREATE FUNCTION money_higher(@highermoney money)
RETURNS @money_higher TABLE(编号 nvarchar(255),书名 nvarchar(255),定价 money,出
```

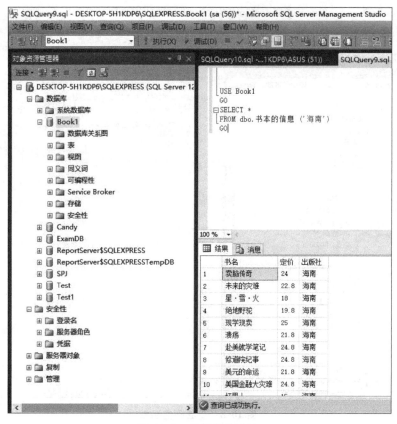

图 10.9　运行表值函数

```
版社 nvarchar(255))
AS
BEGIN
INSERT @money_higher
SELECT bookin.编号,书名,定价,出版社
FROM  bookin,book1
WHERE bookin.编号=book1.编号 and 定价>@highermoney
RETURN
END
GO
```

　　在"对象资源管理器"面板中选择服务器,展开"数据库"选项(如 Book1),展开"可编程性"选项,展开"函数"选项,最后再展开"表值函数"选项,这时可以看到刚才建立的函数 dbo.money_higher,如图 10.10 所示。

　　在 SQL Server Management Studio 查询窗口中使用下面的语句对刚创建的函数进行操作:

```
USE Book1
GO
SELECT *
```

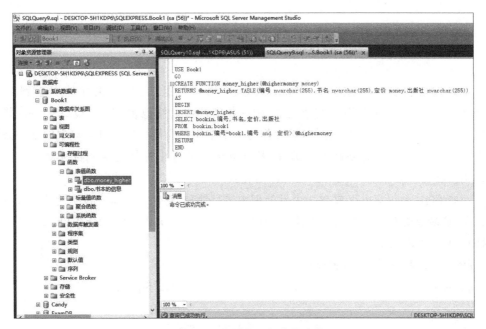

图 10.10　查看多语句表值函数

```
FROM dbo.money_higher(1000)
GO
```

运行结果如图 10.11 所示,把定价高于 1000 的书的信息全部显示出来。

图 10.11　运行多语句表值函数

# 10.3 批 处 理

批处理是包含一个或多个 Transact-SQL 语句的组,它将一次性地发送到 SQL Server 中执行,应用程序将这些语句作为一个单元一次性地提交给 SQL Server,并由 SQL Server 编译成一个执行计划,然后作为一个整体来执行。如果批处理中的某一条语句发生编译错误,执行计划就无法编译,从而导致批处理中的任何语句都无法执行。批处理用 GO 命令来通知 SQL Server 和 Transact-SQL 语句的结束。

一些 SQL 语句不可以放在一个批处理中进行处理,它们需要遵守以下规则:大多数 CREATE 命令要在单个批处理中执行,但 CREATE DATABASE、CREATE TABLE 和 CREATE INDEX 例外。

【例 10.10】 批处理示例分析。

在 SQL Server Management Studio 查询窗口中运行以下代码:

```
USE Book1
GO
CREATE VIEW abc
AS
SELECT * FROM book1
GO
SELECT * FROM book2
GO
```

因为 CREATE VIEW 必须是批处理中的唯一语句,所以,需要用 GO 命令将 CREATE VIEW 语句与其上下的语句(USE 和 SELECT)隔离。

在 SQL Server Management Studio 查询窗口中运行以下代码,观察系统给出的信息。

```
DECLARE @AA INT
GO
SELECT @AA=44
GO
```

运行结果如图 10.12 所示,因为变量@AA 在第一个批处理中定义,但在第二个批处理中引用(SELECT @AA=44),所以运行出错。

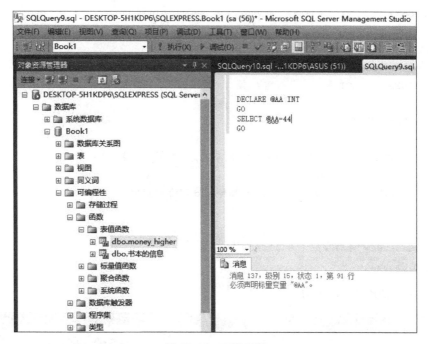

图 10.12　变量出错

# 10.4　流控语句

流控语句用于控制 Transact-SQL 语句、语句块或存储过程的执行流程。如果在程序中不使用流控语句,那么 Transact-SQL 语句将按出现的顺序依次执行;而使用流控制语句,不但可以改变执行顺序,还可使语句之间相互连接和相互存储。

**1. IF…ELSE 语句**

利用 IF…ELSE 语句能够对一个条件进行测试,并根据测试的结果来执行相应的操作。ELSE 语句是可选的。其语法为

```
IF 逻辑表达式
语句块 1
[ELSE]
语句块 2
```

功能:如果逻辑表达式的条件成立(为真),则执行语句块 1,否则执行语句块 2。语句块要用 BEGIN…END 定义。ELSE 部分可以省略,这样当逻辑表达式不成立(为假)时,什么都不执行。

【**例 10.11**】　查询是否有书的定价高于 8000 元的书。如果有,则输出该书的信息,包括作者姓名;如果没有,就输出"不存在高于 8000 元的书"。

在 SQL Server Management Studio 查询窗口中运行以下代码:

```
USE Book1
GO
DECLARE @定价 money, @message varchar(250)
SET @定价=8000
IF EXISTS (SELECT *
FROM book1
WHERE 定价>@定价)
    BEGIN
        SELECT DISTINCT  book1.编号,书名,定价,作者姓名
        FROM book1,teacher
        WHERE book1.编号=teacher.编号 and 定价>@定价
    END
ELSE
SET @message='不存在高于8000元的书'
PRINT @message
```

运行结果如图 10.13 所示。

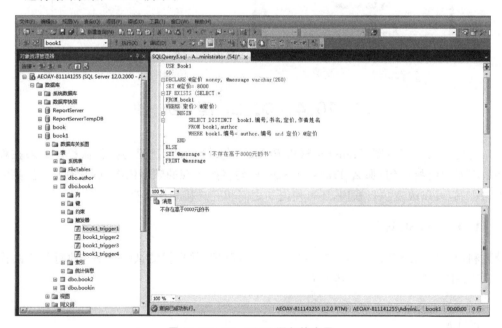

图 10.13   IF…ELSE 语句的应用

**2. BEGIN…END**

BEGIN…END 用来定义语句块,必须成对出现。它将多个 SQL 语句括起来,相当于一个单一语句。常用于下列情况:

(1) WHILE 循环需要包含多条语句。

(2) CASE 函数的元素需要包含多条语句。

(3) IF…ELSE 语句中需要包含多条语句。

BEGIN…EDN 语句的语法格式如下：

```
BEGIN
    语句块
END
```

BEGIN…END 语句块通常与其他流控语句结合使用，BEGIN 和 END 分别表示语句块的开始和结束，它们必须成对使用。

### 3. WHILE、BREAK 和 CONTINUE

WHILE 语句用来实现循环结构，其语法为

```
WHILE 逻辑表达式
    语句块
```

功能：当逻辑表达式为真时执行循环体，直到逻辑表达式为假。

BREAK 语句退出 WHILE 循环。CONTINUE 语句跳过语句块中的所有其他语句，开始下一次循环。例如：

```
WHILE 逻辑表达式 1
BEGIN
    语句 1
    IF WHILE 逻辑表达式 2
    CONTINUE
    语句 2
END
```

当逻辑表达式 1 为真时执行语句 1，然后判断逻辑表达式 2 是否为真，为真则跳过语句 2，执行 WHILE 语句，否则执行语句 2。

### 4. DECLARE

DECLARE 语句用来定义局部变量，定义后的变量值为 NULL。局部变量必须以 @ 开始，后跟一个标识符。定义局部变量的语法如下：

```
DECLARE @variable_name datatye[,@variable_name datatype[,...]]
```

使用 SELECT 语句或 SET 语句给局部变量赋值。SELECT 语句一次可以给多个变量赋值，SET 语句一次只能给一个变量赋值。使用 SELECT 语句赋值的语法为

```
SELECT { @local_variable=expression[,...]}
```

局部变量必须在同一个批处理或过程中被说明和使用。

### 5. CASE 表达式

CASE 表达式用于多条件分支选择，虽然也可以使用 IF…ELSE 语句实现，但是使用 CASE 表达式的好处是可以简化表达式，它将判定表达式放在开始位置并且只写一次，

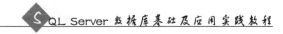

程序员的目的变得更清晰了,为生成高效代码提供了更好的信息。

CASE 表达式有简单的 CASE 表达式和搜索型 CASE 表达式两种。

1) 简单的 CASE 表达式

其语法格式如下:

```
CASE 表达式
    WHEN 表达式 THEN 表达式
    …
[ELSE 表达式]
END
```

各个表达式可以由常量、列名、子查询、运算符、字符串和运算符等组成。简单的 CASE 表达式的执行过程是,将 CASE 后的表达式的值与各 WHEN 子句中的表达式的值进行比较,如果两者相等,则返回 THEN 后面的表达式,然后跳出 CASE 语句,否则返回 ELSE 子句中的表达式。

2) 搜索型 CASE 表达式

其语法格式如下:

```
CASE
WHEN 逻辑表达式 THEN
…
[ELSE 表达式]
END
```

其中,THEN 后的表达式与简单的 CASE 语句中的表达式相同。逻辑表达式允许使用比较运算符和逻辑运算符。

【例 10.12】 从 book1 表中选取书名、出版社。如果出版社名为"中国长安",则输出"中国最有实力的出版社之一"。如果是海南出版社,则输出"海外影响力最强的出版社之一"。

在 SQL Server Management Studio 查询窗口中运行以下代码:

```
USE Book1
GO
SELECT 书名,出版社=
CASE 出版社
WHEN '中国长安' THEN  '中国最有实力的出版社之一'
WHEN '海南' THEN  '海外最有影响力的出版社之一'
END
FROM book1
```

运行结果如图 10.14 所示。

【例 10.13】 从 book1 表中查询所有书的定价情况,凡定价为空的输出"未录入定价",低于 30 元的输出"价格合适",低于 100 元的输出"价格偏高",低于 300 元的输出"价格高",价格更高的输出"价格特别高"。

图 10.14　CASE 表达式的应用

在 SQL Server Management Studio 查询窗口中运行以下代码：

```
USE Book1
GO
SELECT 书名,出版社,定价情况=
CASE  定价
WHEN  '定价 IS NULL'  THEN  '未录入定价'
WHEN  '定价>0 and 定价<30' THEN '价格合适'
WHEN  '定价>=30 and 定价<100' THEN  '价格偏高'
WHEN  '定价>=100 and 定价<300' THEN  '价格高'
WHEN  '定价>=300' THEN  '价格特别高'
END
FROM book1
```

## 6. RETURN

RETURN 语句用于无条件退出批命令、存储过程或触发器。RETURN 语句可以返回一个整数给调用它的过程或应用程序。返回值 0 表明成功返回；-1~-99 分别代表不同的出错原因，如-1 是指"丢失对象"，-2 是指"发生数据类型错误"。如果未提供用户定义的返回值,则使用 SQL Server 的保留值,系统当前使用的保留值为 0~−14。

```
RETURN [整型表达式]
```

### 7. WAITFOR

其语法为

```
WAITFOR{DELAY 'time'|TIME 'time'}
```

WAITFOR 命令用来暂时停止程序执行,直到所设定的等待时间已过或所设定的时刻已到才继续往下执行。其中 time 必须为 DATETIME 类型的数据,但不能包括日期。DELAY 用来设定等待的时间,最多可达 24h。TIME 用来设定等待结束的时刻。

【例 10.14】 等待 2 小时 2 分零 2 秒后才执行 SELECT 语句。

```
WAITFOR DELAY '02:02:02' SELECT * FROM book1
```

### 8. GOTO

GOTO 命令用来改变程序执行的流程,使程序跳到标识符指定的程序行再继续往下执行。作为跳转目标的标识符可以是数字与字符的组合,但必须以":"结尾。在 GOTO 命令行,标识符后不必加":"。

【例 10.15】 求 $1+2+\cdots+100$ 的总和。

在 SQL Server Management Studio 查询窗口中运行以下代码:

```
DECLARE @sum SMALLINT, @i SMALLINT
SET @i=1
SET @sum=0
BEG:
    IF (@i<=100)
    BEGIN
        SET @sum=@sum+@i
        SET @i=@i+1
        GOTO BEG
    END
PRINT @sum
```

运行结果如图 10.15 所示。

### 9. PRINT

PRINT 语句可在屏幕上显示用户的信息以及 char、varchar 数据类型变量的内容。其他数据类型必须先进行类型转换才能显示。

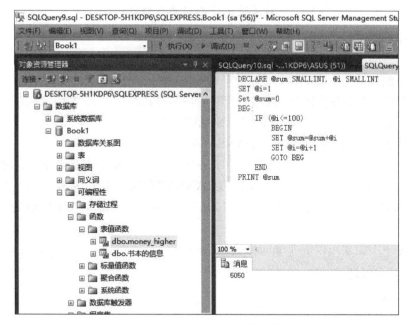

图 10.15　GOTO 命令的应用

# 10.5　事　务　处　理

## 10.5.1　事务的基本概念

　　事务是作为单个逻辑工作单元执行的一系列操作,这一系列的操作或者都被执行,或者都不被执行。下面给出两个银行账号之间转账的例子。账号 A(假定其有足够金额)转 10 000 元至账号 B。对此转账业务可分解为:①账号 A 减去 10 000 元;②账号 B 增加 10 000 元。当然,要求这两项操作或者同时成功(转账成功),或者同时失败(转账失败);但是如果只有其中一项操作成功,则是不可接受的。如果发生这种情况,即当一个事务只有部分操作成功时,应该能够回滚事务,即恢复到操作执行前的状态。

　　事务作为一个逻辑工作单元有 4 个属性(简称为 ACID):

　　(1)原子性。事务必须是原子工作单元,对于其数据修改,要么全都执行,要么全都不执行。

　　(2)一致性。事务在完成时,必须使所有的数据都保持一致状态。在相关数据库中,所有规则都必须应用于事务的修改,以保持所有数据的完整性。事务结束时,所有的内部数据结构都必须是正确的。

　　(3)隔离性。一个并发事务所作的修改必须与任何其他并发事务所作的修改隔离,保证事务查看数据时数据所处的状态只能是另一并发事务修改它之前的状态或者是另一并发事务修改它之后的状态,而不能是中间状态。

（4）持久性。事务完成之后对系统的影响是永久性的。

## 10.5.2　事务操作

事务组织结构的一般形式如下：

（1）定义一个事务的开始：BEGIN TRANSACTION。

（2）提交一个事务：COMMIT TRANSACTION。

（3）回滚事务：ROLLBACK TRANSACTION。

BEGIN TRANSACTION 代表一个事务的开始点。每个事务都将一直执行到以下两种情况出现时为止：用 COMMIT TRANSACTION 提交，从而正确地完成对数据库作永久的改动；或者遇到错误，用 ROLLBACK TRANSACTION 语句撤销所有改动。

在事务中不能使用以下 Transact-SQL 语句：

```
ALTER DATABASE
BACKUP LOG
CREATE DATABASE
DISK INIT
DROP DATABASE
DUMP TRANSACTION
LOAD DATABASE
LOAD TRANSACTION
RECONFIGURE
RESTORE DATABASE
RESTORE LOG
UPDATE STATISTICS
```

下面对以上几条语句加以说明。

### 1. BEGIN TRANSACTION

功能：标记一个显式本地事务的起始点。

语法：

```
BEGIN TRANSACTION [transaction_name]
```

其中，transaction_name 为给事务分配的名称。

### 2. COMMIT TRANSACTION

功能：标志一个成功的隐式事务或用户定义事务的结束。

语法：

```
COMMIT TRANSACTION [transaction_name]
```

其中，transaction_name 是由 BEGIN TRANSACTION 指派的事务名称。通过该参

数向程序员指明 COMMIT TRANSACTION 与哪些嵌套的 BEGIN TRANSACTION 相关联。实际上 SQL Server 2014 忽略该参数,但 transaction_name 可作为帮助阅读的一种方法。

因为数据已经永久修改,所以在 COMMIT TRANSACTION 语句后不能回滚事务。当在嵌套事务中使用 COMMIT TRANSACTION 时,内部事务的提交并不释放资源,也没有执行永久修改;只有在提交了外部事务时,数据修改才具有永久性,而且资源才会被释放。

### 3. ROLLBACK TRANSACTION

功能:将显式事务或隐式事务回滚到事务的起点或事务内的某个保存点。
语法:

```
ROLLBACK TRANSACTION [transaction_name]
```

其中,transaction_name 是由 BEGIN TRANSACTION 指派的事务名称。

不带 transaction_name 的 ROLLBACK TRANSACTION 回滚到事务的起点。在嵌套事务时,该语句将所有内层事务回滚到最远的 BEGIN TRANSACTION 语句,transaction_name 也只能是来自最远的 BEGIN TRANSACTION 语句的事务名称。

在执行 COMMIT TRANSACTION 语句后不能回滚事务。

如果在触发器中发出 ROLLBACK TRANSACTION 命令,将回滚对当前事务中所做的所有数据修改,包括触发器所做的修改。

如果在事务执行过程中出现任何错误,SQL Server 实例将回滚事务。

某些错误(如死锁)会自动回滚事务。

如果在事务活动时由于任何原因(如客户端应用程序终止,客户端计算机关闭或重新启动客户端导致网络连接中断等)中断了客户端和 SQL Server 2014 实例之间的通信,SQL Server 2014 实例将在收到网络或操作系统发出的中断通知时自动回滚事务。在所有这些错误情况下,将回滚任何未完成的事务以保护数据库的完整性。

【例 10.16】　使用 COMMIT TRANSACTION 提交事务。定义一个事务,向 book2 表中插入 3 条记录并提交。

在 SQL Server Management Studio 查询窗口中运行以下代码:

```
USE Book1
GO                     --开始事务
BEGIN TRANSACTION
INSERT book2(编号, ISBN 号, 书名, 出版社, 出版日期, 定价)
VALUES ('200701', '200777', 'SQL2005', '高等教育', '2007-11-24', 30)
INSERT book2(编号, ISBN 号, 书名, 出版社, 出版日期, 定价)
VALUES ('200701', '200778', '周末', '高等教育', '2007-11-25', 40)
INSERT book2(编号, ISBN 号, 书名, 出版社, 出版日期, 定价)
VALUES ('200701', '200779', '今日一线', '高等教育', '2007-11-26', 50)
COMMIT TRANSACTION      --提交事务
```

在 SQL Server ManagementStudio 查询窗口中运行以下代码验证结果：

```
USE Book1
SELECT *
FROM book2
WHERE 编号='200701'
```

运行结果如图 10.16 所示，可以验证以上 3 条记录确实已成功添加。

为方便测试数据，应将前面添加的编号为 200701 的记录删除。

```
use Book1
DELETE book2
WHERE 编号='200701'
```

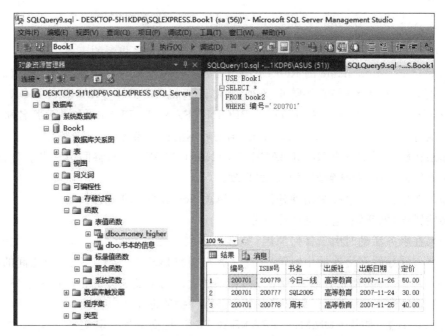

图 10.16　验证 COMMIT TRANSACTION 提交事务的结果

【例 10.17】　使用 ROLLBACK TRANSACTION 回滚事务。定义一个事务，向 book2 表中插入 3 条记录并回滚。

在 SQL Server Management Studio 查询窗口中运行以下代码：

```
USE Book1
GO                      --开始事务
BEGIN TRANSACTION
INSERT book2(编号,ISBN号,书名,出版社,出版日期,定价)
VALUES ('200701','200777','SQL2005','高等教育','2007-11-24',30)
INSERT book2(编号,ISBN号,书名,出版社,出版日期,定价)
VALUES ('200701','200778','周末','高等教育','2007-11-25',40)
```

```
INSERT book2(编号,ISBN号,书名,出版社,出版日期,定价)
VALUES ('200701','200779','今日一线','高等教育','2007-11-26',50)
ROLLBACK TRANSACTION       --回滚事务
```

在 SQL Server Management Studio 查询窗口中运行以下代码验证结果：

```
USE Book1
SELECT *
FROM book2
WHERE 编号='200701'
```

运行结果如图 10.17 所示，以上 3 条记录确实没有被添加。

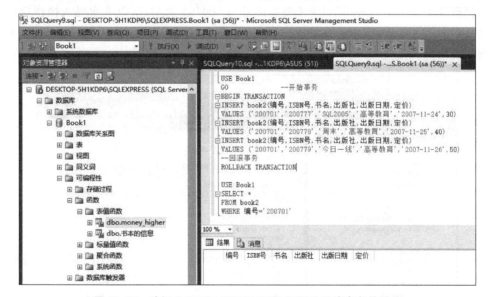

图 10.17　验证 ROLLBACK TRANSACTION 回滚事务的结果

**【例 10.18】**　定义一个事务向 book2 表中插入多条记录。若其中一种编号的书超过 4 本，则回滚事务，即插入无效；否则成功提交。

在 SQL Server Management Studio 查询窗口中运行以下代码：

```
USE Book1
GO
BEGIN TRANSACTION
INSERT book2(编号,ISBN号,书名,出版社,出版日期,定价)
VALUES('200701','200777','SQL2005','高等教育','2007-11-24',30)
INSERT book2(编号,ISBN号,书名,出版社,出版日期,定价)
VALUES('200701','200778','周末','高等教育','2007-11-25',40)
INSERT book2(编号,ISBN号,书名,出版社,出版日期,定价)
VALUES('200701','200779','今日一线','高等教育','2007-11-26',50)
DECLARE @countnum INT
SET  @countnum=(SELECT COUNT(*) FROM book2 WHERE 编号='200701')
```

```
IF @countnum>4
BEGIN
ROLLBACK TRANSACTION
PRINT '此编号的书已超过4本,不能再次插入'
END
ELSE
BEGIN
COMMIT TRANSACTION
PRINT '此编号的书还未超过4本,你的插入操作成功'
END
```

运行结果如图 10.18 所示,由于没有编号为 200701 的书,所以 3 次插入操作后该编号的书不会超过 4 本,故最后事务成功提交,并显示"此编号的书还未超过 9 本,你的插入操作成功"的信息。

**图 10.18　成功提交事务**

在 SQL Server Management Studio 查询窗口中运行以下代码验证结果:

```
USE Book1
SELECT *
FROM book2
WHERE 编号='200701'
```

运行结果如图 10.19 所示,以上 3 条记录确实已添加到 book2 表中了。

为方便测试数据,应将前面添加的编号为 200701 的记录删除:

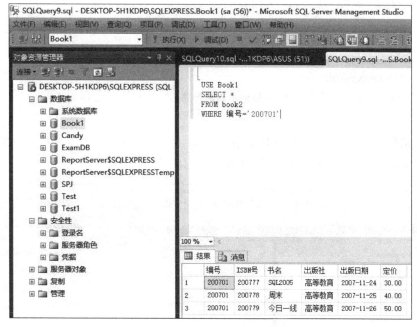

**图 10.19　验证事务提交结果**

```
USE Book1
DELETE book2
WHERE 编号='200701'
```

在 SQL Server Management Studio 查询窗口中运行以下代码:

```
USE Book1
GO
BEGIN TRANSACTION
INSERT book2(编号,ISBN 号,书名,出版社,出版日期,定价)
VALUES('200701','200777','SQL2005','高等教育','2007-11-24',30)
INSERT book2(编号,ISBN 号,书名,出版社,出版日期,定价)
VALUES('200701','200778','周末','高等教育','2007-11-25',40)
INSERT book2(编号,ISBN 号,书名,出版社,出版日期,定价)
VALUES('200701','200779','今日一线','高等教育','2007-11-26',50)
INSERT book2(编号,ISBN 号,书名,出版社,出版日期,定价)
VALUES('200701','200780','大家谈','高等教育','2007-11-27',50)
INSERT book2(编号,ISBN 号,书名,出版社,出版日期,定价)
VALUES('200701','200781','高等数学','高等教育','2007-11-28',50)
DECLARE @countnum INT
SET  @countnum=(SELECT COUNT(*) FROM book2 WHERE 编号='200701')
IF @countnum>4
BEGIN
ROLLBACK TRANSACTION
```

```
PRINT '此编号的书已超过 4 本,不能录入'
END
ELSE
BEGIN
COMMIT TRANSACTION
PRINT '此编号的书还未超过 4 本,你的录入操作成功'
END
```

运行结果如图 10.20 所示,本次操作一共录入了 5 本书,由于超过了同一编号最多有 4 本图书的限制,所以事务被回滚,并显示相应的信息。

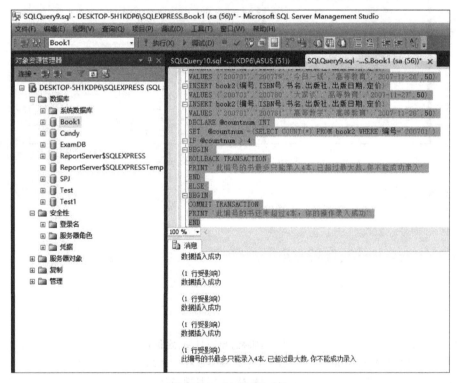

**图 10.20 创建回滚事务**

在 SQL Server Management Studio 查询窗口中运行以下代码验证结果:

```
USE Book1
SELECT *
FROM book2
WHERE 编号='200701'
```

运行结果如图 10.21 所示,编号为 200701 的记录没有成功地添加到 book2 表中。

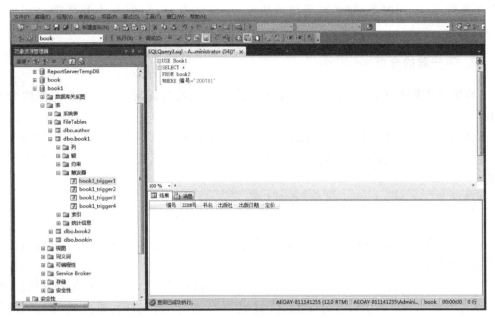

图 10.21　验证回滚 TRANSACTION 事务成功

# 10.6　锁

## 10.6.1　开发问题

如果多个用户同时访问一个没有锁定的数据库,则当这些用户的事务同时使用相同的数据时可能会发生问题,这些问题包括以下几种情况。

### 1. 丢失或覆盖更新

当两个或多个事务选择同一行,然后用最初选定的值更新该行时,会发生丢失或覆盖更新的问题。每个事务都不知道其他事务的存在,最后的更新将重写由其他事务所做的更新,这将导致数据丢失。

例如,事务 A 和事务 B 都要读取 book1 表中编号为 XH5468 的图书记录,该记录的定价为 19.8,如果事务 A 先将定价更改为 20.8,而后事务 B 又将定价更改为 30.8,则最后的定价为 30.8,从而导致事物 A 的修改丢失。

### 2. 未确认的相关性

当第二个事务选择其他事务正在更新的行时,会发生未确认的相关性问题。第二个事务正在读取的数据还没有确认并且可能会被更新此行的事务所更改。

例如,事务 A 读取 book1 表中编号为 XH5468 的图书记录,该记录定价为 19.8。如果事务 A 将定价更改为 20.8,还未确认提交。这时,事务 B 读取定价为 20.8。其后,事

务 A 执行 ROLLBACK,撤销对定价的更改,定价仍为 19.8,但事务 B 已把"脏"数据
读走。

### 3. 不一致的分析

当第二个事务多次访问同一行且每次读取不同的数据时,会发生不一致的分析
问题。

例如,事务 A 和事务 B 都要读取 book1 表中编号为 XH5468 的图书记录,该编号的
定价为 19.8。如果事务 A 将定价更改为 20.8 且确认提交,而事务 B 用到的定价仍为
19.8。

### 4. 幻读

当对某条记录执行插入或删除操作,而该记录属于某个事务正在读取的行的范围
时,会发生幻读问题。

例如,事务 A 读取 book1 表中编号为 YBZT0001～YBZT0010 的多条图书记录,然
后,事务 B 将 book1 表中编号为 YBZT0002 的图书记录删除,这时,事务 A 读取到的数
据仍包含编号为 YBZT0002 的图书记录。

为防止出现上述数据不一致的情况,必须使并发的事务串行化,使各事务都按照某
种次序来进行,从而消除相互干扰,这种机制就是锁。加锁的结果称为锁定。

## 10.6.2　SQL Server 中的锁

为使锁的成本减至最低,SQL Server 2014 采用多粒度锁定的方式,允许一个事务锁
定不同类型的资源。SQL Server 2014 自动将资源锁定在适合任务的级别。

锁定在较小的粒度(例如行)可以增加并发,但需要较大的开销,因为这样需要控制
很多的锁。

锁定在较大的粒度(例如表)需要维护的锁较少,要求的开销较低。但是,因为锁定
整个表会限制其他事务对表中任意部分进行访问,所以会影响并发。

表 10.9 列出了 SQL Server 2014 可以锁定的资源(按粒度由小到大的顺序列出)。

**表 10.9　SQL Server 2014 可以锁定的资源**

| 资　　源 | 描　　述 |
| --- | --- |
| RID(行标识符) | 用于单独锁定表中的一行 |
| 键 | 索引中的行锁,用于保护可串行事务中的键范围 |
| 页 | 锁定 8KB 的数据页或索引页 |
| 扩展盘区 | 锁定相邻的 8 个数据页或索引构成的一组 |
| 表 | 锁定包括所有数据和索引在内的整个表 |
| 数据库 | 锁定数据库 |

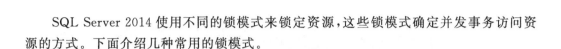

SQL Server 2014 使用不同的锁模式来锁定资源,这些锁模式确定并发事务访问资源的方式。下面介绍几种常用的锁模式。

### 1. 共享锁

共享锁用于不更改或不更新数据的操作(只读操作),如 SELECT 语句。

共享锁允许并发事务读取(SELECT)一个资源。当资源上存在共享锁时,任何其他事务都不能修改数据。除非将事务隔离级别设置为可重复读或更高级别,或者在事务生存周期内用锁定提示保留共享锁,此时,一旦读取数据,便立即释放资源上的共享锁。

### 2. 更新锁

更新锁用于可更新的资源中,防止当多个会话在读取、锁定以及随后可能进行的资源更新时发生常见形式的死锁。

更新锁可以防止常见形式的死锁。一般更新模式由一个事务组成,此事务读取记录,获取资源的共享锁,然后修改行。此操作要求锁转换为排他锁。如果两个事务获得了资源上的共享锁,然后试图同时更新数据,则一个事务尝试将锁转换为排他锁。共享锁到排他锁的转换必须等待一段时间,因为一个事务的排他锁与其他事务的共享锁不兼容,发生锁等待。如果第二个事务也试图获取排他锁以进行更新,由于两个事务都要转换为排他锁,并且每个事务都等待另一个事务释放共享锁,从而就会发生死锁。

若要避免这种潜在的死锁问题,可以使用更新锁。一次只有一个事务可以获得资源的更新锁。如果事务要修改资源,则更新锁转换为排他锁;否则,更新锁转换为共享锁。

### 3. 排他锁

用于数据修改的操作有很多,例如 INSERT、UPDATE 或 DELETE。要确保不会同时对同一资源进行多重更新,可以使用排他锁。

排他锁可以防止并发事务对资源进行访问,其他事务不能读取或修改排他锁锁定的数据。

【例 10.19】　使用 sp_lock 系统存储过程显示 SQL Server 中当前持有的所有锁的信息。

在 SQL Server Management Studio 查询窗口中运行以下代码:

```
USE master
GO
EXEC sp_lock
GO
```

运行结果如图 10.22 所示。

图 10.22 中各列的意义见表 10.10。

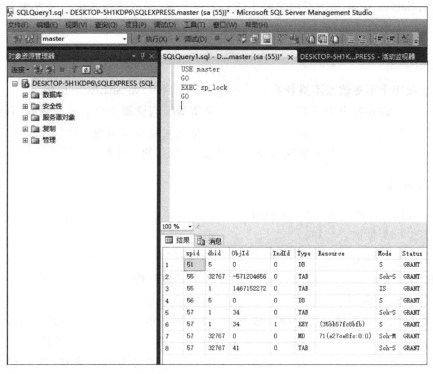

**图 10.22　使用 sp_lock 系统存储过程查看锁**

**表 10.10　锁的信息**

| 列 | 数据类型 | 含　义 |
|---|---|---|
| spid | smallint | SQL Server 进程标识号 |
| dbid | smallint | 锁定资源的数据库标识号 |
| objid | int | 锁定资源的数据库对象标识号 |
| indid | smallint | 锁定资源的索引标识号 |
| type | nchar(4) | 锁的类型,包括 DB(数据库)、FIL(文件)、IDX(索引)、PG(页)、KEY(键)、TAB(表)、EXT(区域)、RID(行标识符) |
| resource | nchar(16) | 被锁定资源的信息:RID 是表内已锁定行的标识符,行由 fleid. page. ri 组合进行标识;KEY 是表示索引键值的十六进制数字;PAG(页码)由 fleid. page 组合进行标识;EXT 是被锁定的扩展盘区中的第一个页码 |
| mode | nchar(16) | 锁请求的资源的锁定类型 |
| status | int | 锁的请求状态:GRANT(锁定)、WAIT(阻塞)、CNVRT(转换) |

### 4. 死锁

锁机制的引入能解决并发用户的数据不一致性问题,但也会引起事务间的死锁问题。死锁主要是由于两个或更多的事务竞争资源而直接或间接地相互等待而造成的。

通常,使用不同的锁类型锁定资源。然而当某组资源的两个或多个线程之间有循环相关性时,就会发生死锁现象。在数据库中解决死锁问题常用的方法如下:

(1) 要求每个事务一次就将要使用的数据全部加锁,否则就不能继续执行。

(2) 预先规定一个顺序,所有事务都按这个顺序锁定资源,这样也不会发生死锁。例如,通过 SET DEADLOCK PRIORITY 语句设置会话的优先级。如果一个会话的优先级为 LOW,说明该会话的优先级较低,发生死锁时,首先中断该会话的事务。

(3) 允许死锁发生。

系统采用某些方式诊断当前系统中是否有死锁发生。

# 10.7　游　　标

游标(cursor)是一种数据访问机制,它允许用户访问单独的数据行,而并非对整个行集合进行操作(通过使用 SELECT、UPDATE 或者 DELETE 语句进行)。用户可以通过单独处理每一行数据逐条收集信息并对数据逐行进行操作,这样可以降低系统的开销并消除潜在的阻隔。用户也可以使用这些数据生成 Transact-SQL 代码并立即执行或输出。从另一个角度来看,游标是一段私有的 SQL 工作区,也就是一段内存区域,用于暂时存放受 SQL 语句影响的数据。通俗地理解,可以将受影响的数据暂时放到一个内存区域的虚表中,而这个虚表就是游标。

### 1. 游标的定义

游标是一个与 Transact-SQL 的 SELECT 语句相关联的符号名,它使用户可逐行访问由 SQL Server 返回的结果集。游标包括以下两个部分:

(1) 游标结果集:由定义该游标的 SELECT 语句返回的行集合。

(2) 游标指针:指向这个行集合某一行的指针,表示游标的当前位置。

### 2. 游标的优点

游标有如下优点:

(1) 允许程序对由查询语句 SELECT 返回的行集合中的每一行执行相同或不同的操作,而不是对整个行集合执行同一个操作。

(2) 基于游标位置可以对表中的行进行删除和更新。

(3) 游标实际上是面向集合的数据库管理系统(DBMS)和面向行的程序设计之间的桥梁。

### 3. 游标的使用

1) 声明游标

声明游标的语法形式为:

```
DECLARE cursor_name CURSOR
```

```
FOR select_statement
[FOR {READ ONLY|UPDATE [OF column_name_list[,...]]}]
```

其中:

- cursor_name: 是游标的名字。
- select_statement: 是定义游标结果集的查询语句,它可以是一个具有完整语法和语义的 SELECT 语句,但是这个 SELECT 语句必须有 FROM 子句,且不能包含 COMPUTE、INTO 子句。
- FOR READ ONLY: 指出该游标结果集只能读,不能修改。
- FOR UPDATE: 指出该游标结果集可以被修改。
- column_name_list: 可以被修改的列的列表。

2) 打开游标

打开游标的语法形式为

```
OPEN crusor_name
```

该语句打开已声明的游标,分析定义这个游标的 select_statement,并使结果集对于处理是可用的。其中,cursor_name 是一个已声明的尚未打开的游标名。

3) 使用 FETCH 语句从结果集中检索单独的行

游标被打开后,游标指针位于结果集的第一行之前,由此可以从结果集中提取 (FETCH)行。SQL Server 将沿着游标结果集一次一行或多行地向下移动游标指针,不断提取结果集中的数据,并修改和保存游标当前的位置,直到结果集中的行全部被提取。

读取游标中的数据的语法形式为

```
FETCH [[NEXT | PRIOR | FIRST | LAST] FROM] cursor_name [INTO fetch_target_list]
```

其中:

- cursor_name: 表示一个已声明并且已打开的游标名字。
- fetch_target_list: 指定存放被提取的列数据的目的变量列表。这个列表中变量的个数、数据类型、顺序必须与声明该游标的语句中的列的列表(column_name_list)相匹配。为了更灵活地操纵数据,可以把从已声明并且已打开的游标结果集中提取的列数据存放在目的变量列表中。
- NEXT、PRIOR、FIRST、LAST: 是游标移动方向,默认情况下是 NEXT,即向下移动。

**注意:**

(1) 默认情况下,每次执行 FETCH 语句只返回结果集中的一行。

(2) 游标指针确定结果集中哪一行可以被提取。如果游标声明为 FOR UPDATE,则游标指针确定哪一行可以被更新或删除。

(3) 以下两个全局变量可以提供关于游标活动的信息。

① @@FETCH_STATUS 保存着最后的 FETCH 语句执行后的状态信息,其值的含义见表 10.11。

表 10.11　FETCH 语句的状态信息

| 值 | 含　　义 |
|---|---|
| 0 | 表示成功完成 FETCH 语句 |
| −1 | 表示 FETCH 语句有错误,或者当前游标指针已在结果集中的最后一行,结果集中不再有数据 |
| −2 | 表示提取的行不存在 |

② @@rowcount 保存着自游标打开后从第一个 FETCH 语句直到最近一次 FETCH 语句为止已从游标结果集中提取的行数。也就是说它保存着当前时间点客户机程序看到的已提取的总行数(累计行数)。一旦结果集中的所有行都被提取,那么@@rowcount 值就是该结果集的总行数。每个打开的游标都与特定的@@rowcount 有关。关闭游标时,该@@rowcount 变量也被删除。在 FETCH 语句执行后查看这个变量,可以得到从该 FETCH 语句指定的游标结果集中已提取的行数。

4) 使用游标修改数据

UPDATE 和 DELETE 都是集合操作语句,如果只想修改或删除其中某个记录,则需要用带游标的 SELECT 语句查出所有满足条件的记录,从中进一步找出要修改或删除的记录,然后用 CURRENT 形式的 UPDATE 和 DELETE 语句修改或删除记录。

用户可以利用 UPDATE 或 DELETE 语句使用游标来更新或删除表或视图中的行,但不能用来插入新行。

5) 关闭游标

关闭游标是停止处理定义游标的那个查询。关闭游标并不改变它的定义,随后可以再次用 OPEN 语句打开它,SQL Server 会用该游标的定义重新创建该游标的一个结果集。

关闭游标的语法形式为

```
CLOSE cursor_name
```

其中,cursor_name 是已被打开的游标名字。当退出这个 SQL Server 会话或者从声明游标的存储过程中返回时,SQL Server 会自动地关闭已打开的游标。

6) 释放游标

释放游标将释放分配给该游标的资源,包括该游标的名字。

释放游标的语法形式为

```
DEALLOCATE CURSOR cursor_name
```

其中,cursor_name 表示已打开或已关闭的游标的名字。如果释放一个已打开但尚未关闭的游标,SQL Server 2014 会自动关闭这个游标,然后再释放它。

**注意**:关闭游标并不改变游标的定义,可以不用再次声明一个被关闭的游标而重新打开它。但释放游标会释放与该游标有关的一切资源,也包括游标的声明,这样就不能再使用该游标。

**【例 10.20】** 游标使用示例。

声明一个名为 Crsbook1 的游标,该游标从 book1 表中检索所有记录。通过本例可以学习从声明游标到最后释放游标的基本过程。

在 SQL Server Management Studio 查询窗口中运行以下代码：

(1) 使用 DECLARE CURSOR 语句声明游标：

```
USE Book1
GO
DECLARE Crsbook1 CURSOR
FOR
SELECT * FROM book1
```

(2) 使用 OPEN 语句打开游标：

```
OPEN Crsbook1
```

(3) 使用 FETCH 语句从游标中检索行：

```
FETCH NEXT FROM Crsbook1
```

该语句从结果集中检索下一行记录。当首次执行 FETCH NEXT 语句时，检索的是第一条记录，所以返回的行记录是结果集中的第一行，如图 10.23 所示。

**图 10.23　游标的基本使用示例**

如果再次执行 FETCH NEXT FROM Crsbook1 语句，则返回当前记录的下一行，如图 10.24 所示。

将当前记录的出版社名更改为"中国商业行业"：

```
UPDATE book1 SET 出版社='中国商业行业' WHERE CURRENT OF Crsbook1
```

因为定义游标所使用的表是 book1，所以 UPDATE 语句后的表也是 book1，与定义

**图 10.24　再次执行 FETCH 语句返回下一行**

的游标相对应,这里更新的是 book1 表中的第一个记录。

如果要删除当前记录,可以使用如下命令:

```
DELETTE FROM book1 WHERE CURRENT OF Crsbook1
```

这里不执行该命令。

使用 CLOSE 语句关闭游标:

```
CLOSE Crsbook1
```

使用 DEALLOCATE 语句释放游标:

```
DEALLOCATE Crsbook1
```

## 本 章 实 训

### 1. 实训目的

(1) 了解 SQL Server 2014 程序设计的方法。

(2) 学会批处理、流程控制、事务处理、锁、游标的使用方法。

### 2. 实训内容和步骤

1) 函数的运用

创建一个自定义函数,返回特定出版社所出书的总定价。

```
USE Book1
GO
CREATE FUNCTION sumdingji_book1(@出版社 nchar(20))
RETURNS money
AS
BEGIN
DECLARE  @总价 money
SET @总价=(SELECT _____ (定价)
FROM book1
WHERE 出版社=@出版社)
RETURN  @总价
END
```

用该函数求出"中国长安"和"海南"两家出版社出版的所有书的总定价分别为 263 元和 3189.4 元,要求得到如图 10.25 和图 10.26 所示的结果。

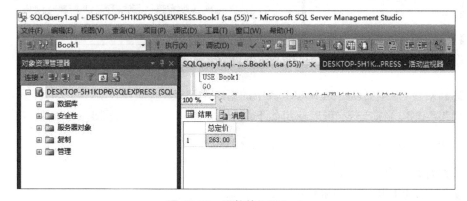

图 10.25　函数的运用(一)

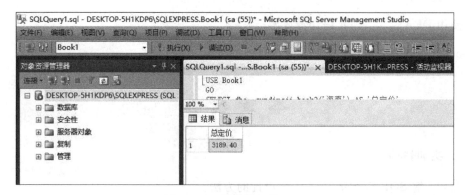

图 10.26　函数的运用(二)

要实现以上的功能,可参考例 10.7 中执行的代码。

2) 事务处理

(1) 运用 COMMIT TRANSACTION 提交事务。定义一个事务,向 author 表插入一条记录,并提交该事务。

```
USE Book1
GO                       --开始事务
_____ TRANSACTION
INSERT author(作者编号,作者姓名,性别,职称,联系电话,编号)
VALUES('0006','林秀平','女','助教','02022220002','YBZT0004')
_____ TRANSACTION      --提交事务
```

用以下代码验证结果：

```
USE Book1
SELECT *
FROM author
WHERE 作者编号='0006'
```

运行结果证明已成功添加了记录"'0006','林秀平','女','助教','02022220002', 'YBZT0004'"。

为了执行下面的操作，先删除刚才插入的这条记录。

(2) 定义一个事务，向 author 表插入一条记录。若职称为"助教"的作者已达到两人，则回滚事务，即插入无效，否则成功提交。

```
USE Book1
GO
BEGIN TRANSACTION
INSERT author(作者编号,作者姓名,性别,职称,联系电话,编号)
VALUES('0006','林秀平','女','助教','02022220002','YBZT0004')
DECLARE @countnum INT
SET  @countnum=(SELECT COUNT(*) FROM author WHERE 职称='助教')
IF @countnum>=2
BEGIN
ROLLBACK TRANSACTION
PRINT '助教职称的作者已超过两人,录入不成功'
END
ELSE
BEGIN
COMMIT TRANSACTION
PRINT '助教职称的作者未到两人,录入成功'
END
```

运行结果如图 10.27 所示。

用以下代码验证结果：

```
USE Book1
SELECT *
FROM author
WHERE 作者编号='0006'
```

图 10.27　验证事务

发现刚录入的一行不存在,说明 author 表中职称为"助教"的作者已经达到两人,所以插入不成功。

　　根据上面的操作,在 author 表中定义一个事务,要求统计职称为"教授"的作者人数,如果少于 4 个人,则插入成功,否则插入失败。

　　(3) 调试例 10.20,体会游标的用法。

**3. 实训总结与体会**

结合操作的具体情况写出总结。

# 习　　题

**一、简答题**

1. 什么是批处理? 使用什么命令来通知 SQL Server 批处理语句结束。

2. 什么是事务? 如果要取消一个事务,使用什么语句?

3. 简述锁机制,解释死锁的含义。

4. 简述事务回滚机制。

5. 使用什么语句可以打开游标? 游标打开后,游标指针指向结果集的什么位置?

**二、填空题**

1. 用户自定义函数可以分为_____、_____和_____ 3 种。

2. 游标是从查询结果记录集中_____地访问记录,可以按照自己的意愿逐行地_____、_____或删除这些记录的数据访问处理机制。

3. 事务可以看成由对数据库的若干操作组成的一个单元,这些操作要么_____,要么_____(如果在操作执行过程中不能完成其中任一操作)。

4. 事务的 ACID 属性有_____、_____、_____和_____。

5. SQL Server 2014 中的事务模式有_____、_____和_____。

### 三、编程题

用提交事务的方式编写求 $n!(n=24)$ 的 SQL 语句,并显示结果。

# 数据库日常维护与管理

**教学提示**：数据库的日常维护与管理涉及多方面的知识和操作，其中数据的导入和导出、数据的备份、数据库的附加等操作是最常用且最重要的部分。数据的导入和导出是数据库系统与外部进行数据交换的操作。数据备份是数据库系统运行过程中需定期进行的操作，一旦数据库因意外而遭损坏，就必须使用备份来恢复数据。数据库的附加用于将数据库附加到其他 SQL Server 服务器中。

**教学目标**：通过本章的学习，要求了解数据导入和导出、备份的概念以及各种备份方法，熟练掌握备份的创建、使用对象资源管理器和命令进行备份、恢复数据库的方法，能进行数据（特别是 Excel 文件、文本文件和 Access 文件）的导入和导出操作。

SQL Server 2014 中的数据传输工具，例如导入和导出，可以将数据从一种数据环境传输到另一种数据环境，可以提高数据录入的效率和安全。

任何系统都不可避免地会出现各种形式的故障，而某些故障可能会导致数据库灾难性的破坏，所以做好数据库的备份工作极为重要。备份可以创建在磁盘、磁带等设备上。与备份对应的是还原。

本章将介绍数据导入和导出的概念和 SQL Server 2014 的数据传输服务，以及使用导入和导出向导来完成不同数据环境间的数据传输的过程，最后着重讨论数据库备份与还原的相关问题。

## 11.1 导入和导出概述

数据库管理员经常需要将一种数据环境中的数据传输到另一种数据环境中，或者将几种数据环境中的数据经合并后复制到某种数据环境中。这里说的数据环境种类较多，它有可能是一种应用程序，有可能是不同厂家的数据库管理系统，也有可能是文本文件、电子邮件或电子表格（Excel）等。将数据从一种数据环境传输到另一种数据环境就是数据的导入和导出。

导入数据是从 SQL Server 2005 的外部数据源（如 ASCII 文件）中检索数据，并将数据插入到 SQL Server 2014 表的过程。导出数据是将 SQL Server 2014 实例（例如数据库）中的数据析取为某些用户指定格式的过程，例如将 SQL Server 2014 表的内容复制到

Microsoft Access 数据库中。

将数据从外部数据源导入 SQL Server 2014 实例很可能是建立数据库后要执行的第一步。将数据导入 SQL Server 2014 数据库后，即可开始使用该数据库。

将数据导入 SQL Server 2014 实例可以是一次性操作，例如将另一个数据库系统中的数据迁移到 SQL Server 2014 实例。在初次迁移完成后，该 SQL Server 2014 数据库将直接用于所有与数据相关的任务，而不再使用原来的系统，不需要进一步导入数据。

导入数据也可以是不断进行的任务。例如，创建了用于行政报告的新 SQL Server 2014 数据库，但是数据驻留在旧系统中，并且该旧系统中的数据由大量业务应用程序更新。在这种情况下，可以每天或每周将旧系统中的数据复制或更新到 SQL Server 2014 实例中。

导出数据的发生频率通常较低。SQL Server 2014 提供了多种工具和功能，使应用程序（如 Access 或 Microsoft Excel）可以直接连续操作数据，而不必在操作数据前先将所有数据从 SQL Server 2014 实例复制到该应用程序中。但是，可能需要定期将数据从 SQL Server 2014 实例导出。在这种情况下，可以将数据先导出到文本文件，然后由应用程序读取，或者采用特殊方法复制数据。例如，可以将 SQL Server 2014 实例中的数据析取为 Excel 电子表格格式，并将其存储在便携式计算机中，以便在旅行中使用。

SQL Server 2014 提供了多种工具用于各种数据的导入和导出，这些数据包括文本文件、ODBC 数据源（如 Oracle 数据库）、OLE DB 数据源（如其他 SQL Server 实例）、ASCII 文本文件和 Excel 电子表格。

此外，SQL Server 2014 的复制功能使数据得以在整个企业内发布，在各个位置之间复制数据，以及自动同步不同数据副本之间的更改。

## 11.2 导 入 数 据

SQL Server 2014 提供了多种工具来完成数据的导入，其中图形界面的导入和导出向导直观、简单。这里介绍使用图形界面的导入和导出向导来完成导入 Excel 工作表和文本文件的整个过程。

### 11.2.1 导入 Excel 工作表

导入 Excel 工作表的步骤如下：

(1) 在"对象资源管理"面板中选择并展开服务器，然后右击 Book1 数据库，在弹出的快捷菜单中选择"任务"命令，最后选择"导入数据"命令，如图 11.1 所示，进入"SQL Server 导入和导出向导"对话框，如图 11.2 所示。

(2) 单击"下一步"按钮，在"选择数据源"界面中选择数据源。这里，计划将 Excel 表中的数据导入 SQL Server 2014 中，因此需要在"数据源"下拉列表框中选择 Microsoft Excel 选项，然后单击"Excel 文件路径"文本框右侧的"浏览"按钮，以选择要导入的 Excel

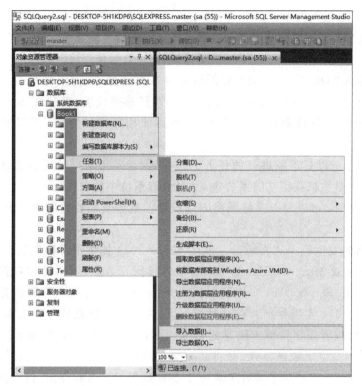

图 11.1　选择"任务"→"导入数据"命令

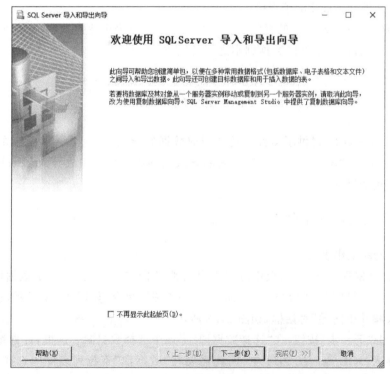

图 11.2　"SQL Server 导入和导出向导"对话框

表的文件名,最后在"Excel 版本"下拉列表框中选择 Microsoft Excel 97-2003 选项,如图 11.3 所示。

**图 11.3 "选择数据源"界面**

(3) 单击"下一步"按钮,进入如图 11.4 所示的"选择目标"界面,指定把数据导入哪里。可以在"目标"下拉列表框中选择将数据导入 SQL Server Native Client 11.0 中。选择数据库所在的服务器。最后,在"数据库"下拉列表框中选择目标数据库的名称,这里默认为 Book1。然后,单击"下一步"按钮,进入如图 11.5 所示的"指定表复制或查询"界面,选中"复制一个或多个表或视图的数据"单选按钮。

(4) 单击"下一步"按钮,在如图 11.6 所示的"选择源表和源视图"界面中选择需要复制的表和视图。这里选择第一个 Excel 表,也可以单击"编辑映射"按钮对工作簿的内容进行查看和修改。

(5) 单击"下一步"按钮,进入如图 11.7 所示的"运行包"界面,可以调度包的执行时间,这里选中"立即运行"复选框。

(6) 单击"下一步"按钮,在如图 11.8 所示的界面中单击"完成"按钮,即可完成将 Excel 表导入数据库的工作。

## 11.2.2 导入文本文件

SQL Server 2014 除了可以将数据表和 Excel 电子表格的数据导入数据库中,还可以

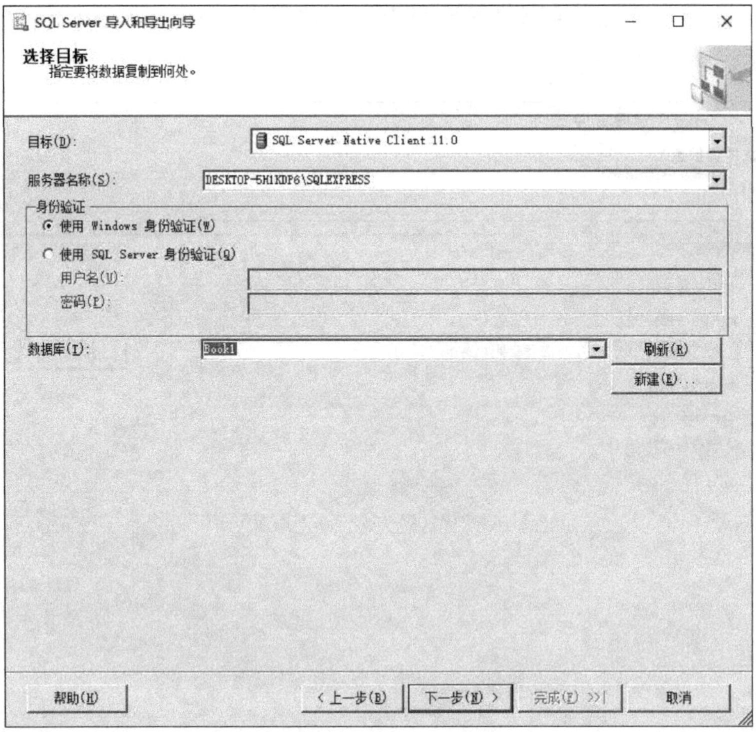


图 11.4 “选择目标”界面

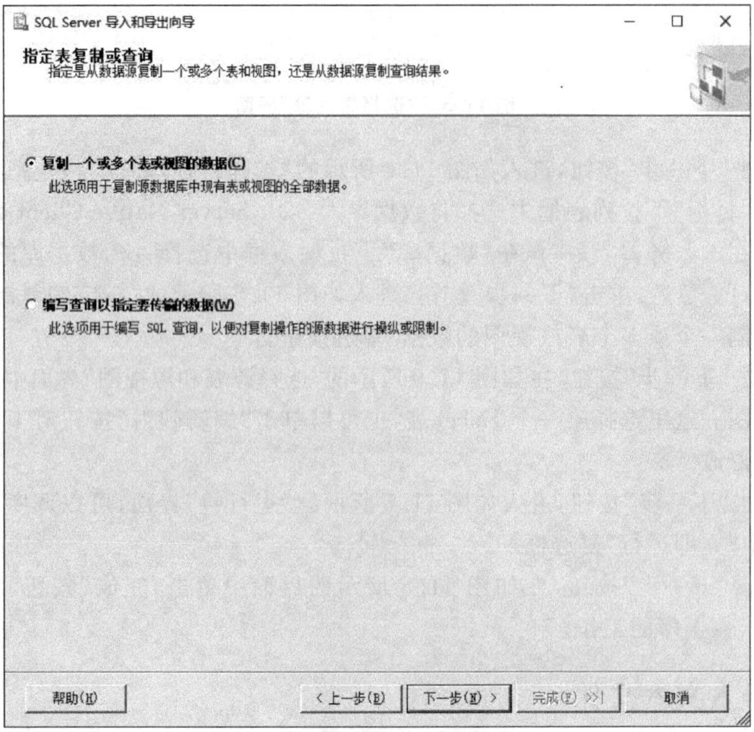


图 11.5 “指定表复制或查询”界面

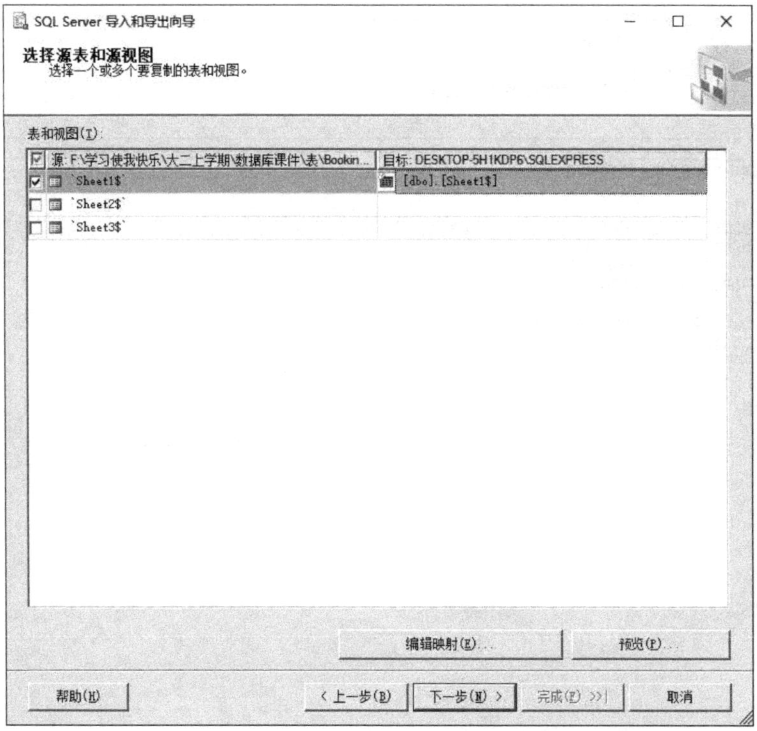


图 11.6 “选择源表和源视图”界面

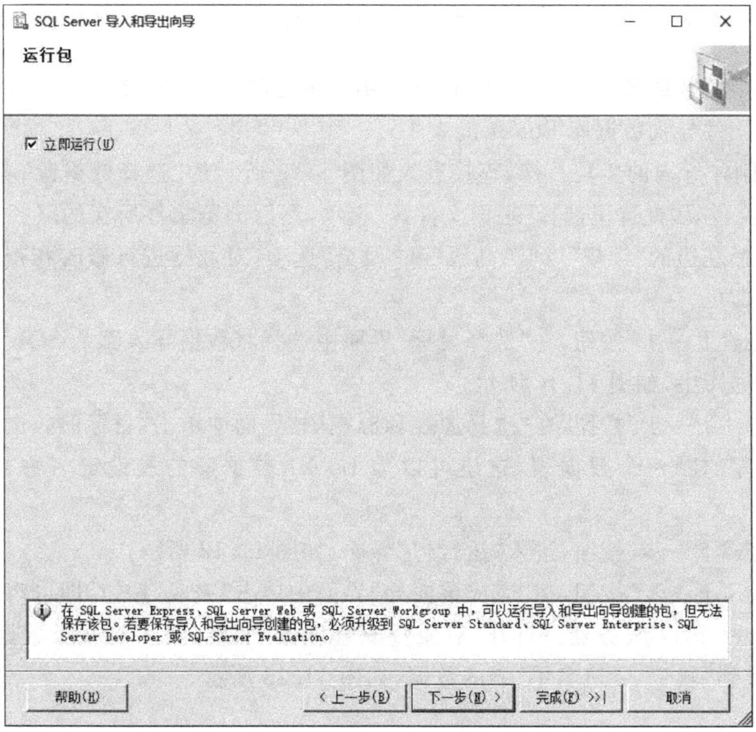


图 11.7 “保存并执行包”界面

**图 11.8　完成向导**

将文本文件中的数据导入 SQL Server 2014 中。下面将一个记录参加申请评优同学名单信息的文本文件导入数据库 Book1 的表中。

（1）与刚才导入的步骤一样，直接进入如图 11.9 所示的"选择数据源"界面，由于数据源是文本文件，因此这里选择"平面文件源"选项，然后浏览文件所在的路径。在图 11.9 中还可以选择左边的"常规""列""高级"和"预览"选项，对数据进行修改和查看。其他选项取默认值即可。

（2）单击"下一步"按钮，在"选择目标"界面中选择将数据导入哪个 SQL Server 服务器的哪个数据库中，如图 11.10 所示。

（3）单击"下一步"按钮，在"选择源表和源视图"界面中单击"目标"列，选择将数据导入目标数据库的哪一个数据表，这里可以为 Book1 数据库的表设定名称，如图 11.11 所示。

（4）单击"下一步"按钮，进入"运行包"界面，如图 11.12 所示。

（5）单击"下一步"按钮，在"完成该向导"界面中单击"完成"按钮，即可将文本文件导入 SQL Server 2014 服务器。打开"对象资源管理器"面板，展开 Book1 数据库，再展开"表"，可以看到"软工 12 班名单"表的数据，如图 11.13 所示。

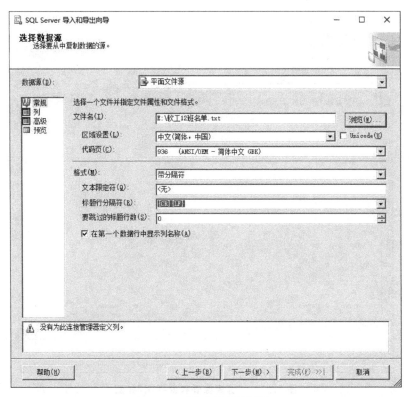

**图 11.9  "选择数据源"界面**

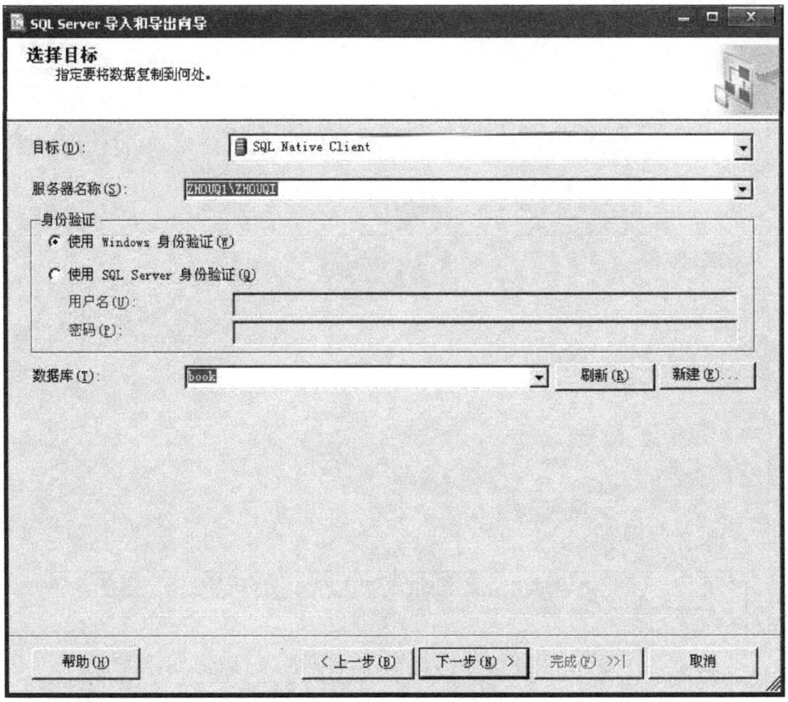

**图 11.10  "选择目标"界面**

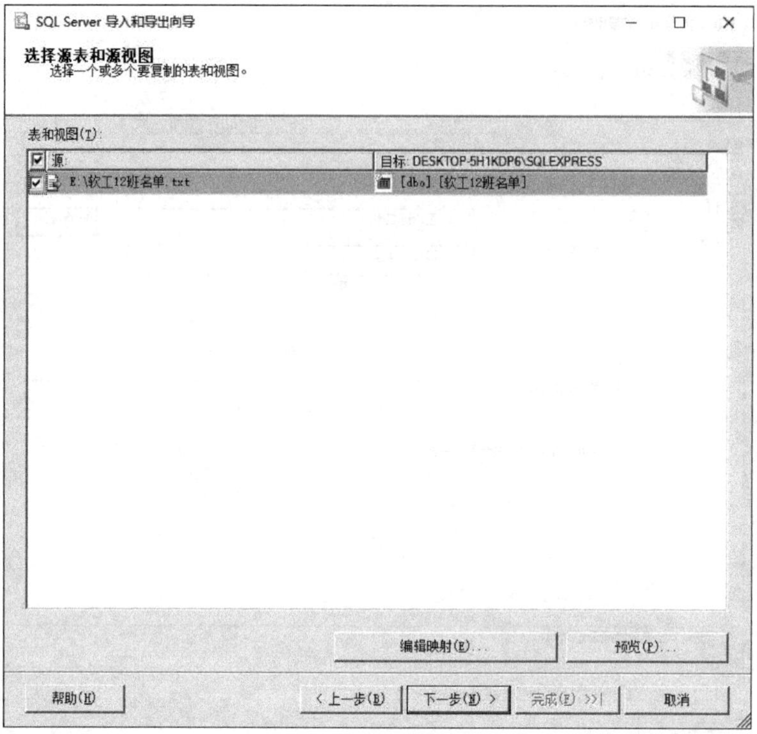


图 11.11 “选择源表和源视图”界面

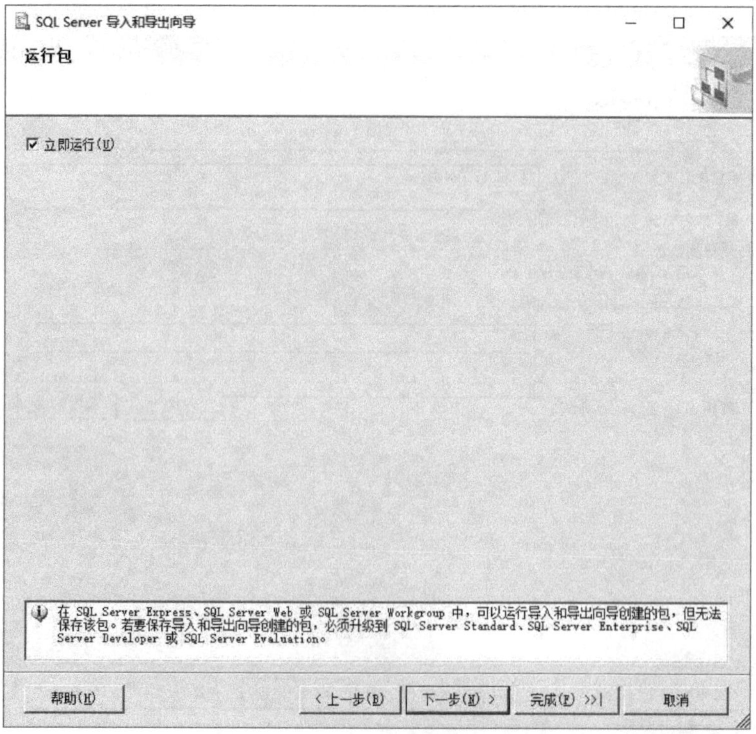


图 11.12 “运行包”界面

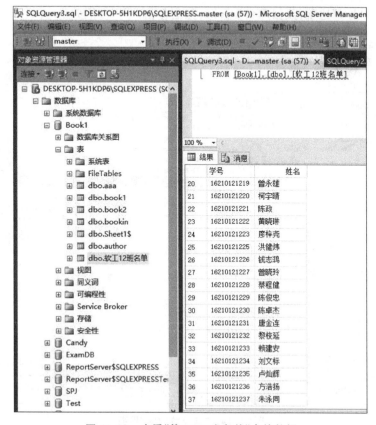

**图 11.13　查看"软工 12 班名单"表的数据**

# 11.3　导　出　数　据

SQL Server 2014 不仅可以将数据导入,而且可以将数据导出为其他的数据库、文本文件或 Excel 表格等。下面介绍将 SQL Server 2014 数据库中的数据分别导出为 Access 数据库和文本文件的过程。

## 11.3.1　导出数据至 Access

导出数据至 Access 的过程与将 Access 数据导入 SQL Server 数据库的过程相似,不同的是导入和导出的源和目标不同。将数据库导出到 Access,数据源是 SQL Server 数据库,目标是 Access。

现在计划将 SQL Server 2014 服务器上的 Book1 数据库导出到 Access 中。如果 Access 目标文件不存在,则需要先打开 Access,并建立一个空的 Access 数据库,为了保持一致,将其取名为 Book1.mdb。

（1）与 11.2 节导入数据的步骤一样,在快捷菜单中选择"任务"→"导出数据"命令,直接进入如图 11.14 所示的"选择数据源"界面,在其中选择"数据源"为"SQL Server

Native Client 11.0"选项,数据库为 Book1,然后单击"下一步"按钮。

图 11.14    "选择数据源"界面

(2) 在如图 11.15 所示的"选择目标"界面中,在"目标"下拉列表框中选择 Microsoft Access(Microsoft Jet Database Engine)选项,并单击"文件名"文本框右侧的"浏览"按钮,选择刚才在 Access 中建立的空数据库文件 Book1.mdb,然后单击"下一步"按钮。

(3) 在"选择源表和源视图"界面中选择要导出的数据表或视图,这里选择所有文件,如图 11.16 所示。

(4) 其他步骤与导入操作基本一致,根据向导提示就可完成将数据库导出到 Access 的整个操作。

(5) 最后可以打开 Book1.mdb 文件查看导出的数据,如图 11.17 所示。

## 11.3.2    导出数据至文本文件

导出数据至文本文件的过程与将文本文件的数据导入 SQL Server 数据库的过程一样,不同的是导入和导出的源和目标不同。将数据库导出到文本文件,数据源是 SQL Server 数据库,目标是平面文件源。

现在计划将 SQL Server 服务器上的 Book1 数据库中的数据表 author 导出到文本文件中。如果目标文件不存在,则需要先创建一个空的文本文件,为了保持一致,将其取名为 author.txt。

(1) 与 11.2 节导出的步骤一样,在图 11.14 中单击"下一步"按钮,在如图 11.18 所示的

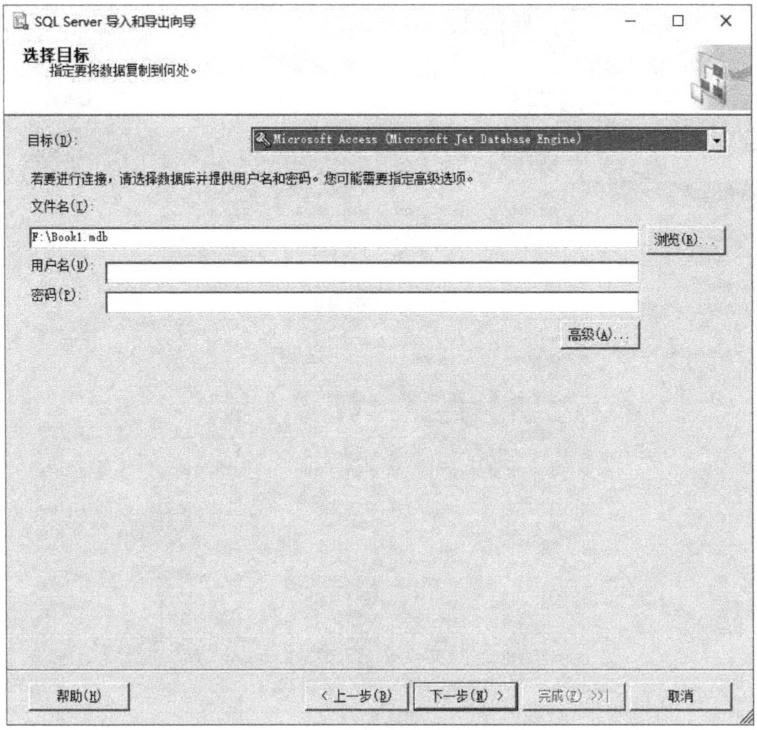


图 11.15 “选择目标”界面

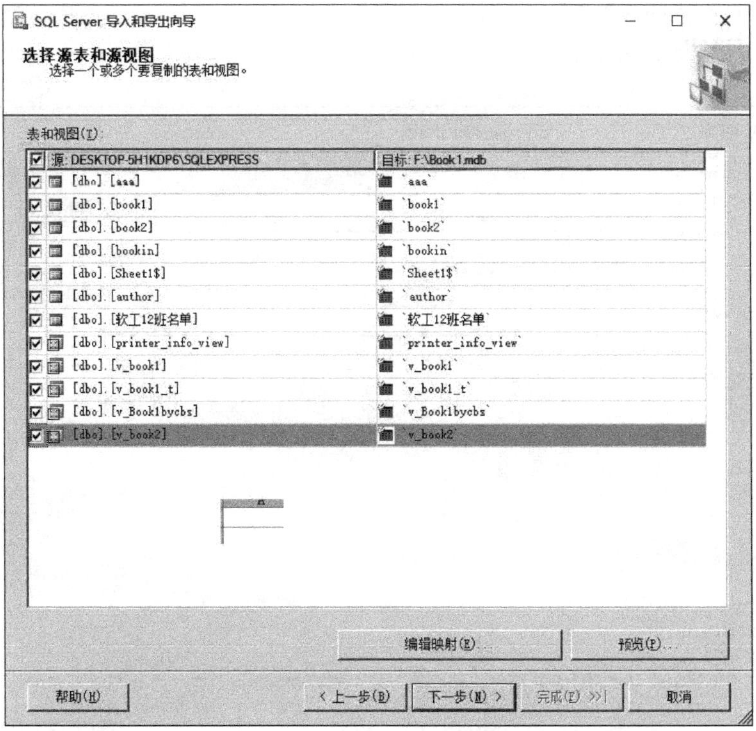


图 11.16 “选择源表和源视图”界面

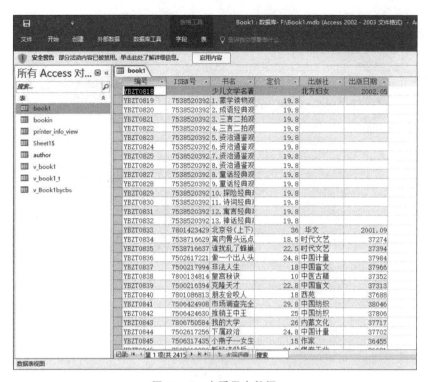

图 11.17 查看导出数据

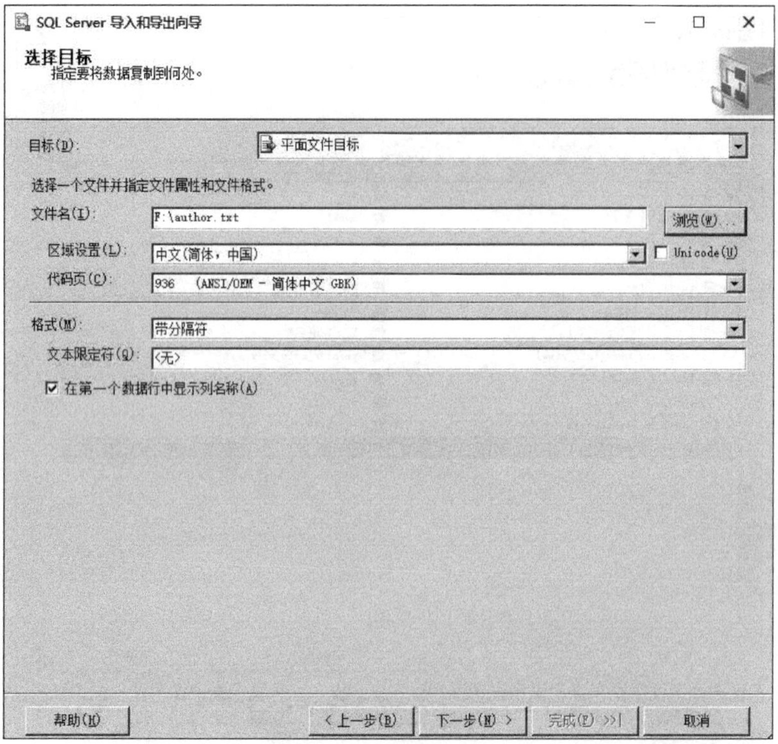

图 11.18 "选择目标"界面

"选择目标"界面中,选择"目标"下拉列表框中的"平面文件目标"选项,并单击"文件名"文本框右侧的"浏览"按钮,选择刚才建立的空文本文件 author.txt,然后单击"下一步"按钮。

（2）在"配置平面文件目标"界面中选择要导出的数据表或视图,如图 11.19 所示。

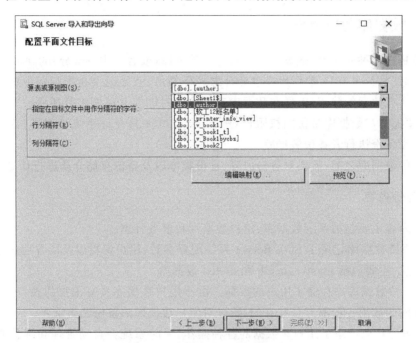

**图 11.19　"配置平面文件目标"界面**

（3）其他步骤与导入操作基本一致,可以根据向导提示完成将数据库导出到文本文件的整个操作。

（4）最后可以打开 author.txt 文件查看导出的数据,如图 11.20 所示。

**图 11.20　查看导出数据**

# 11.4 备份与还原

## 11.4.1 数据库备份概念

备份是在某种介质上(磁盘、磁带等)存储数据库(或者其中一部分)的副本。

对 SQL Server 2014 数据库或事务日志进行备份,就是记录在进行备份这一操作时数据库中所有数据的状态,以便在数据库遭到破坏时能够及时地将其还原。要执行备份操作,必须拥有对数据库备份的权限,SQL Server 2014 只允许系统管理员、数据库所有者和数据库备份执行者备份数据库。

在备份数据库之前,需要对备份内容、备份频率以及备份存储介质进行计划。

### 1. 备份内容

备份内容主要包括系统数据库、用户数据库和事务日志。

(1) 系统数据库记录了 SQL Server 系统配置参数、用户资料以及所有用户数据库等的重要信息,主要包括 master、msdb 和 model 数据库。

(2) 用户数据库中存储了用户的数据。由于用户数据库具有很强的独特性,即每个用户数据库的数据一般都有是独有的,所以对用户数据库的备份尤为重要。

(3) 事务日志记录了用户对数据的各种操作,平时系统会自动管理和维护所有的数据库事务日志。与数据库备份相比,事务日志备份所需要的时间较少,但是还原需要的时间较多。

### 2. 备份频率

数据库备份频率一般取决于修改数据库的频繁程度,一旦出现意外时损失的工作量的大小,还有出现意外时丢失数据的可能性大小。

一般来说,在正常使用阶段,对系统数据库的修改不会十分频繁,所以对系统数据库的备份也不需要十分频繁,只要在执行某些语句或存储过程导致 SQL Server 2014 对系统数据库进行了修改的时候备份即可。

当在用户数据库中执行了加入数据、创建索引等操作时,应该对用户数据库进行备份。此外,如果清除了事务日志,也应该备份数据库。

### 3. 备份存储介质

常用的备份存储介质包括硬盘、磁带和命令管道等。

备份应该按照需要定期进行,并进行有效的数据管理。SQL Server 2014 备份可以在数据库使用时进行,但是一般在非高峰活动时备份效率更高。

**注意**:备份是十分耗费时间和资源的操作,不能频繁进行。应该根据数据库的使用情况确定适当的备份周期。

## 11.4.2　数据库还原概念

备份可以防止数据库遭受破坏或出现介质失效或用户错误等问题。备份是还原数据库最容易和最有效的方法。没有备份，所有的数据都可能会丢失，而且将造成不可挽回的损失，这时就不得不从头重建数据；有了备份，万一数据库被损坏，就可以使用备份来还原数据库。还原数据库是一个装载数据库的备份，然后应用事务日志重建数据库的过程。应用事务日志之后，数据库就会恢复到最后一次事务日志备份之前的状况。在数据库备份之前，应该检查数据库中数据的一致性，这样才能保证顺利地还原数据库。在数据库的还原过程中，用户不能进入数据库。当数据库被还原后，数据库中的所有数据都被替换掉。

如果数据库做过完全备份和事务日志备份，那么还原它是很容易的。如果数据库保持着连续的事务日志，就能快速地重新构造和建立数据库。在还原一个失效的数据库之前，调查失效背后的原因是很重要的。如果数据库的损坏是由介质失效引起的，那么就需要替换失效的介质；如果是由于用户的问题引起的，那么就需要针对发生的问题和今后如何避免采取相应的对策。还原数据库是一个装载最近备份的数据库和应用事务日志来重建数据库，使其恢复到失效点之前的状态的过程。定点还原可以把数据库还原到一个确定的时间点，这种还原仅适用于事务日志备份。当还原事务日志备份时，必须按照它们生成的顺序还原。

## 11.4.3　数据库备份方式

SQL Server 2014 对要备份的内容提供了 4 种备份方式。

### 1. 数据库完全备份

数据库完全备份（database-complete backup）是对整个数据库进行备份，将备份内容复制到一个文件中。

### 2. 数据库增量备份

数据库增量备份（database-differential backup，也称差异备份）包含了自上次数据库完全备份以来数据库中所有变化的内容。

### 3. 事务日志备份

事务日志备份（transaction log backup）包含事务日志的副本，即数据库中所发生的每个数据改动前后的映像。

### 4. 数据库文件和文件组备份

数据库文件和文件组备份（database file and filegroup backup）是针对某个文件或文件组的备份。

### 11.4.4　数据库还原方式

还原方式依赖于数据库备份方式。通常，首先还原最近的数据库完全备份，然后还原事务日志备份或数据库增量备份。

**1. 完全还原方式**

完全还原方式使用数据库备份和事务日志备份将数据库还原到失效点或特定时间点。为保证完全还原，包括大容量操作（如 SELECT INTO、CREATE INDEX 和大容量装载数据）在内的所有操作都将被完整地记入日志。由于这种方式可以还原到任意时间点，数据文件的丢失和损坏不会导致工作损失。但是如果事务日志（此项十分重要）损坏，则必须重新做最新的事务日志备份后对数据库进行的修改。

**2. 简单还原方式**

简单还原方式将数据库还原到上次备份的时间点，但是无法将数据库还原到失效点或指定的时间点。这种方式常用于还原最新的数据库完全备份和差异备份。这种方式允许高性能、大容量复制操作，可以回收日志空间，但是必须重组最新的数据库或者重新执行差异备份后的更改。

**3. 大容量日志记录还原方式**

大容量日志记录还原方式为某些大规模或大容量复制操作提供了最佳和最少的日志使用空间。这种方式与完全还原方式类似，必须十分注意保护事务日志记录。当日志备份包括大容量操作时，大容量日志记录还原方式只允许将数据库还原到事务日志备份的结尾处。这种方式不支持指定时间点还原。这种方式节省日志空间。但是，如果日志损坏或者日志备份后发生了大容量操作，则必须重做自上次备份后所进行的更改。

### 11.4.5　备份操作

**1. 在对象资源管理器中备份数据库**

【**例 11.1**】　在对象资源管理器中创建 Book1 数据库备份。

（1）选择 Book1 数据库。

（2）右击 Book1 数据库，在弹出的快捷菜单中选择"任务"命令，然后选择"备份"命令，弹出"备份数据库 - Book1"对话框，如图 11.21 所示。

（3）在"数据库"下拉列表框中选择 Book1 数据库作为准备备份的数据库。在"备份类型"下拉列表框中选择需要的类型，这是第一次备份，应选择"完整"选项。

（4）在"备份到"下拉列表框中选择"磁盘"。单击"添加"按钮，选择备份目标，如图 11.22 所示。

（5）单击"备份数据库 - Book1"对话框左边的"介质选项"，如图 11.23 所示，在"备份到现有介质集"选项下选中"追加到现有备份集"单选按钮。

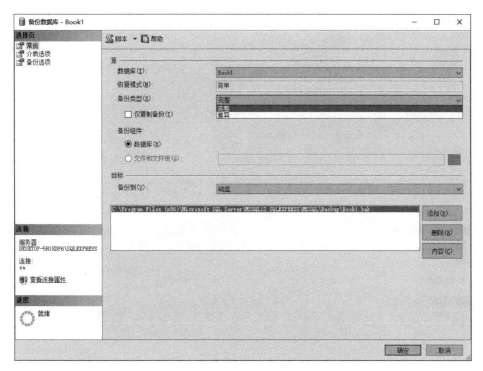

**图 11.21　"备份数据库 - Book1"对话框**

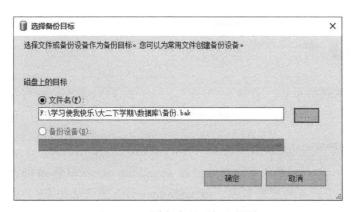

**图 11.22　"选择备份目标"对话框**

　　"备份到现有介质集"有两个选项："追加到现有备份集"和"覆盖所有现有备份集"。其中，"追加到现有备份集"是介质上以前的内容保持不变，新的备份在介质中上次备份的结尾处写入；"覆盖所有现有备份集"是重写介质中任何现有的备份。备份介质的现有内容被新备份覆盖。

　　单击"确定"按钮，备份完成，如图 11.24 所示。

**2. 使用 Transact-SQL 语句备份数据库**

备份数据库语法如下：

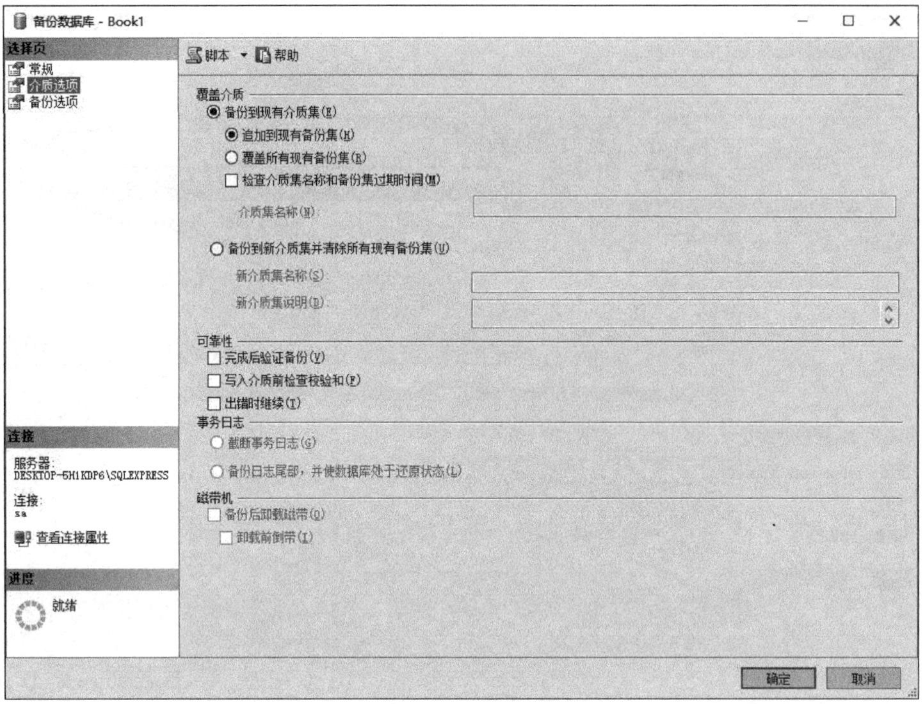

图 11.23　设置介质选项

图 11.24　备份完成

```
BACKUP DATABASE database_name TO backup_device
```

其中，backup_device 是由系统存储过程 sp_addumpdevice(将备份设备添加到 SQL Server)创建的备份设备的逻辑名称。sp_addumpdevice 的语法如下：

```
sp_addumpdevice 'device_type','logical_name','physical_name'
```

其中：

- device_type：备份设备的类型，如果是以硬盘作为备份设备，则为 disk。
- logical_name：备份设备的逻辑名称。
- physical_name：备份设备的物理名称，必须包括完整的路径。

一般先使用 sp_addumpdevice 创建备份设备，然后再使用 BACKUP　DATABASE 备份数据库。

**【例 11.2】**　使用 BACKUP DATABASE 创建 Book1 数据库的完整备份。将数据库备份到名为 Book1_bak2 的逻辑备份设备上(物理文件为 d：\Book1_bak2.bak)。

在 SQL Server Management Studio 查询窗口中运行以下代码：

```
--使用 sp_addumpdevice 创建数据库备份设备
USE master
GO
EXEC sp_addumpdevice 'disk','Book1_bak2','d:\Book1_bak2'
--使用 BACKUP DATABASE 备份数据库
BACKUP DATABASE Book1 TO Book1_bak2
```

运行结果如图 11.25 所示，备份成功。

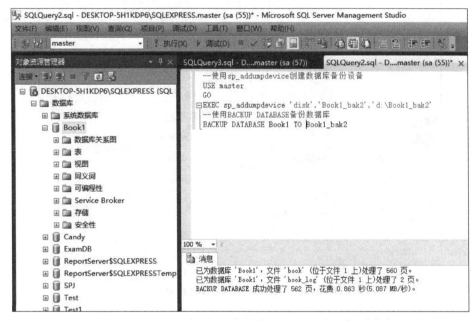

**图 11.25　备份数据库**

### 3. 使用对象资源管理器备份事务日志

事务日志是对数据库执行的所有事务的一系列记录。可以使用事务日志备份将数据库恢复到特定的时间点或失效点。

一般情况下，事务日志备份比数据库备份使用的资源少，因此可以比数据库备份更经常地创建事务日志备份。

当数据库失效恢复模型为完全恢复模型和大容量日志记录恢复模型时才能使用事务日志备份。SQL Server 2014 中数据库恢复模型有以下 3 种：

（1）简单恢复：将数据库恢复到最新的备份。

（2）完全恢复：将数据库恢复到失效点前的状态。

（3）大容量日志记录恢复：允许大容量日志记录操作。

【例 11.3】　在对象资源管理器中设置数据库的失效还原模型。

（1）选择 Book1 数据库。

（2）右击 Book1 数据库，在弹出的快捷菜单中选择"属性"命令，在"数据库属性-Book1"对话框中选择"选项"选项卡，如图 11.26 所示。

**图 11.26　"数据库属性 - Book1"对话框**

（3）在"恢复模式"下拉列表框中选择需要的恢复模式，这里选择"完整"选项。

（4）单击"确定"按钮完成属性设置，也可以在该对话框中查看和修改其他属性。

【例 11.4】　使用对象资源管理器创建 Book1 事务日志备份。

（1）选择 Book1 数据库。

（2）右击 Book1 数据库，在弹出的快捷菜单中选择"任务"命令，然后选择"备份"命令，弹出"备份数据库 - Book1"对话框，如图 11.27 所示。

（3）在"数据库"下拉列表框中选择 Book1 数据库作为准备备份的数据库。在"备份类型"下拉列表框中选择"事务日志"选项，弹出"选择备份目标"对话框，在"文件名"文本框中输入备份的日志名称，也可以单击"文件名"文本框右侧的"…"按钮，选择备份路径，并输入名称，如图 11.28 所示。

（4）在"说明"文本框中输入对备份集的描述。默认没有任何描述，这里也不再描述。

（5）选择左边的"选项"选项，选中"追加到现有备份集"单选按钮。

（6）单击"确定"按钮，返回"备份数据库 - Book1"对话框。

（7）再次单击"确定"按钮完成本例。

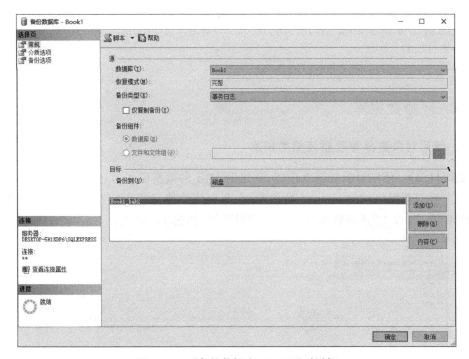

**图 11.27** "备份数据库 - Book1"对话框

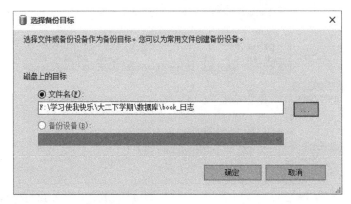

**图 11.28** "选择备份目标"对话框

### 4. 使用 Transact_SQL 语句备份事务日志

备份事务日志语法如下:

```
BACKUP LOG database_name TO backup_device
```

【**例 11.5**】 使用 BACKUP LOG 创建 Book1 数据库事务日志的完整备份。将事务日志备份到名为 Book1_Log_Bak2(物理文件为 D:\Book1_Log_Bak2)的文件中。

在 SQL Server Management Studio 查询窗口中运行以下代码:

```
--创建日志备份设备
```

```
USE Book1
EXEC sp_addumpdevice 'disk','Book1_Log_Bak2',' D:\Book1_Log_Bak2'
--备份日志
BACKUP LOG Book1 TO Book1_Log_Bak2
```

### 11.4.6 还原数据库

#### 1. 使用对象资源管理器还原数据库

【例 11.6】 使用对象资源管理器,利用例 11.1 的数据库备份还原数据库。

(1) 展开数据库,右击 Book1 数据库,在弹出的快捷菜单中选择"任务"→"还原"→"数据库"命令,弹出"还原数据库 - Book1"对话框,如图 11.29 所示。

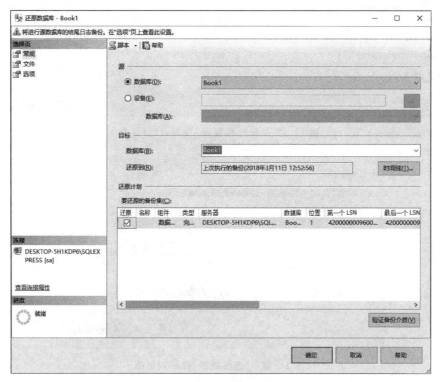

**图 11.29 "还原数据库 - Book1"对话框**

(2) 在图 11.29 中选择左边的"选项"选项,如图 11.30 所示。

(3) 在"还原选项"选项区域中,选择需要的选项。在"恢复状态"下拉列表框中选择需要的状态。

#### 2. 使用 Transact-SQL 语句还原数据库

还原整个数据库的语法如下:

```
RESTORE  DATABASE  database_name FROM  backup_device
```

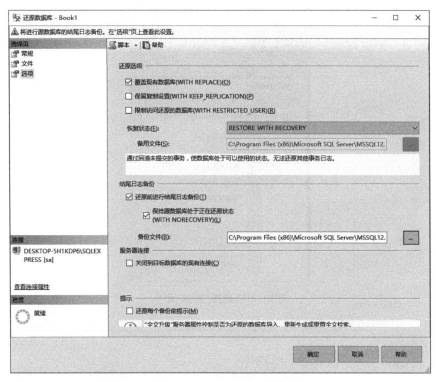

图 11.30　设置还原选项

```
[WITH MOVE 'logical_file_name' TO 'operating_system_file_name']
```

【**例 11.7**】　使用 RESTORE DATABASE 语句,利用例 11.2 的数据库备份还原数据库。

在 SQL Server Management Studio 查询窗口中运行以下代码:

```
USE master
GO
RESTORE DATABASE Book1 FROM DISK='d:\Book1_bak2'
```

## 11.5　附加数据库

如果硬盘上有一个数据库文件,想把它添加到 SQL Server 2014 服务器中,这时就需要用到 SQL Server 2014 服务器提供的附加数据库功能。

现在假设磁盘上有 Book1 数据库文件,而 SQL Server 2014 服务器中没有这个数据库,可以通过附加的方式把 Book1 数据库附加到 SQL Server 2014 服务器中。

(1) 在"对象资源管理器"面板中展开服务器,选中"数据库"并右击,如图 11.31 所示。

(2) 在弹出的快捷菜单中选择"附加"命令,进入如图 11.32 所示的"附加数据库"对话框。

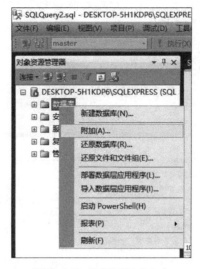

**图 11.31　选择"附加"命令**

**图 11.32　"附加数据库"对话框**

（3）单击"添加"按钮，进入如图 11.33 所示的对话框，选择数据库文件 Book1 所在的路径。

**图 11.33　选择数据库文件 Book1 所在的路径**

（4）单击"确定"按钮完成数据库的附加。

**说明**：此操作选择了数据库 Book1 文件，由于在 SQL Server 2014 服务器中已有同名的数据库，所以在最后单击"确定"按钮时，会提示相关错误信息。在实际中只需附加其他名称的数据库文件即可。

<h1 style="text-align:center">本 章 实 训</h1>

### 1. 实训目的

（1）了解导入和导出的作用。

（2）了解备份设备的作用。

（3）学会从 SQL Server 2014 数据库中导出数据。

（4）学会将数据导入 SQL Server 2014 数据库。

（5）学会数据库备份与还原的操作方法。

### 2. 实训内容和步骤

（1）使用导入和导出功能，将 Book1 数据库中 book2 表的数据以文本文件的形式导出。

（2）使用导入和导出功能，将下列查询语句的结果导入新表 Book1money 中。

```
USE Book1
SELECT 书名,定价,出版社
FROM book1
WHERE 定价>50 AND 定价<55
```

（3）使用导入和导出功能，将 Book1 数据库中 Book1money 表导出为 Access 数据库文件。

**说明**：应该先建立一个名为 Book1money 的 Access 类型的文件。

（4）分别使用对象资源管理器和查询窗口为数据库 Book1 做一次数据库完全备份，代码部分如下：

```
--使用 sp_addumpdevice 创建数据库备份设备
USE master
GO
EXEC _____ 'disk','book1_bak2','d:\book1_bak2'
--使用 BACKUP DATABASE 备份数据库
_____ DATABASE Book1 TO book1_bak2


--创建日志备份设备
USE Book1
EXEC sp_addumpdevice 'disk','book1_Log_Bak2',' D:\book1_Log_Bak2'
--备份日志
BACKUP _____ Book1 TO book1_Log_Bak2
```

（5）为数据库 Book1 建立完全备份后，在数据库 Book1 中建立两个新表——new1 和 new2，然后利用对象资源管理器分别进行差异备份。接着向这两个表中输入数据，再利用对象资料管理器先后进行两次日志备份。

（6）查看有关备份的信息，在查询分析器中运行下面的代码：

```
RESTORE headeronly FROM book1_bak2
```

记录结果。

可以查看 book1_bak2 中原来的数据库和事务日志的文件信息。

再在查询分析器中运行下面的代码：

```
RESTORE filelistonly FROM book1_bak2
```

然后对比上面两个结果的差异。

（7）删除 Book1 数据库，然后再次将其还原。

```
RESTORE DATABASE Book1 FROM book1_bak2
RESTORE LOG Book1 FROM book1_Log_Bak2
```

（8）再次删除 Book1 数据库，用附加方式把 book1_bak2 附加到 SQL Server 2014 服务器中。具体操作可参照 11.5 节。

**3. 实训总结与体会**

结合操作的具体情况写出总结。

# 习　　题

## 一、简答题

1. 什么是备份？用 SQL 语句进行备份要经过哪几个步骤？

2. SQL Server 2014 数据库备份有几种方法？比较各种数据库备份方法的异同。

3. 什么是事务日志备份？

4. 什么是增量备份？

5. 当还原数据的时候，用户可以使用正在还原的数据库吗？

6. SQL Server 2014 中数据库的 3 种还原方法有什么区别？

## 二、操作题

1. 备份 Book1 数据库。

2. 利用上题建立的数据库备份恢复 Book1。

3. 将 book1 表从 Book1 数据库中导出到一个文本文件中。

4. 建立一个文本文件，其内容是几个作者的信息，然后将这些数据从文本文件导入数据库 Book1 中的 author 表中。

# 第 12 章 chapter 12

# SQL Server 2014 编程接口

**教学提示**：桌面是计算机与用户交互的图形化界面。桌面程序设计通常使用程序设计语言作为前台，与后台的数据库进行连接，通过桌面用户调用包括数据库在内的各种资源，完成管理信息系统的应用。本章将讨论通过 ODBC 访问 SQL Server 数据库，以及通过 Excel、Visual Basic 应用程序和程序设计语言对数据库中的数据对象进行操作处理的方法。

**教学目标**：通过本章的学习，要求读者能理解和配置 ODBC，熟练掌握配置 Excel、Visual Basic 访问 SQL Server 2014 的基本操作。

本章将详细介绍通过 ODBC 访问 SQL Server 数据库的基本方法。

## 12.1 通过 ODBC 访问 SQL Server 2014 数据库

### 12.1.1 ODBC 的概述

ODBC(Open Database Connectivity，开放数据库连接)是一种强大而灵活的数据库访问标准，通过一组标准的函数调用(API)来实现数据库访问。ODBC 虽然可以使用一个 ODBC 应用程序来访问本地 PC 数据库上的数据，但是，它主要用于访问在多操作系统平台上的数据库。ODBC API 是独立于数据库的，表面上它由一组函数调用组成，但是 ODBC 的核心是 SQL 语句。ODBC 函数的主要功能是将 SQL 语句发送到目标数据库中，然后处理这些 SQL 语句产生的结果。

**1. ODBC 组件**

ODBC 使用的分层体系结构包括 ODBC 应用程序、驱动程序管理器、ODBC 驱动程序和数据源。为了有助于理解应用程序如何关联 ODBC 体系结构，下面分别对它们加以介绍。

1) ODBC 应用程序

ODBC 应用程序是一种使用 Visual Basic、Visual C++ 或者其他 PC 开发平台编写的应用程序。它与 ODBC 驱动程序管理器(ODBC32.DLL)静态或动态地连接，且调用由

ODBC 驱动程序管理器提供的 ODBC API 函数。

2) ODBC 驱动程序管理器

因为 ODBC 应用程序不能够直接调用 ODBC 驱动程序,只能调用包含在 ODBC 驱动程序管理器中的函数,而 ODBC 驱动程序管理器可以调用相应的 ODBC 驱动程序。这样,ODBC 函数无论是连接到 SQL Server 数据库,还是连接到其他某个数据库平台,总是按照同一种方式被调用。

驱动程序管理器负责把相应的 ODBC 驱动程序加载到内存中,并将随后的请求传送给正确的 ODBC 驱动程序。在加载过程中,ODBC 驱动程序管理器会建立一个指向ODBC 驱动程序的函数的指针表,并且使用一个称为连接句柄的标识符来确认加载的各个函数指针。

3) ODBC 驱动程序

ODBC 驱动程序负责把 SQL 请求发送到关系数据库管理系统(RDBMS)中,且把发送结果返回给 ODBC 驱动程序管理器,然后,由驱动程序管理器把这些请求传送给客户端应用程序。

每一种兼容 ODBC 的数据库都有自己的 ODBC 驱动程序,且该驱动程序只能与该数据库本身进行通信,不能用它访问其他的数据库。例如,SQL Server ODBC 驱动程序只能访问 SQL Server 数据库,不能访问 Oracle 数据库;而 Oracle ODBC 驱动程序只能访问Oracle 数据库,不能用来访问 SQL Server 数据库。

4) 数据源

顾名思义,数据源就是要访问的数据库。如果要访问一个数据库,必须首先定义一个数据源。一般来说,可使用 ODBC 数据源管理器来创建数据源,然后,使用用户创建的名称关联一个目标关系型数据库和 ODBC 驱动程序,以便用户使用有意义的数据源名称来访问数据库。

当 ODBC 应用程序第一次连接到一个目标数据库时,它会把数据源名称传送到ODBC 驱动程序管理器中。然后,ODBC 驱动程序管理器使用数据源来确定要加载哪一个 ODBC 驱动程序。通过 ODBC,用户可以选择需要创建的数据源类型:用户 DSN(Data Source Name,数据源名)、系统 DSN 或文件 DSN。系统 DSN 允许所有的用户登录到特定的服务器去访问数据库,可以用于系统中的全部用户,如果要定义的数据源是要面向所有用户的,应选择"系统 DSN"选项。用户 DSN 使用适当的安全身份验证来限制特定用户到数据库的连接,对于每个用户来说,它都是唯一的。文件 DSN 用于从文本文件中获取数据,提供多用户访问功能。

**2. 配置 ODBC 数据源**

在使用 ODBC 之前,必须安装 ODBC 驱动程序,然后再配置一个数据源。数据库驱动程序使用 DSN 来定位特定的 ODBC 兼容数据库,将信息从应用程序传递给数据库。通常情况下,DSN 包含数据库配置、用户安全性和定位信息,且可以获取 Windows NT注册表或文本文件的表格。

1) ODBC 数据源名

数据源名是为要访问的数据库指定的名字。通常情况下,如果要连接到一个数据库上,则必须发送一组参数来获得该连接。在每次要连接一个数据库时,反复地发送这些信息很麻烦,因为这些信息是永远不改变的。因此,DSN 最适合用来解决这个问题。通过使用 DSN,可以把所有的信息都存放在一个地方,通常可以给该信息起一个名字,即数据源名。然后,在连接数据库时,就不用再去一遍遍地说明它们,只需要使用 DSN 就可以,它会自动获得所有的信息。

在 Windows 操作平台下,最常见的数据库访问方法是通过 ODBC 访问数据库,它是访问数据库的一种通用方法,可以在 ODBC 数据源管理器中建立与各种数据库连接的数据源,以后各种编程语言都可以通过这个数据源访问数据库。

2) SQL Server 数据库系统 DSN 的配置

SQL Server 数据库系统 DSN 的配置步骤如下:

(1) 选择"我的电脑"→"控制面板"→"管理工具"→"数据源(ODBC)"命令,弹出"ODBC 数据源管理程序"对话框,在该对话框中可以添加、删除、配置各种连接后台数据库的 ODBC 数据源,如图 12.1 所示。

**图 12.1   "ODBC 数据源管理程序"对话框**

(2) 选择"系统 DSN"选项卡,如图 12.2 所示,单击"添加"按钮。

(3) 在弹出的如图 12.3 所示的"创建新数据源"对话框中,在"选择您想为其安装数据源的驱动程序"列表框里选择 SQL Server 选项,这是微软公司为 SQL Server 数据库提供的标准 ODBC 驱动程序,单击"完成"按钮,进入下一步。

(4) 弹出如图 12.4 所示的对话框,在"名称"文本框中输入 sqllink,在"描述"文本框

图 12.2 "系统 DSN"选项卡

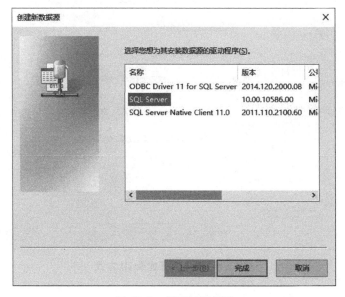

图 12.3 创建新数据源

中输入"sql 连接",在"服务器"下拉列表框中选择本系统登录时的服务器名,这里 DESKTOP-5H1KDP6\SQLEXPRESS 的服务器名是指本地服务器名,当然也可以是远程 SQL Server 服务器名或 IP 地址。单击"下一步"按钮,进入如图 12.5 所示的界面。

（5）这时,SQL Server 将确定应该如何验证登录 ID 的真伪。根据需要选择不同的

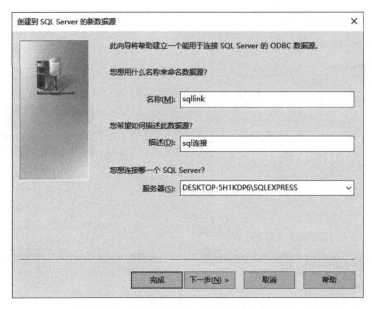

图 12.4 创建 SQL Server 的 ODBC 数据源

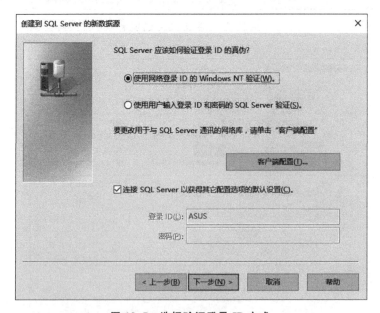

图 12.5 选择验证登录 ID 方式

验证方式,如图 12.5 所示。

(6) 单击"下一步"按钮,进入如图 12.6 所示的界面。在此可根据需要更改默认数据库的名称,或者添加附加数据库文件名等。例如,选中"更改默认的数据库为"复选框,并在下面的下拉列表框中选择 book 选项,然后单击"下一步"按钮,进入如图 12.7 所示的界面。

(7) 单击"完成"按钮,弹出"ODBC Microsoft SQL Server 安装"对话框,如图 12.8

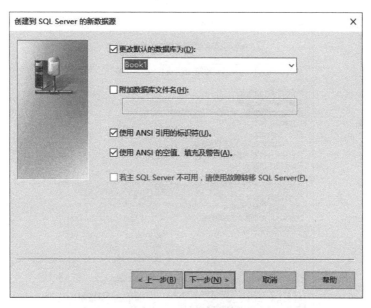

**图 12.6 选择数据库名**

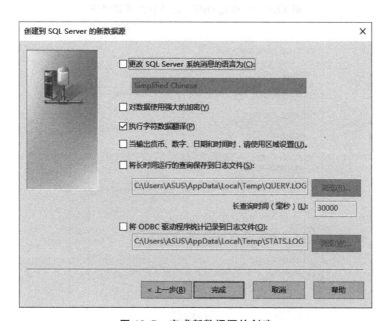

**图 12.7 完成新数据源的创建**

所示。在该对话框中,将会显示配置创建的 ODBC 数据源的情况,单击"确定"按钮,完成创建 SQL Server 数据源的操作。单击"测试数据源"按钮,如果 DSN 创建成功,则在"SQL Server ODBC 数据源测试"对话框中将会显示测试成功的消息,如图 12.9 所示。如果 DSN 创建不成功,将会显示测试失败信息以及失败的原因,可返回前面的步骤进行修改。

(8) 在图 12.10 所示的"系统 DSN"选项卡中出现了刚才已建立好的数据库

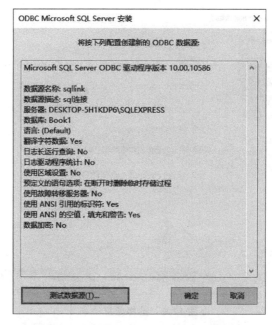

**图 12.8　创建的 ODBC 数据源的配置情况**

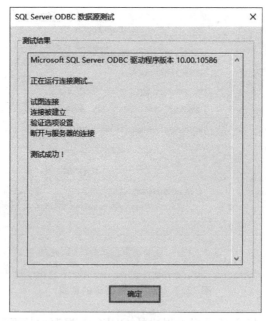

**图 12.9　数据源测试结果**

(sqllink)。单击"确定"按钮，即完成了 DSN 配置的所有步骤。

　　**注意**：在配置 ODBC 数据源以前，请确定数据库已建立。如果是配置 SQL Server 数据源，还要确定 SQL Server 处于运行状态。

图 12.10　"系统 DNS"选项卡

## 12.1.2　通过 Excel 访问 SQL Server 数据库

在日常工作中,可能会需要将 Excel 文件中的数据和 SQL Server 2014 数据库中的数据互导,以实现对实时数据的操作。例如,将 SQL Server 2014 信息系统中的数据导出来,并在此基础上利用 Excel 对其进行分析整理。下面介绍利用 ODBC 将 SQL Server 2014 数据导入到 Excel 文件中的方法。

利用 ODBC 实现动态数据交换的前提条件很简单,只需要先在本机上安装微软公司 Office 软件中的 Excel 软件,然后根据需要运行 SQL Server 文件,其具体步骤如下:

(1) 配置 ODBC 数据源。在"控制面板"窗口中,选择"ODBC 数据源 32 位或者 ODBC 数据源 64 位",选择"用户 DNS"→"添加"→ODBC Driver 11 for SQL Server,单击 "完成"按钮,出现"创建 SQL Server 的新数据源"对话框。数据源名称为 sqllink,说明为 SQL 连接,服务器为本机。之后的操作如图 12.5 所示。

(2) 打开 Excel 软件,新建一个空白文档,单击"数据",在右上角单击"导入数据",弹出如图 12.11 所示的对话框。

(3) 在该对话框中,选择 ODBC DSN 单选按钮,会出现如图 12.12 所示的对话框,选择前面已设置好的数据源 sqllink,单击"确定"按钮,就会返回如图 12.11 所示的对话框,只是 "手工输入连接语句"文本框中会多了一些内容。单击"下一步"按钮,进入如图 12.13 所示的界面。

(4) 在"数据库名"下拉列表框中选择名为 Book1 的数据库,在"表名"下拉列表框中

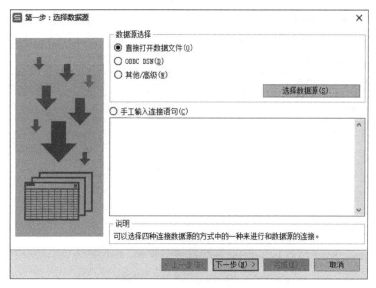

图 12.11　选择数据源

图 12.12　"数据连接向导"对话框

选择名为 book1 的表,再将"可用的字段"列表中的内容转移到"选定的字段"列表中,如图 12.14 所示。

（5）单击"下一步"按钮,进入"数据筛选与排序"界面,如图 12.15 所示,可以筛选数据以指定查询结果所包含的行。如果不需要筛选数据,直接单击"下一步"按钮,进入"预览"界面。

（6）在如图 12.16 所示的"预览"界面中,单击"完成"按钮,出现如图 12.17 所示的对话框。

（7）单击"确定"按钮,即可以从 SQL Server 中将 book1 表中的数据导入到 Excel 表中,如图 12.18 所示。

（8）在图 12.18 右上角,选中"编辑查询"单选按钮,会弹出编辑查询窗口。此时,可以根据实际需要选择需导出的数据,写入 SQL 语句,例如 SELECT ＊ FROM book1

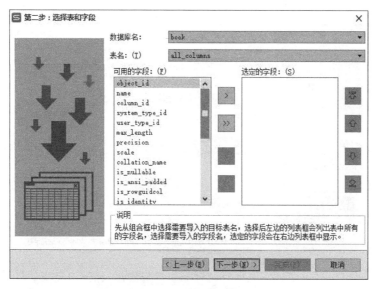

**图 12.13　选择表和字段**

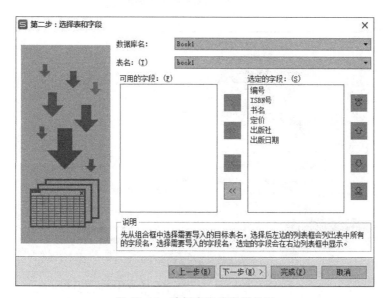

**图 12.14　选择表和字段的结果**

WHERE 定价＞＄1000，单击"确定"按钮，如图 12.19 所示。

### 12.1.3　通过 Visual Basic 访问 SQL Server 数据库

Visual Basic＋SQL Server 2014 数据库应用是基于 C/S 模式的应用，其典型的应用开发环境如下：

（1）在数据库服务器上安装 SQL Server 数据库。

（2）在应用客户机上安装连接端和利用 Visual Basic 开发后的可执行程序。

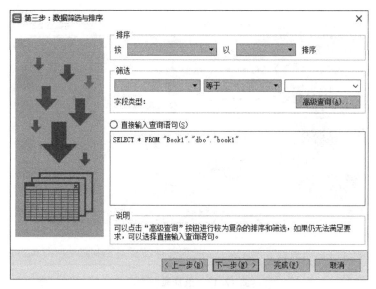

图 12.15　数据筛选与排序

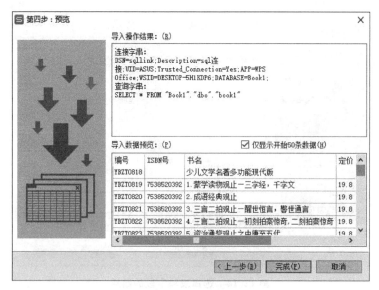

图 12.16　预览

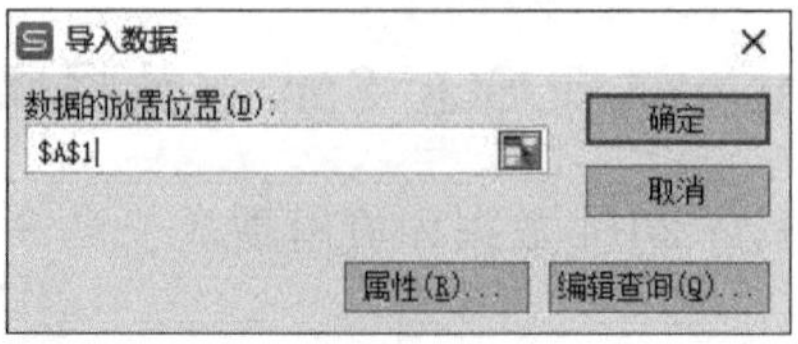

图 12.17　导入数据

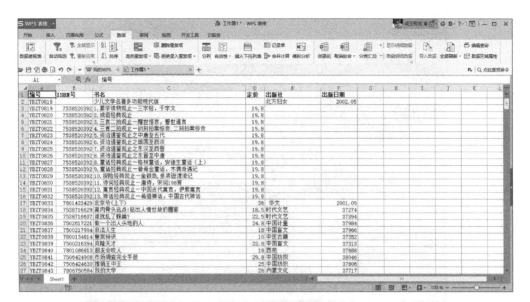

图 12.18　显示表数据

图 12.19　实时数据的查询

（3）在开发机上安装 Visual Basic 和 SQL Server 管理端。

Visual Basic 在可视化设计领域有着非常广泛的应用，它界面友好，功能强大，并且还提供数据库管理器、数据控件、远程数据控件以及数据访问对象等众多功能强大的工具。有了这些工具的帮助，开发一个数据库应用程序将变得更加轻松。下面介绍如何通过 ODBC 将 Visual Basic 6.0 连接到 SQL Server 数据库上。

### 1. 利用 Visual Basic 6.0 可视化数据管理器访问数据库

（1）在 Visual Basic 6.0 的菜单栏中，选择"外挂程序"→"可视化数据管理器"命令，如图 12.20 所示。

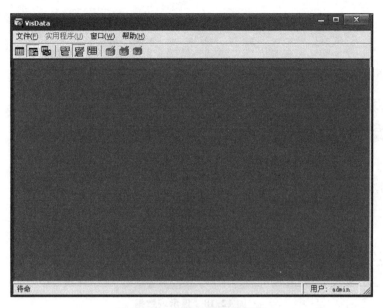

图 12.20　可视化数据管理器

（2）出现如图 12.21 所示的 VisData 界面，在菜单栏中，选择"文件"→"打开数据库"→ODBC 命令。

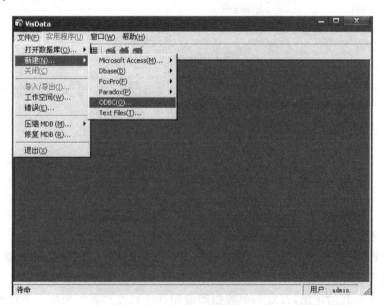

图 12.21　打开数据库 ODBC

（3）弹出如图 12.22 所示的"ODBC 登录"对话框，在 DSN 下拉列表框中选择已建好的数据源 sqllink，在本书中 UID 和"密码"都没有，文本框中默认为空，在"数据库"文本框中输入 book，最后单击"确定"按钮，即完成了 Visual Basic 6.0 与 SQL Server 数据库的连接。

图 12.22 "ODBC 登录"对话框

（4）弹出如图 12.23 所示的"VisData：sqllink. book"界面，在"数据库窗口"中选择某个表，会弹出对应表的编辑窗口。

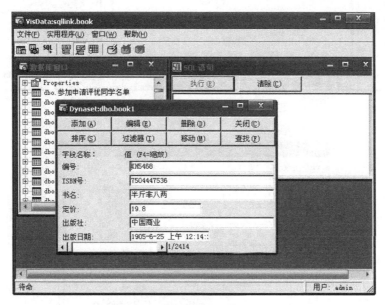

图 12.23 选择表

### 2. 利用 Visual Basic 控件开发数据库应用程序

下面介绍一个对书的信息表（book1）的记录进行定位操作的 Visual Basic 程序实例。

（1）进入 Visual Basic 6.0，在菜单栏中选择"文件"→"新建工程"命令，把窗体标题改为"图书基本信息"，保存表单文件和工程文件，如图 12.24 所示。

（2）在菜单栏中选择"工程"→"部件"命令，将需要的数据库控件添加进来，如图 12.25 所示，选中"控件"选项卡，在下拉列表框里选中 Microsoft ADO Data Control 6.0（OLEDB）复选框，单击"确定"按钮。

（3）选中 General 工具箱里出现的 ADODC 控件，在表单任意位置按住鼠标左键拖动出一个区域，出现 ADODC 控件。在该控件上右击，在弹出的快捷菜单里选择"ADODC 属性"命令，如图 12.26 所示。

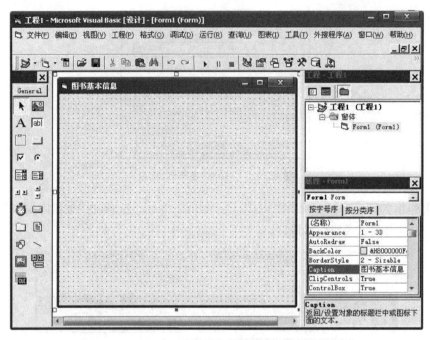

图 12.24　Visual Basic 程序设计界面

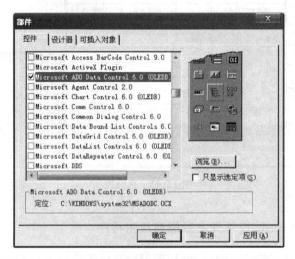

图 12.25　添加 Microsoft ADO Data Control 6.0（OLEDB）控件

（4）弹出如图 12.27 所示的"属性页"对话框,在"通用"选项卡里有 3 种指定数据库的方式。选中"使用 ODBC 数据资源名称"单选按钮,在下拉列表框里选择前面建立的名为 sqllink 的数据源。

（5）"身份验证"选项卡中的"用户名称"和"密码"文本框里均为空,如图 12.28 所示。

（6）选择"记录源"选项卡,在"命令类型"下拉列表框中有 4 种选项,选中"2 - adCmdTable"选项,与数据库连接。连接成功后,在"表或存储过程名称"下拉列表框里会出现该用户账户下的数据表,从中选择 book1 选项,设置完毕后单击"确定"按钮,如

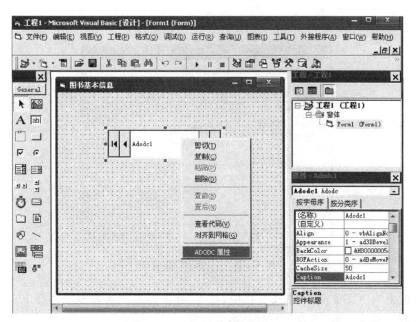

**图 12.26　ADODC 控件的操作**

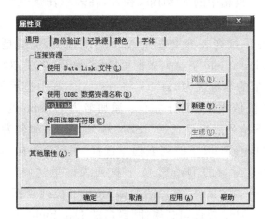

**图 12.27　"属性页"对话框**

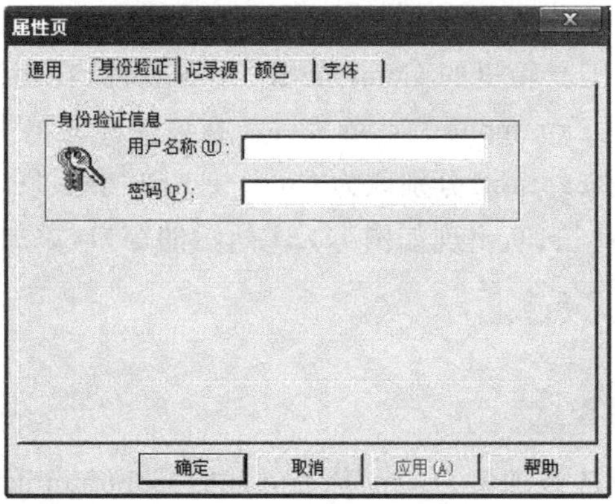

**图 12.28　"身份验证"选项卡**

图 12.29 所示。

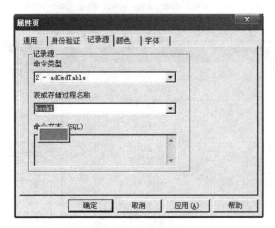

**图 12.29 "记录源"选项卡**

(7) 选中 ADODC 控件,在属性栏中,在 Visible 的下拉列表框里选择 False,这样在设计时该控件是可见的,但在运行时是不可见的。

(8) 选中 General 工具箱中的 TextBox 控件,在表单任意位置按住鼠标左键拖动出一个区域,出现 TextBox 控件。在该控件上单击,然后在右边的"属性"窗口栏里修改以下属性:在 DataSource 下拉列表框里选择 ADODC1 选项,也就是刚才建立的 ADODC 数据库控件的名称;在 DataField 下拉列表框里选择"编号"选项,对应的是 book1 数据表的"编号"字段,将文本框的名称改为 txtNO,将 text 文本框中显示的内容去掉。

(9) 按照同样的方法依次添加以下控件:添加名为 txtisbn 的 TextBox 控件,在"属性"窗口的 DataField 下拉列表框里选择"ISBN 号"选项;添加名为 txtname 的 TextBox 控件,在"属性"窗口的 DataField 下拉列表框里选择"书名"选项;添加名为 txtmoney 的 TextBox 控件,在"属性"窗口的 DataField 下拉列表框里选择"定价"选项;添加名为 txtprint 的 TextBox 控件,在"属性"窗口的 DataField 下拉列表框里选择"出版社"选项;添加名为 txtdate 的 TextBox 控件,在"属性"窗口的 DataField 下拉列表框里选择"出版日期"选项。以上控件的数据源(DataSource)全部选择 ADODC1。再添加相应的标签框,修改其相应的属性。设计好的应用程序界面如图 12.30 所示。

(10) 选中 General 工具箱里的 CommandButton 控件,在表单任意位置按住鼠标左键拖动出一个区域,出现 CommandButton 控件。在该控件上单击,在右边的"属性"窗口里把名称(name)和标题(caption)分别改为 CmdFirst 和"第一条记录"。

(11) 双击 CmdFirst 按钮,出现如图 12.31 所示的窗口,添加如下程序代码:

```
Private Sub cmdfist_Click()
Adodc1.Recordset.MoveFirst
End Sub
```

(12) 按照同样的方法添加名为 CmdPrevious 的 CommandButton 控件,在其"属性"窗口中的"名称"文本框中输入 CmdPrevious,在 Caption 文本框中输入"上一条",其对应

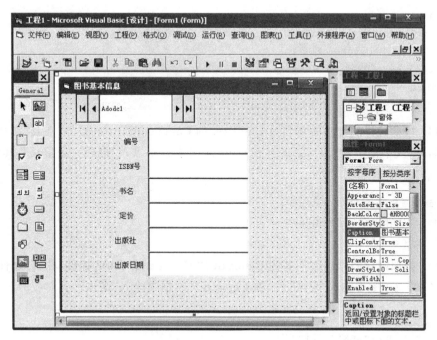

图 12.30　应用程序界面

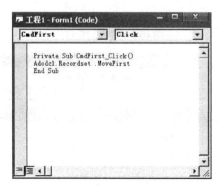

图 12.31　代码窗口

的过程代码如下：

```
Private Sub cmdprevious_Click()
Adodc1.Recordset .MovePrevious
If Adodc1.Recordset.BOF Then
Adodc1.Recordset.MoveFirst
End If
End Sub
```

（13）按照同样的方法添加名为 CmdNext 的 CommandButton 控件，在其"属性"窗口中的"名称"文本框中输入 CmdNext，在 Caption 文本框中输入"下一条"，其对应的过程代码如下：

```
Private Sub cmdnext_Click()
Adodc1.Recordset.MoveNext
If Adodc1.Recordset.EOF Then
Adodc1.Recordset.MoveLast
End If
End Sub
```

（14）按照同样的方法添加名为 CmdLast 的 CommandButton 控件，在其"属性"窗口中的"名称"文本框中输入 CmdLast，在 Caption 文本框中输入"最后一条记录"，其对应的过程代码如下：

```
Private Sub cmdlast_Click()
Adodc1.Recordset.MoveLast
End Sub
```

（15）按照同样的方法添加名为 CmdExit 的 CommandButton 控件，在其"属性"窗口中的"名称"文本框中输入 CmdExit，在 Caption 文本框中输入"退出"，其对应的过程代码如下：

```
Private Sub cmdexit_Click()
Unload Me
End Sub
```

完全设计好的界面如图 12.32 所示。单击"运行"按钮可以执行该实例。

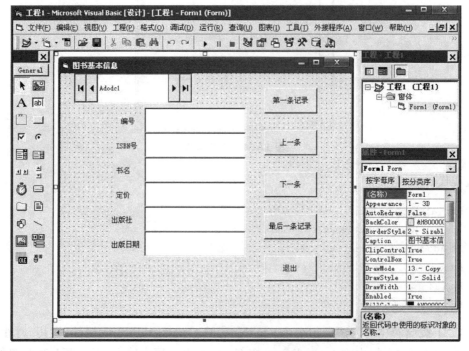

**图 12.32　完全设计好的界面**

## 12.2　使用 ADO 访问 SQL Server 2014 数据库

### 12.2.1　使用 ADO 访问数据库

ADO（ActiveX Data Objects，ActiveX 数据对象）是微软公司提出的应用程序接口，用以实现访问关系或非关系数据库中的数据。例如，如果用户希望编写应用程序从 DB 或 Oracle 数据库中向网页提供数据，可以将 ADO 程序包括在作为活动服务器页（ASP）的 HTML 文件中。当用户从网站请求网页时，返回的网页也包括了数据库中的相应数据，这是由于使用了 ADO 代码的结果。

ADO 数据模型提供了以下元素：

（1）连接。从应用程序中创建连接可以访问数据。在创建连接时，必须指定要连接的数据源、连接所使用的用户和口令等信息。ADO 使用 Connection 对象完成连接功能。

（2）命令。可以通过发出命令对数据源进行指定的操作。一般情况下，利用命令可以在数据源中添加、修改或删除数据，也可以检索数据库中满足指定条件的数据。通常需要通过已建立的连接发送命令。ADO 用 Command 对象来体现命令的概念。

（3）参数。在执行命令时可以指定参数，参数可以有一个或多个。ADO 用 Parameter 对象来体现参数的概念。

（4）记录集。使用 SELECT 语句可以将查询结果存储在本地，这些数据以行（记录）为单位，返回的数据集合称为记录集，也可以称为结果集。ADO 用 Recordset 对象来体现记录集的概念。

（5）字段。与表中的字段（列）相似，ADO 中也有字段对象，但是它包含在记录集中。每一字段都包括名称、数据类型和值的属性，值中包含来自数据源的真实数据。ADO 以 Field 对象体现字段的概念。

（6）错误。错误随时在应用程序中发生，通常是由于无法建立连接、执行命令或对某些状态（例如试图使用没有初始化的记录集）的对象进行操作导致的。对象模型以 Error 对象体现错误。任何发生的错误都会产生一个或多个 Error 对象。

（7）属性。每个 ADO 对象都用一组唯一的"属性"来描述或控制对象的行为。属性有内置和动态两种类型。内置属性是 ADO 对象的一部分并且随时可用。动态属性则由特别的数据提供者添加到 ADO 对象属性。

（8）集合。ADO 集合是一种可方便地包含其他特殊类型对象的对象类型。使用集合方法可按名称（文本字符串）或序号（整型数）对集合中的对象进行检索。

ADO 提供 4 种类型的集合：

① Connection 对象具有 Errors 集合，包含响应与数据源有关的单一错误而创建的所有 Error 对象。

② Command 对象具有 Parameters 集合，包含应用于 Command 对象的所有 Parameter 对象。

③ Recordset 对象具有 Fields 集合，包含 Recordset 对象中所有列的 Field 对象。

④ 此外，Connection、Command、Recordset 和 Field 对象都具有 Properties 集合，它包含各个对象的 Property 对象。

（9）事件。事件是对将要发生或已经发生的某些操作的通知。ADO 支持如下两种事件：

① ConnectionEvents。事件在以下情况下发生：

- 连接中的事务开始、被提交或被回滚。
- 命令执行。
- 连接开始或结束。

此事件可以反映连接状态的变化。

② RecordsetEvents。此事件在以下情况下发生：

- 在 Recordset 对象的行中进行定位。
- 更改记录集中的行。
- 在整个记录集中进行更改。

此事件可以反映数据检索信息的变化。

使用 ADO 存取数据源的过程如图 12.33 所示。

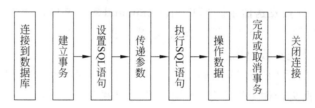

**图 12.33　ADO 存取数据源的过程**

一次访问数据库的操作并不一定包含所有这些步骤。下面将结合 ADO 的对象介绍这一过程的具体实现。

## 12.2.2　用 ASP 连接到 SQL Server 2014 数据库

ADD 使用 Connection 对象实现与数据源的连接。如果是客户端/服务器数据库系统，该对象可以等价于到服务器的实际网络连接。

在访问数据库时，首先需要创建一个 Connection 对象，通过它建立到数据库的连接。创建 Connection 对象的方法如下：

```
<%
Dim conn
Set conn=Server.CreateObject("ADODB.Connection")
%>
```

创建 Connection 对象后，还需要设置具体的属性，连接到指定的数据库。常用的属性及方法如下：

（1）ConnectionString 属性。该属性是连接字符串，指定用于建立连接数据源的信息。使用 ConnectionString 的方法如下：

```
<%
  '使用 Server 对象的 CreateObject 方法建立 Connection 对象
  Set ConnOdbc=Server.CreateObject("ADODB.Connection")
  '设置 Connection 对象的 ConnectionString
  'Initial Catalog 表示数据库服务器上的一个数据库的名称
  ConnOdbc="Provider=SQLNCLI.1;Password=1;Persist Security Info=True;User
ID=sa;Initial Catalog;Data Source=localhost"
  ...
%>
```

（2）ConnectionTimeout 属性。该属性指示在终止尝试和产生错误之前执行命令需等待的时间，默认值为 30s。

（3）State 属性。该属性返回 Connection 对象的状态。当 State＝0 时，表示对象已关闭；当 State＝1 时，表示对象是打开的。

（4）Open 方法。该方法用于打开到数据源的连接。该方法的语法结构如下：

```
connection.Open ConnectionString,UserID,Password,Options
```

其中，ConnectionString 是连接字符串，UserID 是访问数据库的用户名，Password 是密码，Options 是连接选项。如果 ConnectionString 中包含用户名和密码等信息，则相应的参数可以省略。

如果设置 Connection 对象的 ConnectionString 属性，Open 方法不需要设置参数。

（5）Close 方法。该方法用于关闭到数据源的连接。访问数据库完成后，为节省资源，通常需要将数据库的连接关闭。

下面的程序演示了使用 Connection 对象连接到数据库的方法。

```
<HTML>
<HEAD><TITLE>演示连接数据库</TITLE></HEAD>
<BODY>
<%
  '使用 Server 对象的 CreateObject 方法建立 Connection 对象
  Set Conn=Server.CreateObject("ADODB.Connection")
  '设置 Connection 对象的 ConnectionString
  Conn.ConnectionString="Provider=SQLNCLI.1;Password=1;Persist Security
Info=True;User ID=sa;Initial Catalog=MySQLDB;Data Source=zhouq1\zhouqi"
  '连接数据库
  Conn.Open
  '判断数据库状态
  If Conn.State=1 Then
    Response.Write("数据库成功打开<BR><BR>")
  End If
%>
<Script Language="JavaScript">
  alert("单击确定,关闭数据库");
```

```
  </Script>
  <%
    Conn.Close
    If Conn.State=0 Then
      Response.Write("数据库已经关闭")
    End If
    '释放 Connection 对象,关闭数据库
    Set Conn=nothing
  %>
  </HTML>
```

将这段程序保存为 Connection.asp,可到清华大学出版社网站上下载。

运行此网页时,程序首先创建数据库连接对象 Conn,
然后配置连接字符串 Conn. ConnectionString,再调用
Conn. Open 打开数据库。如果能够成功连接到数据库,将
会在网页中显示"数据库成功打开",并弹出如图 12.34 所
示的对话框。

图 12.34　提示完成打开数据
　　　　　库操作的对话框

在本实例中,使用此对话框表示此处要执行对数据库
的操作。单击"确定"按钮后,将关闭数据库。如果数据库
成功关闭,则会在网页中显示"数据库已经关闭"的提示信息。

特别说明:在连接数据库之前,应该先把"第 12 章\MySQLDB"还原或附加进数据
库。注意,MySQLDB 在"第 12 章"文件夹下的名称为"数据库备份. bak"。用 as 用户登
录,密码为 1。还要 IIS 的配置。可参考清华大学出版社网站上本书电子资源中的相关
文档。

### 12.2.3　执行 SQL 语句

使用 Connection 对象的 Execute 方法可以执行指定的查询、SQL 语句或存储过程等
内容,语法如下:

```
connection.Execute CommandText,RecordsAffected,Options
```

参数 CommandText 中包含要执行的 SQL 语句、表名、存储过程或特定提供者的文
本;参数 RecordsAffected 是可选参数,为长整型变量,用于接收操作所影响的记录数目;
参数 Options 是可选参数,为长整型值,定义以何种方式处理 CommandText 参数。

SQL 语句通常是 INSERT、DELETE 或 UPDATE 等。如果使用 SELECT 语句,则
可以将结果集返回到一个 Recordset 对象中,语法如下:

```
Set rs=connection.Execute(CommandText,RecordsAffected,Options)
```

本书将在 12.2.4 节中介绍 Recordset 对象的使用。

请看下面的示例程序:

```
<HTML>
```

```
<HEAD><TITLE>演示连接数据库</TITLE></HEAD>
<BODY>
<%
    '使用 Server 对象的 CreateObject 方法建立 Connection 对象
    Set Conn=Server.CreateObject("ADODB.Connection")
    '设置 Connection 对象的 ConnectionString
    Conn.ConnectionString="Provider=SQLNCLI.1;Password=1;Persist Security
    Info=True;User ID=sa;Initial Catalog=MySQLDB;Data Source=zhouq1\zhouqi"
    Conn.Mode=3
    '连接数据库
    Conn.Open
    '执行 INSERT 命令
    Conn.Execute("INSERT INTO Departments (Dep_name) VALUES ('售后服务部')")
    '显示提示信息
    Response.Write("已经在表 Departments 中增加了售后服务部,请检查")
    '断开与数据库的连接
    Conn.Close
    If Conn.State=0 Then
    End If
    '释放 Connection 对象,关闭数据库
    Set Conn=nothing
%>
</BODY>
</HTML>
```

连接数据库的方法与 12.1 节介绍的内容相同,程序中使用 Conn.Execute 方法执行了一条 INSERT 命令,在 Departments 表中插入一条记录。

这段代码保存在"第 12 章\ insert.asp"中,可在清华大学出版社网站上下载。

ADO 还可以通过 Command 对象执行 SQL 语句,从而对数据源进行操作。Command 对象的常用属性和方法如下:

(1) ActiveConnection 属性。通过设置该属性使打开的连接与 Command 对象关联。

(2) CommandText 属性。用于定义命令(例如 SQL 语句)的可执行文本。

(3) Execute 方法。用于执行在 CommandTex 属性中指定的查询、SQL 语句或存储过程。如果 CommandText 属性指定按行返回查询,则执行所产生的结果将存储在新的 Recordset 对象中;如果该命令不是按行返回查询,则返回关闭的 Recordset 对象。

下面的程序演示了 Command 对象的使用方法:

```
<HTML>
<HEAD><TITLE>演示连接数据库</TITLE></HEAD>
<BODY>
<%
    '使用 Server 对象的 CreateObject 方法建立 Connection 对象
    Set Conn=Server.CreateObject("ADODB.Connection")
```

```
'定义 Command 对象
Set Cmd=Server.CreateObject("ADODB.Command")
'设置 Connection 对象的 ConnectionString
Conn.ConnectionString=" Provider = SQLNCLI.1; Password = 1; Persist Security
Info=True;User ID=sa;Initial Catalog=MySQLDB;Data Source=zhouq1\zhouqi"
...

%>
</BODY>
</HTML>
```

这段代码保存在"第 12 章\ insert1.asp"中,可在清华大学出版社网站上下载。

### 12.2.4　处理查询结果集

ADO 使用 Recordset 对象表示来自基本表或命令执行结果的记录全集。Recordset 对象的常用属性和方法如下:

(1) ActiveConnection 属性。通过设置该属性使打开的连接与 Command 对象关联。

(2) Absoluteposition 属性。用于指定 Recordset 对象当前记录的序号位置。

(3) BOF、EOF 属性。BOF 指示当前记录位置位于 Recordset 对象的第一个记录之前,EOF 指示当前记录位置位于 Recordset 对象的最后一个记录之后。这两个属性经常被用来判断记录指针是否越界。当 BOF 或 EOF 为真时,不能从结果集中读取数据,否则会产生错误。

(4) MaxRecord 属性。指定通过查询返回 Recordset 的记录的最大数目。例如,只需要返回前 10 条记录时,可以将 MaxRecord 属性设置为 10。

(5) RecordCount 属性。返回 Recordset 对象中记录的当前数目。

(6) Move 方法。移动 Recordset 对象中当前记录的位置。

(7) MoveFirst、MoveLast、MoveNext 和 MovePrevious 方法。用于在指定的 Recordset 对象中移动到第一个、最后一个、下一个或前一个记录,并使该记录成为当前记录。

(8) Open 方法。使用该方法可打开代表基本表、查询结果或者以前保存的 Recordset 中记录的游标。

Open 方法的语法如下:

```
recordset.Open Source, ActiveConnection, CursorType, LockType, Options
```

Source 是记录源,它可以是一条 SQL 语句、一个表或一个存储过程等;Active-Connection 指定相应的 Connection 对象;CursorType 指定打开 Recordset 时使用的游标类型。

其他常用的方法还包括 AddNew、Delete 和 Update 等,分别用于添加新记录,删除指定记录和保存对当前记录的更新。因为在本书实例中都直接使用 SQL 语句来完成这些功能,所以这里不对它们进行详细的介绍。

下面的程序演示了 Recordset 对象的使用方法：

```
<HTML>
<HEAD><TITLE>演示对象 Recordset 的使用</TITLE></HEAD>
<BODY>
<%
  '使用 Server 对象的 CreateObject 方法建立 Connection 对象
  Set Conn=Server.CreateObject("ADODB.Connection")
  '设置 Connection 对象的 ConnectionString
  ...

  Set Conn=nothing
%>
</BODY>
</HTML>
```

这段代码保存在"第 12 章\Recordset.asp"中，可在清华大学出版社网站上下载。这段程序主要是演示打开 Recordset 对象的方法以及 RecordCount 属性、EOF 属性和 Move 方法的使用情况。读者可以在此基础上设计测试其他属性和方法使用情况的程序。

Recordset.asp 对象中有一个 Fields 集合，包含 Recordset 对象的所有 Field 对象。Field 对象代表使用普通数据类型的数据列，它的常用属性和方法如下：

(1) ActualSize 属性，指示字段的值的实际长度。

(2) DefinedSize 属性，指示 Field 对象所定义的大小。

(3) Name 属性，指示对象的名称。

(4) Value 属性，指示对象的值。

因为表是由多个字段组成的，所以在很多时候需要使用 Fields 集合来表示 Recordset 对象的所有 Field 对象。Fields 集合的使用方法比较简单，例如，rs 是一个 Recordset 对象，则此记录集的第一个字段可以用 rs.Fields(0) 来表示。也可以说，rs.Fields(i) 相当于一个 Field 对象，具备 Field 对象的属性和方法。

Fields 集合只有一个属性——Count，用来返回集合中对象的数目。

下面的程序演示了 Fields 集合的使用方法：

```
<HTML>
<HEAD><TITLE>演示 Fields 集合的使用</TITLE></HEAD>
<BODY>
<%
  '使用 Server 对象的 CreateObject 方法建立 Connection 对象
  Set Conn=Server.CreateObject("ADODB.Connection")
  '设置 Connection 对象的 ConnectionString
  Conn.ConnectionString="Provider=SQLNCLI.1;Password=1;Persist Security
  Info=True;User
```

```
...

    Set Conn=nothing
%>
</BODY>
```

这段代码保存在"第 12 章\Fields. asp"中,可在清华大学出版社网站上下载。该程序主要演示 Fields 集合和 Field 对象的使用。读者可以在此基础上设计测试其他属性和方法使用情况的程序。

在程序中和在表格中显示 Class 的字段属性。<table>和</table>标记用于定义表格,<tr>和</tr>标记用于定义表格中的一行,<td>和</td>标记用于定义一个单元格。

Fields. asp 只是显示了表中字段的属性,在大多数情况下,需要显示表中的数据。下面就是一个实例,该实例从 Employees 表中读取数据到记录集 rs 中,然后使用循环语句将员工数据显示在网页中。

```
<HTML>
<HEAD><TITLE>演示 Fields 集合的使用</TITLE></HEAD>
<BODY>

<%
    '使用 Server 对象的 CreateObject 方法建立 Connection 对象
    Set Conn=Server.CreateObject("ADODB.Connection")
    '设置 Connection 对象的 ConnectionString
    Conn. ConnectionString=" Provider=SQLNCLI.1; Password=1; Persist Security
    Info=True;User

    ...

%>
</BODY>
```

在程序中使用 Field. Value 属性显示字段的值,使用 rs. MoveNext 在记录集中移动指针。在对 Recordset 对象进行操作时,通常需要对它的 EOF 属性进行判断,如果 EOF=True,则表示指针指向无效数据。

这段代码保存在"第 12 章\viewEmp. asp"中,可在清华大学出版社网站上下载。

### 12.2.5　分页显示结果集

如果在网页中显示的数据量过大,会导致网页结构变形,所以绝大多数网页都采用分页显示模式。分页显示就是指定每页可以显示的记录数量,并通过单击"第一页""上一页""下一页"和"最后一页"等翻页链接打开其他的页面。

要实现分页显示,需要解决以下几个问题。

（1）如何控制每页显示记录的数量。

ADO 数据模型已经提供了控制分页显示的机制，使用 Recordset 对象的 PageSize 属性可以设置每页显示记录的数量，默认值是 10。假定 rs 是要在网页中显示的 Recordset 对象，设置每页显示 20 条记录的语句如下：

```
rs.PageSize=20
```

（2）如何得到总页数。

设置了每页显示的记录数量后，根据记录集中的记录总数量就可以计算得到总页数。但是读者不需要手动执行这个计算，因为 Recordset 对象的 PageCount 属性可以返回记录集的总页数。

（3）如何显示第 $n$ 页中的记录。

虽然使用 PageSize 属性可以控制每页显示的记录数，但是要显示哪些记录呢？是否需要人为地控制筛选记录？

ADO 提供了很方便的分页功能，只需要设置一个属性，其余的事情就可以交给 ADO 去实现了。使用 Recordset 对象的 AbsolutePage 设置当前记录所在页。假定 rs 是要在网页中显示的 Recordset 对象，设置显示第二页记录的语句如下：

```
rs.AbsolutePage=2
```

（4）如何通知脚本要显示的页码。

可以通过传递参数的方式通知脚本程序显示的页码。假定分页显示记录的脚本为 viewPage.asp，传递参数的链接如下：

```
http://localhost/viesPage.asp?page=2
```

参数 page 用来指定当前的页码。在 viewPage.asp 中，使用下面的语句读取参数：

```
iPage=CLng(Request.QueryString("page"))
```

变量 iPage 中就保存了当前的页码，并通过下面的语句在结果集中定位当前页。

```
rs.AbsolutePage=iPage
```

使用变量 iPage 还可以定义翻页链接。"第一页"链接的代码如下：

```
<a href=viewPage.asp?page=1>第一页</a>
```

"上一页"链接的代码如下：

```
<a href=viewPage.asp?page=<%=(page-1%)>>上一页</a>
```

"下一页"链接的代码如下：

```
<a href=viewPage.asp?page=<%=(page+1%)>>下一页</a>
```

"最后一页"链接的代码如下：

```
<a href=viewPage.asp?page=<%=rs.PageCount%)>>最后一页</a>
```

在完美的网页程序中,还需要根据当前的页码对翻页链接进行控制。如果当前页码是 1,则取消"第一页"和"上一页"的链接;如果当前页码是最后一页,则取消"下一页"和"最后一页"的链接。

下面是分页显示记录的网页代码:

```
<HTML>
<HEAD><TITLE>分页显示</TITLE></HEAD>
<BODY>

<%
  '使用 Server 对象的 CreateObject 方法建立 Connection 对象
  Set Conn=Server.CreateObject("ADODB.Connection")
  '设置 Connection 对象的 ConnectionString
  Conn.ConnectionString=" Provider = SQLNCLI.1; Password = 1; Persist Security
  Info=True;User ID=sa;Initial Catalog=MySQLDB;Data Source=zhouq1\zhouqi"

  …

%>
</BODY>
```

这段代码保存在"第 12 章\ viewPage. asp"中,请在清华大学出版社网站上下载。在代码中添加了比较详细的注释,请读者参照理解。

# 本 章 实 训

### 1. 实训目的

(1) 理解 ODBC 的作用。

(2) 学会创建和配置 ODBC 数据源的方法。

(3) 学会通过 ODBC 访问数据库的方法。

### 2. 实训内容和步骤

(1) 创建一个名为 dns_book2 的数据源,连接的数据库为 book,表为 book2。

(2) 在 Excel 中运行 SQL 语句将定价为 20~1000 且出版社名为"中国长安"的所有图书显示出来并保存。

(3) 在 Visual Basic 中显示 book2 表中的所有记录(界面可以自己设定,可以依照书中示例操作)。

### 3. 实训总结与体会

结合操作的具体情况写出总结。

# 习　题

## 一、简答题

1. ODBC 的含义是什么？它包含哪些控件？

2. 如何为 SQL Server 2014 配置 ODBC 数据源？

3. 在配置 SQL Server 数据库的 ODBC 数据源时，可选的验证登录 ID 的方式有哪几种？

4. 结合本章内容和其他资料说明 ODBC 和 DAO 的主要功能和特点。

## 二、填空题

1. 一个数据源是指一个指定连接的_____，通常称为_____。

2. Visual Basic 提供了一个数据管理器（Visual Data Manager），利用它可以很方便地访问远程服务器上的数据库。但在访问远程数据库之前需要在 ODBC 中_____。

3. ODBC 即_____，其实质上是一种数据库引擎。通过它所提供的函数，可以访问数据库中的数据。它的优点是能_____。

4. 在 ODBC 技术中，数据源分为_____、_____、_____ 3 类。

# 第13章

# 在线考试系统

**教学提示**：本章主要通过一个完整的开发实例——在线考试系统，讨论后台数据库使用 SQL Server 2014、前台开发工具使用 ASP 进行数据应用系统开发的技能。

**教学目标**：通过本章的学习，特别是通过上机模拟本实例编程，应该掌握 SQL Server 2014 数据库设计与实现的技能、ASP 中 SQL Server 2014 数据库的连接和数据的访问机制、ASP 应用程序编程技巧。

在线考试系统是近年来教育领域非常流行的网站应用程序，它可以为政府、学校和教育机构等提供网络化、无纸化和标准化的考试机制，是教育信息化的重要内容之一。本章将介绍一个在线考试系统的设计和实现过程。

后台数据库使用 SQL Server 2014，前台开发工具使用 ASP。本系统采用目前比较流行的 ADO 数据访问技术，并将每个数据库表的字段和操作封装到类中，从而成功地将面向对象的程序设计思想应用到数据库应用程序设计中。这也是本系统的特色和优势。

本教材提供了本案例全部源代码及设计文档和用户手册，读者可从清华大学出版社网站下载并进行阅读、研究，重点在于理解数据库应用系统的总体结构、编程技巧。

## 13.1 总体设计

### 1. 系统结构设计

B/S 结构是客户端/服务器的一种工作模式。一般来说，这种模式都要求安装一个客户端程序，由这个程序和服务器端进行协同工作。因为由客户端来专门处理一些工作，所以 B/S 结构的程序一般都功能强大、界面漂亮；由于任务分散在服务器端和客户端分别进行，所以提高了硬件的利用效率；对于程序员来说，编程开发也更加容易。

基于以上原因，在设计在线考试系统时，采用了传统的基于两层的 B/S 结构。

### 2. 系统功能结构

在线考试系统的功能结构如图 13.1 所示。

### 3. 系统功能概述

在线考试系统分为前台管理和后台管理两部分。前台管理包括选择试题进行网上考试和查询考试成绩两个功能,后台管理包括课程管理、试题类型管理、题库管理、试卷管理、审卷管理、成绩管理和用户管理 7 个模块。

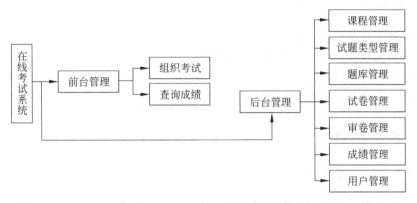

**图 13.1　在线考试系统功能结构图**

(1) 课程管理:对课程进行编辑处理,主要包括添加课程信息、修改课程信息和删除课程信息。

(2) 试题类型管理:设置试卷的题型,主要包括添加试题类型、修改试题类型和删除试题类型。

(3) 题库管理:对试卷试题进行处理,主要包括添加试题、修改试题和删除试题。

(4) 试卷管理:主要包括添加新试卷、修改试卷和删除试卷。

(5) 审卷管理:主要包括查阅所有试卷和为试卷打分。

(6) 成绩管理:主要是为考试者提供成绩查询。

(7) 用户管理:是管理员对参加考试的考生的处理过程,主要包括添加用户信息,管理员也可以修改自己的密码。

# 13.2　系　统　设　计

## 13.2.1　设计目标

通过在线考试系统使得老师及管理者快速、高效地完成考试及教学任务,降低人力资源成本,提高教学质量和教学效果,使老师及管理者能集中精力在教学目标上;另一方面,本系统及时、准确地为考生远程提供考试结果。具体目标如下:

(1) 系统采用人机对话方式,界面美观、友好,信息查询灵活、方便、快捷、准确,数据存储安全可靠。

(2) 采用键盘操作方式,快速响应。

(3) 对用户输入的数据,系统进行严格的数据检验,尽可能地排除人为的错误。

(4) 有强大的后台处理编辑能力。

(5) 不同的操作对象有不同的操作权限,具有较强的系统安全性。

(6) 系统最大限度地实现易安装性、易维护性和易操作性。

（7）系统运行稳定、安全可靠。

## 13.2.2　开发及运行环境

（1）系统开发平台：ASP。
（2）数据库管理平台：SQL Server 2014。
（3）运行平台：Windows XP/ Windows 2000。
（4）分辨率：最佳效果 1024×768。

## 13.2.3　数据库设计

### 1. 数据库附加或还原

在设计数据库表结构之前，首先创建一个数据库。本系统使用的数据库为ExamDB。为了方便读者阅读，本书提供数据库备份文件和数据文件，这些文件均可在清华大学出版社网站上下载，读者均可以在 SQL Server Management Studio 中还原或者附加数据库。关于还原或者附加数据库的方法可参考 12.4 节和 12.5 节的具体操作。数据库 ExamDB 中包含 7 张表。下面是数据表的概要说明及主要数据表的结构。

### 2. 数据表概要说明

数据表树形结构如图 13.2 所示。

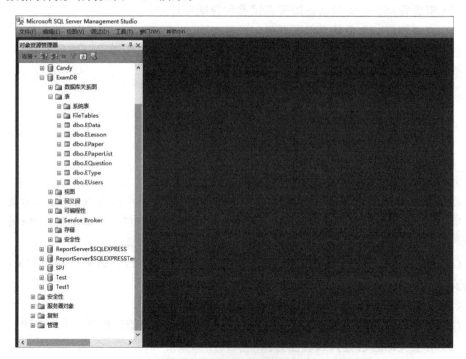

**图 13.2　数据表树形结构**

### 3. 主要数据表的结构

在本系统定义的数据库中包含以下 7 个表：课程信息表 ELesson、试题类型表 EType、题库信息表 EQuestion、试卷信息表 EPaper、试卷清单表 EPaperList、试卷结果表 EData 和用户信息表 EUsers。

下面分别介绍这些表的结构。

1）课程信息表 ELesson

课程信息表 ELesson 用来保存课程信息，其结构见表 13.1。

**表 13.1　课程信息表 ELesson 的结构**

| 字　段　名 | 数　据　类　型 | 说　　　明 |
| --- | --- | --- |
| LId | int | 记录编号，主键 |
| LName | varchar(50) | 课程名称 |

2）试题类型表 EType

试题类型表 EType 用来保存试题的类型信息，其结构见表 13.2。

**表 13.2　试题类型表 EType 的结构**

| 字　段　名 | 数　据　类　型 | 说　　　明 |
| --- | --- | --- |
| TID | int | 记录编号，主键 |
| TName | varchar(50) | 类型名称 |
| TValue | tinyint | 此类型试题的分数 |

3）题库信息表 EQuestion

题库信息表 EQuestion 用来保存题库的试题信息，其结构见表 13.3。

**表 13.3　题库信息表 EQuestion 的结构**

| 字　段　名 | 数　据　类　型 | 说　　　明 |
| --- | --- | --- |
| QId | int | 试题编号，主键 |
| Lid | int | 课程名称 |
| TId | int | 试题类型编号 |
| QTitle | varchar(400) | 试题题目 |
| A | varchar(200) | 选择答案 A |
| B | varchar(200) | 选择答案 B |
| C | varchar(200) | 选择答案 C |
| D | varchar(200) | 选择答案 D |
| QAnswer | varchar(500) | 正确答案 |
| Flag | tinyint | 是否发布 |

4）试卷信息表 EPaper

试卷信息表 EPaper 用来保存试卷的基本信息，其结构见表 13.4。

表 13.4　试卷信息表 EPaper 的结构

| 字　段　名 | 数 据 类 型 | 说　　明 |
|---|---|---|
| PId | int | 记录编号，主键 |
| PName | varchar(100) | 试卷名称 |
| LId | int | 课程编号 |
| CreateTime | datetime | 创建时间 |
| Flag | tinyint | 是否被选中 |

5）试卷清单表 EPaperList

试卷清单表 EPaperList 用来保存试卷中具体试题的清单信息，其结构见表 13.5。

表 13.5　试卷清单表 EPaperList 的结构

| 字　段　名 | 数 据 类 型 | 说　　明 |
|---|---|---|
| LId | int | 记录编号，主键 |
| PId | int | 试卷编号 |
| QId | int | 试题编号 |
| TValue | int | 试题分值 |

6）试卷结果表 EData

试卷结果表 EData 用来保存试卷的答案和得分信息，其结构见表 13.6。

表 13.6　试卷结果表 EData 的结构

| 字　段　名 | 数 据 类 型 | 说　　明 |
|---|---|---|
| LId | int | 记录编号，主键 |
| PId | int | 试卷编号 |
| QId | int | 试题编号 |
| TValue | int | 试题得分 |

7）用户信息表 EUsers

用户信息表 EUsers 用来保存用户的基本信息，其结构见表 13.7。

表 13.7　用户信息表 EUsers 的结构

| 字　段　名 | 数 据 类 型 | 说　　明 |
|---|---|---|
| UserName | varchar(50) | 用户名，主键 |
| UserPwd | varchar(50) | 密码 |

续表

| 字　段　名 | 数据类型 | 说　　明 |
| --- | --- | --- |
| UserType | tinyint | 用户类型：0 表示普通用户，1 表示系统管理员 |
| RealName | varchar(50) | 真实姓名 |
| UserClass | int | 所在班级 |

## 13.3　主要功能模块设计

### 13.3.1　目录结构与通用模块

本节介绍在线考试系统的目录结构与通用模块。本系统的源代码存放在 exam 目录下。

**1. 目录结构**

在运行系统时，需要将 exam 目录复制到 IIS 的根目录下，例如 C：\Inetpub\wwwroot\exam，该目录包含以下两个子目录：

（1）admin：用于存储系统管理员的后台操作脚本。

（2）class：保存数据库访问类。

其他的 ASP 文件都保存在 exam 目录下。

**2. 通用模块**

本系统中包含一些通用模块，这些模块以文件的形式保存，可以在其他文件中使用 #include 语句包含这些模块，使用其中定义的功能。

1）Conndb. asp

Conndb. asp 的功能是实现到数据库的连接，因为在很多网页中都有连接数据库的操作，所以把它保存在文件 Conndb. asp 中，这样可以避免重复编码。Conndb. asp 的代码如下：

```
<%
   Dim Conn
   Dim ConnStr
   Set Conn=Server.CreateObject("ADODB.Connection")
   ConnStr="Provider=SQLNCLI.1;Password=1;Persist Security Info=True;User ID
   =sa;Initial Catalog=ExamDB;Data Source=zhouq1\zhouqi"
   Conn.Open ConnStr
%>
```

其中，Provider 为数据提供者；Data Source 指定数据库服务器；Initial Catalog 指定数据库名；Password＝1 是作者本机 User ID＝sa 的密码，即为 1；Data Source＝zhouq1\

zhouqi 中的 zhouq1\zhouqi 是作者数据库服务器的名称,读者在连接到自己的数据库服务器的时候,要根据实际情况进行修改。

在文件中引用此文件作为头文件就可以访问数据,代码如下:

```
<!--#include file="Conndb.asp"-->
```

2) IsAdmin.asp

因为在本系统中有些功能只有管理员才有权使用,所以在进入这些网页之前,需要判断用户是否为管理员。

IsAdmin.asp 的功能是判断当前用户是否为管理员。如果不是,则显示登录界面,要求用户登录;如果是,则不执行任何操作,直接进入相应的网页。

IsAdmin.asp 保存在 admin 目录下,代码如下:

```
<!--#include file="../Conndb.asp"-->
<!--#include file="../class/EUsers.asp"-->
<%
  '如果是用户则显示
  UName=Trim(Session("UserName"))
  UPwd=Trim(Session("UserPwd"))
  Set usr=New EUsers
  '用户名是否为空
  If UName<>"" Then
    usr.UserName=UName
    usr.UserPwd=UPwd
    If usr.HaveUser(1)=0 Then    '如果是管理员
      Response.Redirect "Login.asp"
    End If
  Else
    Response.Redirect "Login.asp"
  End If
%>
```

程序从 Session 变量 UserName 和 UserPwd 中获取当前登录的用户信息,如果没有用户登录信息,则 Session 变量的值为空。然后,程序定义 EUsers 对象 usr,用于获取用户信息。usr.HaveUser(1)函数用于判断当前用户是否是管理员(用户类型值为 1,表示此用户为管理员)。如果 Session 变量为空或者 usr.HaveUser(1)=0,则将页面转向 Login.asp,要求用户登录。

在文件中引用此文件作为头文件,代码如下:

```
<!--#include file="../IsAdmin.asp"-->
```

3) IsUser.asp

本系统中有些功能只有登录用户才有权使用,所以在进入这些网页之前,需要判断用户是否已登录。

IsUser.asp 的功能是判断当前用户是否已登录（即保存在 Users 中的用户）。如果不是，则显示登录界面，要求用户登录；如果是，则不执行任何操作，直接进入相应的网页。

IsUser.asp 的代码如下：

```
<!--#include file="Conndb.asp"-->
<!--#include file="class/EUsers.asp"-->
<%
  '如果是用户则显示
  loginname=Trim(Session("UserName"))
  password=Trim(Session("UserPwd"))
  Set usr=New EUsers
  '用户名是否为空
  If loginname<>"" Then
    usr.UserName=loginname
    usr.UserPwd=password
    If usr.HaveUser(0)=0 Then   '如果不是本系统用户
      Response.Redirect "login.asp"
    End If
  Else
    Response.Redirect "login.asp"
  End If
%>
```

IsUser.asp 的工作原理与 IsAdmin.asp 相似。

在文件中引用此文件作为头文件，代码如下：

```
<!--#include file="IsUser.asp"-->
```

### 3. 设计数据库访问类

为了使 ASP 程序条理更加清晰，本系统将对数据库表的访问操作封装为一个类，每个类对应一个 ASP 文件，文件名与对应的数据库表名相同。例如，表 ELesson 对应的类文件为 ELesson.asp。各个类的代码可参照 class 目录下的文件。

在 ELesson 中为表 ELesson 的每个字段定义一个同名成员变量。变量 rs 是 ADODB.Recordset 对象，用于保存批量查询返回的结果集。

所有数据库操作类都保存在 class 目录下，可参照源代码和注释理解。除 Elesson 外，还有 6 个类，分别为 EType 类、EQuestion 类、EPaper 类、EPaperList 类、EData 类和 EUsers 类。

## 13.3.2  管理界面主模块设计

本系统分为管理界面和考生界面两部分。本节介绍管理界面主模块的实现过程。

所有管理部分的文件都保存在 exam\admin 目录下。

### 1. 管理员登录页面

管理员需要首先登录到本系统,然后才能使用系统提供的管理功能。管理员登录页面的地址因配置 IIS 的方式不同而不同。作者计算机以 http://localhost/exam/admin/login.asp 来实现,管理员用户名为 admin,密码为 1111。登录页面如图 13.3 所示。

**图 13.3 管理员登录页面**

在登录页面中,使用表单接收用户输入的用户名和密码数据,表单的定义代码如下:

```
<form method="POST" action="putSession.asp">
```

在表单提交时,根据 action 属性将执行 putSession.asp,主要代码如下:

```
<%
    Dim UID,PSWD,Flag
    '获取输入的用户名、密码以及用户类别
    UID=Request.Form("uname")
    PSWD=Request.Form("upwd")
    '把用户名和密码放入 Session
    Session("UserName")=UID
    Session("UserPwd")=PSWD
    Response.Redirect("index.asp")
%>
```

程序将接收到的用户名 uname 和密码 upwd 数据赋予 Session 变量的 UserName 和 UserPwd,然后将页面转向 index.asp。由于 index.asp 中包含 IsAdmin.asp,所以可以进行身份验证。不能通过身份验证的用户将直接转向普通用户界面。

### 2. 管理主模块

本系统的管理主模块为 admin\index.asp,它的功能是显示并管理课程、试题类型、题库、试卷、审卷、成绩和用户信息等,如图 13.4 所示。

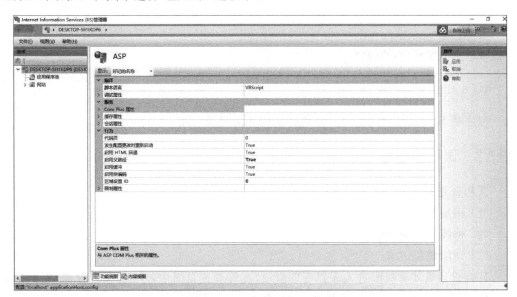

**图 13.4　管理主模块**

相关配置如下。

打开 IIS,在本机主页中找到 ASP,双击 ASP,就会出现如图 13.5 所示的对话框。在左侧窗格中右击“默认网站”选项,在弹出的快捷菜单中选择“属性”命令,弹出“默认网站属性”对话框。在其中选择“主目录”选项卡。

**图 13.5　“默认网站属性”对话框**

在"行为"选项区域中单击"启用父路径",在下拉框中选择 true,如图 13.6 所示。

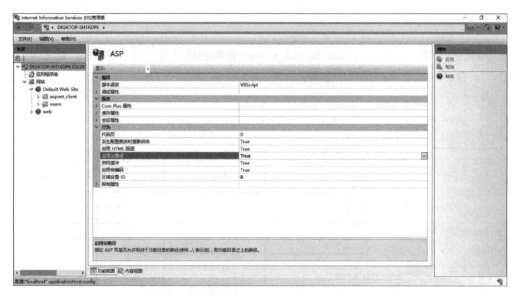

图 13.6　启用父路径

**3. 退出登录**

管理员登录后,在左侧的功能列表中单击"退出登录"超链接,可以退出到未登录的
状态。"退出登录"超链接的定义代码如下:

```
<a href="LoginExit.asp">退出登录</a>
```

LoginExit. asp 的主要代码如下:

```
<%
Session("UserName")=""
Session("UserPwd")=""
Response.Redirect "Login.asp"
%>
```

程序将 Session 变量置为空,然后将页面转向登录页面。

### 13.3.3　课程管理模块设计

课程管理模块可以实现以下功能:
(1) 添加新的课程记录。
(2) 修改课程记录。
(3) 删除课程记录。

只有管理员才有权限进入课程管理模块,在管理主页面中,单击"课程管理"超链接,
可以打开课程管理页面(LessonList. asp),如图 13.7 所示。

下面介绍 LessonList. asp 中与页面显示相关的部分代码。

**图 13.7　课程管理页面**

### 1. 显示添加或修改课程信息的表单

在页面下部显示添加或修改课程信息的表单。当 flag＝update 时,将显示修改课程信息的表单;否则,显示添加课程信息的表单。代码如下：

```
<%
 '如果当前状态为修改,则显示修改课程信息的表单,否则显示添加的表单
 If Soperate="update" Then
   sTitle=Request.QueryString("name")
%>
   <form name="UFrom" method="post" action="LessonList.asp?lid=<%=Operid
   %>&Oper=edit&name=<%=sTitle%>">
     <div align="center">
       <input type="hidden" name="sOrgTitle" value="<%=sTitle%>">
       <b><font color="#000000">课程名称</font></b>
       <input type="text" name="txttitle" size="20" value="<%=sTitle%>">
       <input type="submit" name="Submit" value="修改">
       </div>
   </form>
<%Else%>
   <form name="AForm" method="post" action="LessonList.asp?Oper=add">
     <div align="center"><b><font color="#000000">课程名称</font></b>
       <input type="text" name="txttitle" size="20">
       <input type="submit" name="Submit" value="添加">
     </div>
   </form>
```

```
<%End If%>
```

添加和修改课程信息的脚本都是 LessonList.asp,只是参数不同。当参数 Oper＝
edit 时,程序将处理修改的课程信息数据;当参数 Oper＝add 时,程序将处理添加的课程
信息数据。

### 2. 添加、修改和删除课程信息的代码

在执行 LessonList.asp 时,如果参数 Oper 不等于 edit,页面的下方将显示添加数据
的表单 Aform。在文本域 txttitle 中输入课程信息的名称,然后单击"添加"按钮,插入新
记录。

在执行 LessonList.asp 时,可以在 url 中包含参数,程序将根据参数 Oper 的值决定
进行的操作。与添加、修改和删除课程信息相关的代码如下:

```
<%Set eq=New EQuestion
Set ls=New ELesson
'处理添加、修改和删除操作
dim Soperate
Soperate=Request.QueryString("oper")
Operid=Request.QueryString("lid")
'添加
If Soperate="add" Then
  lName=Request("txttitle")
   '判断是否已经存在此课程名称
  ls.LName=lName
   '如果没有此课程名称,则创建新记录
  If NOT ls.HaveLesson(lName) Then
    ls.InsertLesson()
    Response.Write"课程已经成功添加!"
  Else
    Response.Write "已经存在此课程名称!"
  End If
ElseIf Soperate="edit" Then
  lName=Request("txttitle")
  ls.LId=Operid
  ls.LName=lName
   '如果没有此课程名称,则修改记录
  If NOT ls.HaveType(lName) Then
    '更新
    ls.UpdateLesson(Operid)
    Response.Write "课程已经成功修改!"
  End If
'删除
Else If Soperate="delete" Then
```

```
'判断题库表中是否存在该课程
If Not eq.HaveLId(Operid) Then
  '删除课程
  ls.DeleteLesson(Operid)
  Response.Write "课程已经成功删除!"
Else
  Response.Write "题库表中包含该课程信息,不能删除"
End If
End If
%>
```

**注意**：在添加和修改课程信息之前,应该判断此课程信息是否已经存在,这样可以避免出现重复的课程信息。

### 3. 删除课程信息

每个课程记录后面都定义了一个"删除"超链接,代码如下：

```
<a href="LessonList.asp?Oper=delete&lid=<%=ls.rs("LId")%>"删除></a>
```

可以看到,删除课程记录的脚本也是 LessonList.asp。参数 Oper＝delete 表示删除操作,参数 lid 表示要删除的课程记录编号。

在执行删除操作之前,需要调用 EQuestion.HaveLId()函数判断此课程信息是否包含在题库表中,如果是,则不允许删除。

## 13.3.4　试题类型管理模块设计

试题类型管理模块可以实现以下功能：
（1）查看试题类型记录。
（2）添加新的试题类型记录。
（3）修改试题类型记录。
（4）删除试题类型记录。

只有管理员才有权限进入试题类型管理模块,在管理主页面中,单击"试题类型管理"超链接,可以打开试题类型管理页面（TypeList.asp）,如图 13.8 所示。

下面介绍 TypeList.asp 中与页面显示相关的部分代码,代码存放在 admin 目录下。

### 1. 显示试题类型信息

```
<%
'读取所有的类型数据到记录集 rs 中
...
tp.rs.MoveNext()
LOOP
%>
```

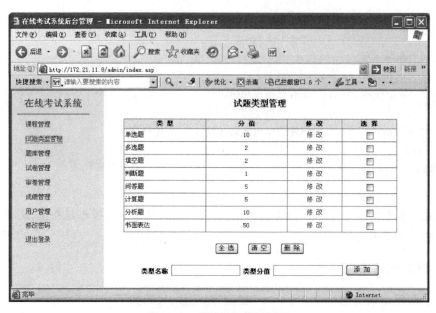

图 13.8  试题类型管理页面

## 2. 添加、修改和删除试题类型的代码

在执行 TypeList.asp 时，如果参数 Oper 不等于 update，页面的下方将显示添加数据的表单 Aform。在文本域 txttitle 中输入试题类型的名称，然后单击"添加"按钮，插入新记录。

在执行 TypeList.asp 时，可以在 url 中包含参数，程序将根据参数 Oper 的值决定进行的操作，与添加、修改和删除试题类型相关的代码如下：

```
<%Set eq=New EQuestion
  Set tp=New EType
  '处理添加、修改和删除操作
  dim Soperate,flag,showTitle
  Soperate=Request.QueryString("oper")
  Operid=Request.QueryString("tid")
  '添加
  If Soperate="add" Then
    tName=Request("txttitle")
    '判断是否已经存在此类型名称
    tp.TName=tName
    tp.TValue=Request("txtvalue")
    '如果没有此类型名称,则创建新记录
    If NOT tp.HaveType(tName,0) Then
      tp.InsertType()
      Response.Write"类型已经成功添加!"
    Else
      Response.Write "已经存在此类型名称!"
```

```
        End If
   ElseIf Soperate="edit" Then
      tName=Request("txttitle")
      tp.TId=Operid
      tp.TName=tName
      tp.TValue=Request("txtvalue")
      '如果没有此类型名称,则修改记录
      If NOT tp.HaveType(tName,Operid) Then
         '更新
         tp.UpdateType(Operid)
         Response.Write "类型已经成功修改!"
      End If
   '删除
   Else If Soperate="delete" Then
      '判断题库表中是否存在此类型
      If Not eq.HaveTId(Operid) Then
         '删除此类型
         tp.DeleteType(Operid)
         Response.Write "类型已经成功删除!"
      Else
         Response.Write "题库表中包含该类型信息,不能删除"
      End If
   End If
%>
```

**注意**：在添加和修改试题类型之前,应该判断此试题类型是否已经存在,这样可以避免出现重复的试题类型。

### 3. 修改试题类型

在 TypeList.asp 中,单击试题类型后面的"修改"超链接,将再次执行 TypeList.asp,参数 Oper＝update,此时,页面的下方将显示修改数据的表单 Uform。在文本域 txttitle 中输入试题类型的名称,然后单击"修改"按钮,将调用 TypeList.asp,参数 Oper＝edit,表示修改记录。

在执行 TypeList.asp 时,可以在 url 中包含参数,程序将根据参数 Oper 的值决定进行的操作。

### 4. 删除试题类型

在删除试题类型之前,需要选中相应的复选框。下面介绍几个与选中复选框相关的 JavaScript 函数。

1）选中全部复选框

在 TypeList.asp 中,定义"全选"按钮的代码如下：

```
<input type="button" value=" 全选"onclick="sltAll()">
```

当单击"全选"按钮时，将执行 sltAll 函数，代码如下：

```
function sltAll()
{
    var nn=self.document.all.item("type");
    for(j=0;j<nn.length;j++)
    {
        self.document.all.item("type",j).checked=true;
    }
}
```

self 对象指当前页面，self. document. all. item("type")返回当前页面中 type 复选框的数量。程序通过 for 循环语句将所有的 type 复选框值设置为 true。

2）清空全部复选框

在 TypeList. asp 中，定义"清空"按钮的代码如下：

```
<input type="button" value="清空" onclick="sltNull()">
```

当单击"清空"按钮时，将执行 sltNull 函数，代码如下：

```
function sltNull()
{
    var nn=self.document.all.item("type");
    for(j=0;j<nn.length;j++)
    {
        self.document.all.item("type",j).checked=false;
    }
}
```

self 对象指当前页面，self. document. all. item("type")返回当前页面中 type 复选框的数量。程序通过 for 循环语句将所有的 type 复选框值设置为 false。

## 13.3.5 题库管理模块设计

管理员可以对题库进行管理。题库管理模块包含以下功能：

（1）按课程和试题类型查看试题记录。

（2）添加试题记录。

（3）修改试题记录。

（4）删除试题记录。

在管理主界面中，单击"题库管理"超链接，打开题库管理页面（QuestionList. asp），如图 13.9 所示。

下面介绍 QuestionList. asp 的主要代码。

### 1. 显示试题记录

程序根据用户选择的课程记录编号和试题类型记录号获取试题记录，并以表格形式

| 在线考试系统 | 题库管理 | | | | | | |
|---|---|---|---|---|---|---|---|

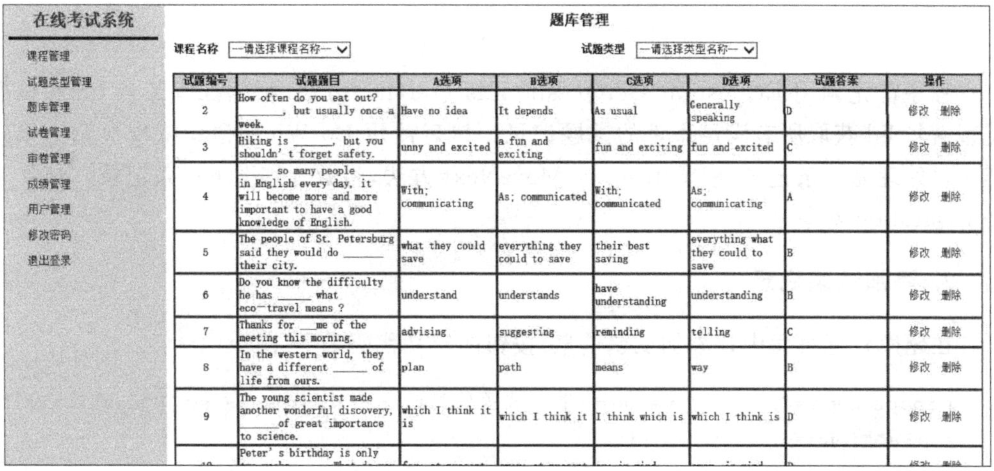

课程管理
试题类型管理
题库管理
试卷管理
审卷管理
成绩管理
用户管理
修改密码
退出登录

课程名称 —请选择课程名称— ▽　　　试题类型 —请选择类型名称— ▽

| 试题编号 | 试题题目 | A选项 | B选项 | C选项 | D选项 | 试题答案 | 操作 |
|---|---|---|---|---|---|---|---|
| 2 | How often do you eat out? _____, but usually once a week. | Have no idea | It depends | As usual | Generally speaking | D | 修改 删除 |
| 3 | Hiking is _____, but you shouldn't forget safety. | unny and excited | a fun and exciting | fun and exciting | fun and excited | C | 修改 删除 |
| 4 | _____ so many people _____ in English every day, it will become more and more important to have a good knowledge of English. | With; communicating | As; communicated | With; communicated | As; communicating | A | 修改 删除 |
| 5 | The people of St. Petersburg said they would do _____ their city. | what they could do save | everything they could to save | their best saving | everything what they could to save | B | 修改 删除 |
| 6 | Do you know the difficulty he has _____ what eco—travel means？ | understand | understands | have understanding | understanding | B | 修改 删除 |
| 7 | Thanks for _____me of the meeting this morning. | advising | suggesting | reminding | telling | C | 修改 删除 |
| 8 | In the western world, they have a different _____ of life from ours. | plan | path | means | way | B | 修改 删除 |
| 9 | The young scientist made another wonderful discovery, _____of great importance to science. | which I think it is | which I think it | I think which is | which I think is | D | 修改 删除 |
| 10 | Peter's birthday is only | | | | | | 修改 删除 |

**图 13.9　题库管理页面**

显示在页面中,相关代码如下：

```
<%
  '读取所有的题库数据到记录集 rs 中
  eq.GetQuestionList tid,lid
  If eq.rs.EOF Then
   '如果记录集为空,则显示"目前还没有记录"
   Response.Write "<tr><td colspan=8 align=center><font style='COLOR:Red'>目前
   还没有记录。</font></td></tr></table>"
  Else
   '在表格中显示题库名称
   Do While Not eq.rs.EOF
%>
  <tr>
   <td align="center"><%=eq.rs("QId")%></td>
   <td><%=eq.rs("QTitle")%></td>
   <td><%=eq.rs("A")%></td>
   <td><%=eq.rs("B")%></td>
   <td><%=eq.rs("C")%></td>
   <td><%=eq.rs("D")%></td>
   <td><%=eq.rs("QAnswer")%></td>
   <td align="center"><a href="QuestionEdit.asp?action=update&qid=<%=eq.
   rs("QId")%>" onclick="return newView(this.href)">修改</a>
    <a href="QuestionDel.asp?qid=<%=eq.rs("QId")%>" onclick="return
   newView(this.href)">删除</a></td>
  </tr>
<%
   eq.rs.MoveNext()
   LOOP
```

```
   End If
%>
```

程序首先调用 EQuestion.GetQuestionList(tid,lid)方法,根据课程编号 tid 和试题类型编号 lid 获取所有满足条件的试题记录。然后使用 Do While 语句依次显示记录内容。每处理完一条记录,就调用 eq.rs.MoveNext 方法,将游标移至下一条记录。对象 eq 是 EQuestion 对象。

### 2. 添加试题记录

在题库管理页面中,"添加试题信息"按钮的定义代码如下:

```
< input type = "button" value = "添加试题信息" onclick = "newView('QuestionEdit.
asp?action=add')" name=add>
```

当单击"添加试题信息"按钮时,将触发 onclick 事件,并调用 newView('QuestionEdit.asp?action=add')函数,即在弹出的新窗口中执行 QuestionEdit.asp。

QuestionEdit.asp 的运行界面如图 13.10 所示。

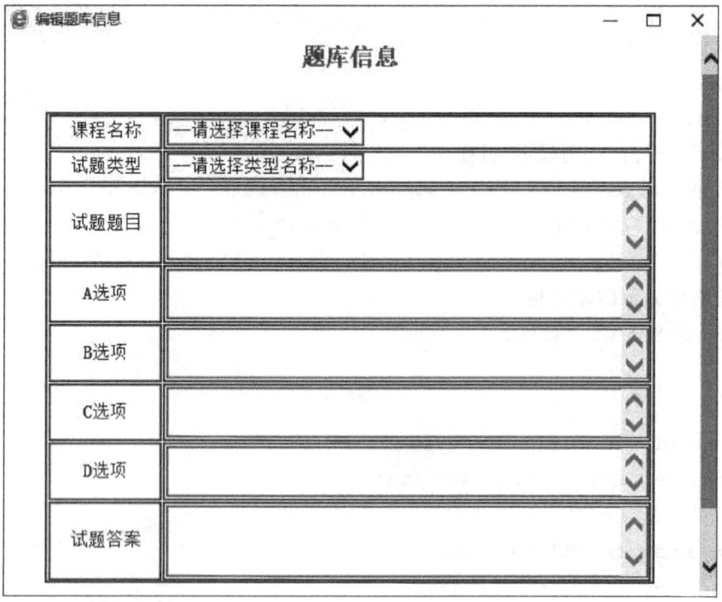

**图 13.10 QuestionEdit.asp 的运行界面**

编辑试题内容表单的定义代码如下:

```
< form name = "myform" action = "QuestionSave.asp?action=<%=Oper%>" method = "
post">
```

可以看到,表单名为 myform。表单提交后,将由 QuestionSave.asp 处理表单数据。定义"确定"按钮的代码如下:

```
<input type="submit" name="ok" value="确定" onclick="return FieldChk()">
```

在单击"确定"按钮时,将执行 FieldChk 函数,进行数据有效性验证。

QuestionSave.asp 用于接收用户编辑的试题数据,并保存到数据库中,代码如下:

```
<%
  '读取 action 变量
  Dim qid,action
  Set qa=New EQuestion
  action=Request.QueryString("action")
  If action="add" Then
    '插入数据
    qa.Lid=Request("lid")
    qa.Tid=Request("tid")
    qa.QTitle=Request("title")
    qa.A=Request("qa")
    qa.B=Request("qb")
    qa.C=Request("qc")
    qa.D=Request("qd")
    qa.QAnswer=Request("ans")
    qa.InsertQuestion()
  Else
    '修改数据
    qid=Request("qid")
    qa.Lid=Request("lid")
    qa.Tid=Request("tid")
    qa.QTitle=Request("title")
    qa.A=Request("qa")
    qa.B=Request("qb")
    qa.C=Request("qc")
    qa.D=Request("qd")
    qa.QAnswer=Request("ans")
    qa.UpdateQuestion(qid)
  End If
  Response.Write "<h3>成功保存试题信息!</h3>"
%>
```

### 3. 修改试题记录

在题库管理页面中,每条试题记录的后面都有一个"修改"超链接。单击此超链接,将打开 QuestionEdit.asp,对指定试题进行编辑。参数 action=update,表示当前状态为编辑试题记录;参数 qid 表示试题编号。

在 QuestionEdit.asp 中,程序将首先根据参数 id 的值读取试题数据,代码如下:

```
<%
  Set eq=New EQuestion
```

```
  Set ls=New ELesson
  Set tp=New EType
  Dim qid
  qid=Request.QueryString("qid")
  Oper="add"
  If qid<>"" Then
    Oper="update"
    eq.GetQuestionInfo(qid)
    If Not eq.rs.EOF Then
      lid=eq.rs("LId")
      tid=eq.rs("TId")
      qtitle=eq.rs("QTitle")
      qa=eq.rs("A")
      qb=eq.rs("B")
      qc=eq.rs("C")
      qd=eq.rs("D")
      qans=eq.rs("QAnswer")
    End If
  End If
%>
```

在 QuestionEdit. asp 中，定义了一个隐藏域，代码如下：

```
<input type="hidden" name="qid" value="<%=qid%>">
```

它的作用是记录当前编辑试题的编号。

修改试题记录与添加试题记录都使用 QuestionEdit. asp。

### 4. 删除试题记录

在题库管理页面中，每条试题记录的后面都有一个"删除"超链接，定义代码如下：

```
<a href="QuestionDel.asp?qid=<%=eq.rs("QId")%>" onclick="return newView
(this.href)">删除</a>
```

单击此超链接时，将执行 QuestionDel. asp，删除指定的试题记录。参数 qid 表示试题编号。

QuestionDel. asp 的主要代码如下：

```
<%
  Dim qid
  Set qa=New EQuestion
  Set ls=New EPaperList
  qid=Request.QueryString("qid")
  '判断试卷表中是否存在该试题信息
  If ls.HaveQId(qid) Then
    Response.Write "<Script>alert('试卷中包含该试题信息,不允许删除');window.
```

```
        close();</Script>"
    Else
        '删除数据
        qa.DeleteQuestion(qid)
    End If
    Response.Write "<h3>成功删除试题信息!</h3>"
%>
```

## 13.3.6　试卷管理模块设计

管理员可以对试卷进行管理。试卷管理模块包含以下功能：

（1）按课程查看试卷记录。

（2）自动生成试卷记录。

（3）修改试卷记录。

（4）删除试卷记录。

在管理主界面中，单击"试卷管理"超链接，打开试卷管理页面（PaperList.asp），如图 13.11 所示。

**图 13.11　试卷管理页面**

下面介绍 PaperList.asp 的主要代码。

**1. 显示试卷记录**

程序根据用户选择的课程记录编号获取试卷记录，并以表格形式显示在页面中，相关代码如下：

```
<%
    '读取所有的试卷数据到记录集 rs 中
    pa.GetPaperList(lid)
    If pa.rs.EOF Then
    '如果记录集为空,则显示"目前还没有记录"
```

```
    ...

        oid=tnid
        ls.rs.MoveNext()
      Loop
      pa.rs.MoveNext()
    LOOP
  End If
%>
```

程序首次调用 EPaper.GetPaperList(lid)方法,根据课程编号获取所有满足条件的试卷记录。然后,使用 Do While 语句依次显示记录内容。每处理完一条记录,则调用 pa.rs.MoveNext 方法,将游标移至下一条记录。对象 pa 是前面程序定义的 EPaper 对象。

### 2. 添加试卷记录

在试卷管理页面中,"添加新试卷"按钮的定义代码如下:

```
<input type="button" value="添加新试卷" onclick="newView('PaperEdit.asp?')"
name=add>
```

当单击"添加新试卷"按钮时,将触发 onclick 事件,并调用 newView('PaperEdit.asp?')函数,即在弹出的新窗口中执行 PaperEdit.asp。

PaperEdit.asp 的运行界面如图 13.12 所示。

**图 13.12　PaperEdit.asp 的运行界面**

"确定"按钮的定义代码如下：

```
<input type="button" name="ok" value="确定" onclick="return FieldChk()">
```

在单击"确定"按钮时，将执行 FieldChk 函数，进行数据有效性验证并提交表单。

QuestionSave. asp 用于接收用户编辑的试题数据，并保存到数据库中，代码如下。全部代码在 Admin\PaperEdit. asp 中，读者可自己参照代码进行分析。

```
<script language="javascript">
function FieldChk()
{
  if(document.myform.title.value=="")
  {
    alert("请输入试卷名称!");

    ...

    strurl="PaperSave.asp?tid="+strid+"&tv="+strv;
    if(!s) {
      alert("请选择要试题类型!");
      return false;
    }
    else{
      myform.action=strurl;
      myform.submit();
    }
}
```

这是一段 JavaScript 代码，程序通过 document. myform 访问表单中的对象。代码分析如下：

（1）判断数据有效性。程序首先对试卷名称和课程名称等必须输入的内容进行判断，如果用户没有输入这些数据，则提示用户重新输入。

（2）依次处理所有名称为 type 的复选框，将试题类型编号（self. document. all. item("type",j). id）和试题数量（self. document. all. item("count",j). value）组合成字符串 strid 和 strv。

（3）提交表单，执行 PaperSave. asp。参数 tid 表示所有选中的试题类型编号，参数 tv 表示所有选中的试题类型的数据。

PaperSave. asp 用于接收用户编辑的试卷数据，并保存到数据库中。下面分别介绍 PaperSave. asp 的主要代码。

（1）获取和分析参数信息。

程序首先获取试题类型编号参数 tid 和试题类型数量参数 tv，它们是以逗号分隔的字符串。代码如下：

```
'读取变量
```

```
Dim qid,strid,tid,tv,tcount,strv
Dim arr,arrb,arrc
Dim vsum
vsum=0
Set pa=New EPaper
Set tp=New EType
'读取被选中的试题类型和数量,计算总分是否为100
strid=Request.QueryString("tid")
strv=Request.QueryString("tv")
'读取课程编号
lid=Request("lid")
arr=Split(strid,",")
arrb=Split(strv,",")
```

Split 函数可以将字符串拆分成字符串数组,第一个参数是被分隔的字符串,第二个参数是分隔符。

(2) 显示各试题类型的分值和试题数量。

经过拆分处理后,程序将试题类型编号保存在数组 arr 中,将试题数量保存在数组 arrb 中。然后,程序使用 For 循环语句依次处理所有的试题类型,调用 EType.GetTypeInfo(tid)方法获取指定试题类型的基本信息,并将试题类型、分值、试题数量和小计信息显示在页面中。代码如下:

```
For i=LBound(arr) To UBound(arr)
    tid=arr(i)
    '读取该类别的分数
    tp.GetTypeInfo(tid)
    If Not tp.rs.EOF Then
      tv=tp.rs("TValue")
    End If
    '读取对应的数量
    tcount=arrb(i)
    vsum=vsum+tv * CInt(tcount)
    response.write "<br><hr>"&tp.rs("TName")&",分值="&tv
    response.write ",数量="&tcount&",小计="&tv * tcount
Next
```

在获得了各类型试题的分值后,程序会自动将其累加,计算试卷的总分值 vsum。

(3) 判断试卷分值是否为 100。

如果总分值不等于 100,则提示用户出现错误,并返回添加试卷记录的页面,要求用户重新选择。代码如下:

```
If vsum<>100 Then
    Response.Write "< Script > alert ('试题分数应为 100!');history.go(-1); </
    Script>"
```

```
        Response.End
End If
```

（4）判断各类型的试题数量是否满足抽题的需要。

在前面的代码中已经解析了各类试题需要的抽题数量，下面的程序需要读取题库中各类型试题的数量，并判断是否满足抽题的要求。代码如下：

```
'从试题表 EQuestion 中随机抽取所需的试题
Set eq=New EQuestion
Set ls=New EPaperList
'读取该类型试题数量,如果小于设定数值,则不能抽取
For i=LBound(arr) To UBound(arr)
  tid=arr(i)
  '读取该类别的试题数量
  w=eq.GetCount(tid,lid)
  response.write "<br><br>试题数量="&w&",抽取数量="&arrb(i)
  If w<CInt(arrb(i)) Then
    Response.Write "<Script>alert('试题数量小于要抽取数量!');history.go(-1);
    </Script>"
    Response.End
  End If
Next
```

（5）插入新试卷，清除所有试题的选中标识。

程序调用 EPaper. InsertPaper 方法插入新的试卷记录，然后调用 EQuestion. UpdateFlag(0,0) 方法将所有试题的选中标识设置为 0，为下一步抽取试题做准备。代码如下：

```
'保存试卷信息
pa.PName=Request("txtname")
pa.LId=lid
pa.CreateTime=Date
pa.InsertPaper()
'读取试卷编号
pid=pa.GetMaxId()
'将所有试题的选中标识置为未选状态(0)
eq.UpdateFlag 0,0
```

（6）依次处理所有选中的试题类型，分别抽取试题。

经过字符串解析后，所有试题类型编号都保存在数组 arr 中。下面分别处理所有试题类型，获取题库中该试题类型的试题数据，并抽取试题。代码如下：

```
For i=LBound(arr) To UBound(arr)
    tid=arr(i)                      '试题类型
    w=eq.GetCount(tid,lid)          '读取该类型的试题数量
    '如果试题数量等于所需数量,则直接生成试卷中的该类型试题
```

```
    ...
Next
```

(7) 如果试题数量等于所需数量,则直接生成试卷中的该类型试题。在这种情况下,不需要进行抽题,只要把题库中所有指定类型的试题都添加到试卷中即可。代码如下:

```
If CInt(arrb(i))=w Then
    eq.GetQuestionlist tid,lid
    '保存试题到 EPaperList 表
    Do While Not eq.rs.EOF
      ls.QId=eq.rs("QId")
      ls.PId=pid
      '读取类型分值
      tp.GetTypeInfo(tid)
      ls.TValue=tp.rs("TValue")
      ls.InsertList()
      eq.rs.MoveNext
    Loop
Else
    ...
End If
```

(8) 自动抽取试题。该步骤的关键是生成随机数。程序使用 Rnd 函数生成随机数,因为 Rnd 函数生成的是伪随机数,所以这里利用当前时间中的秒数生成真正的随机数。代码如下:

```
p=m
'生成随机数 rn
s=Second(Now)
Randomize
For mm=0 To s
  rn=Round(Rnd() * w)
Next
```

生成的随机数为 rn。调用 EQuestion.GetQuestionByType(tid,lid,rn)方法可以获得指定课程、指定试题记录中编号最接近 rn 的试题记录,将其插入到试题清单表 PaperList 中。代码如下:

```
'随机抽取该类型、课程、未选中的试题
eq.GetQuestionByType tid,lid,rn
If Not eq.rs.EOF Then
  '保存试题到 EPaperList 表
  ls.QId=eq.rs("QId")
  ls.PId=pid
  '读取类型分值
  tp.GetTypeInfo(tid)
```

```
    ls.TValue=tp.rs("TValue")
    ls.InsertList()
    '更改试题选中标识置为1
    eq.UpdateFlag eq.rs("QId"),1
Else
    '重新抽取试题
    m=p-1
End If
```

保存试题记录后,程序调用 EQuestion. UpdateFlag 方法,将选中试题的标识置为1,这样,在下次抽题时就不再抽中此试题了。

### 3. 修改试卷记录

在试卷管理页面中,每条试卷记录的后面都有一个"修改"超链接,单击此超链接,将打开 PaperUpdate. asp,可以对指定试题进行编辑,如图 13.13 所示。

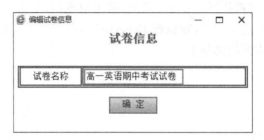

**图 13.13 修改试卷记录**

在 PaperUpdate. asp 中,参数 pid 表示试卷编号。程序首先根据参数 pid 的值读取试卷名称数据。代码如下:

```
<%
    Set pa=New EPaper
    pid=Request.QueryString("pid")
    pa.GetPaperInfo(pid)
    pname=pa.rs("PName")
%>
```

在 PaperUpdate. asp 中,表单的定义代码如下:

```
<form name="myform" method="post" action="PaperUSave.asp?pid=<%=pid%>">
```

保存修改后的试卷记录的脚本为 PaperSave. asp,其主要代码如下:

```
<%
    '读取变量
    Dim pid
    pid=Request.QueryString("pid")
    pname=Request("txtname")
```

```
Set pa=New EPaper
pa.PName=pname
pa.PId=pid
pa.UpdatePaper()
Response.Write "<h3>成功保存试题信息!</h3>"
%>
```

程序从参数中获取试卷编号 pid,从表单中获取试卷题目 txtname。然后定义
EPaper 对象 pa,最后调用 pa.UpdatePaper 方法保存试卷题目信息。

### 4. 删除试卷记录

在试卷管理页面中,每条试题记录的后面都有一个"删除"超链接,定义代码如下:

```
<a href="PaperDel.asp?pid=<%=pa.rs("PId")%>" onclick="if(confirm('确定要删
除试卷及所有试题信息?')){return newView(this.href);}return false;">删除</a>
```

单击此超链接,程序将执行 confirm 函数,弹出消息框,要求用户确认是否删除试卷
及所有试题。如果用户选择"是",则执行 PaperDel.asp。参数 pid 表示要删除的试卷编
号。PaperDel.asp 的主要代码如下:

```
<%
  '读取变量
  Dim pid
  Set pa=New EPaper
  Set ls=New EPaperList
  pid=Request.QueryString("pid")
  '从 EPaper 表中删除该试卷信息
  pa.DeletePaper(pid)
  '从 EPaperList 表中删除该试卷试题信息
  ls.DeleteList(pid)
  Response.Write "<h3>成功删除试题信息!</h3>"
%>
```

### 5. 发布试卷记录

在试卷管理页面中,每条试卷记录的后面都有一个"发布"超链接,定义代码如下:

```
<a href="PaperPub.asp?pid=<%=pa.rs("PId")%>" onclick="if(confirm('确定要发
布该试卷?')){return newView(this.href);}return false;">发布</a>
```

单击此超链接,程序将执行 confirm 函数,弹出消息框,要求用户确认是否发布该试
卷。如果用户选择"是",则执行 PaperPub.asp,参数 pid 表示要发布的试卷编号。
PaperPub.asp 的主要代码如下:

```
<%
  '读取变量
```

```
Dim pid
pid=Request.QueryString("pid")
Set pa=New EPaper
pa.UpdateFlag(pid)
Response.Write "<h3>成功发布试题信息!</h3>"
%>
```

程序调用 EPaper.UpdateFlag 方法,将试卷的选中标识置为 1。

### 6. 查看试卷内容

在试卷管理页面中,每条试题记录的后面都有一个"查看试卷"超链接,定义代码如下:

```
<a href="PaperView.asp?pid=<%=pa.rs("PId")%>" onclick="return newView
(this.href)"><查看试卷></a></td>
```

单击此超链接,程序将执行 confirm 函数,弹出消息框,要求用户确认是否查看该试卷。如果用户选择"是",则执行 PaperView.asp。参数 pid 表示要查看的试卷编号。执行结果如图 13.14 所示。

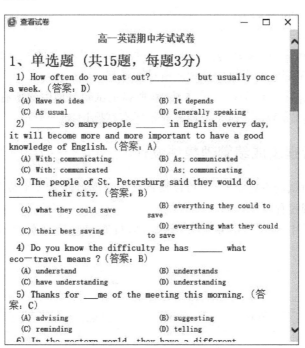

**图 13.14　查看试卷内容**

PaperView.asp 的代码如下:

```
<%'读取试卷名称
  Set pa=New EPaper
  pid=Request.QueryString("pid")
```

```
    pa.GetPaperInfo(pid)
    pname=pa.rs("PName")
    lid=pa.rs("Lid")
%>
<form name="myform" method="post">
    <p align="center"><font size=3 color=red><b><%=pname%></b></font></p>
    <table border="0" width="100%" cellspacing="1" align="center">
<%'读取试卷中的所有试题,并按类型显示


...

<%ls1.rs.MoveNext
    Loop
    ls.rs.MoveNext
    Loop
%>
</table>
```

程序的执行过程如下:

(1) 根据参数 pid 调用 EPaper. GetPaperInfo 方法,获取试卷信息。

(2) 显示试卷的题目。

(3) 调用 EPaperList. GetTypeList 方法,获取试卷中包含的所有试题类型记录。

(4) 使用 Do While 循环语句处理所有试题类型。

(5) 调用 EPaperList. GetDetail 方法,获取指定试题类型中的所有试题记录。

(6) 使用嵌套 Do While 语句处理并显示所有试题记录。

## 13.3.7 审卷管理及成绩管理模块设计

管理员可以对试卷进行批阅,也可以按班级查看学员成绩。本节介绍审卷管理和成绩管理模块的实现过程。

在管理主页面中,单击"审卷管理"超链接,打开审卷管理页面(ReadList. asp),如图 13.15 所示。

| 在线考试系统 | 审卷管理 | | | |
| --- | --- | --- | --- | --- |
| 课程管理 | 试卷名称 -请选择试卷名称- ▼ | | | |
| 试题类型管理 | 班级编号 | 学员姓名 | 总分 | 操作 |
| 题库管理 | 20010203 | 王新 | 0 | 批卷 |
| 试卷管理 | 5250043 | 大可 | 12 | 批卷 |
| 审卷管理 | 20020305 | 周明华 | 0 | 批卷 |
| 成绩管理 | | | | |
| 用户管理 | | | | |
| 修改密码 | | | | |
| 退出登录 | | | | |

**图 13.15 审卷管理页面**

### 1. 显示考生试卷记录

程序根据用户选择的试卷记录编号获取考生的试卷记录,并以表格形式显示在页面中。相关代码如下:

```
<%
  '读取考生的试卷数据到记录集 rs 中
  dt.GetDataByPId(pid)
  If dt.rs.EOF Then
    '如果记录集为空,则显示"目前还没有记录"
    Response.Write "<tr><td colspan=4 align=center><font style='COLOR: Red'>目
    前还没有记录。</font></td></tr></table>"
  Else
    '在表格中显示试卷名称
    Do While Not dt.rs.EOF
      uname=dt.rs("UserName")
      dv=dt.rs("dv")
      pid=dt.rs("PId")
      '读取考生信息
      usr.GetUserInfo(uname)
      cno=usr.rs("UserClass")
      rname=usr.rs("RealName")
%>
      <tr><td align=center><%=cno%></td>
          <td align=center><%=rname%></td>
          <td align=right><%=dv%></td>
      <td align=center>
      <a href="ReadPaper.asp?pid=<%=pid%> &uname=<%=uname%>" onclick="
      return newView(this.href)">批卷</a>
      </td></tr>
<% dt.rs.MoveNext()
    LOOP
  End If
%>
```

程序首先调用 EData. GetDataByPId(pid)方法,根据试卷编号获取所有满足条件的考生试卷记录。然后使用 Do While 语句依次显示记录内容。每处理完一条记录,则调用 dt. rs. MoveNext 方法将游标移至下一条记录。对象 dt 是本程序定义的 EData 对象。

### 2. 批阅试卷

在审卷管理界面中,"批卷"超链接的定义代码如下:

```
<a href="ReadPaper.asp?pid=<%=pid%> &uname=<%=uname%>" onclick="return
newView(this.href)">批卷</a>
```

单击此超链接,将触发 onclick 事件,并调用 newView("ReadPaper. asp")函数,即在弹出的新窗口中执行 ReadPaper. asp,查看试卷内容,并允许教师修改给定的分数,如图 13.16 所示。

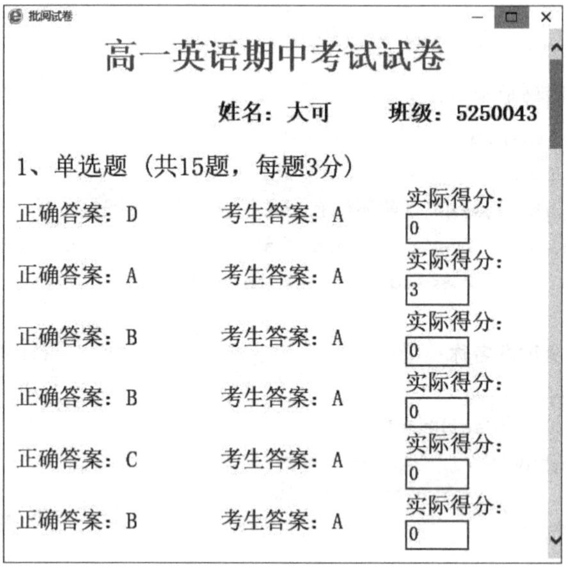

**图 13.16　批阅试卷**

下面介绍 ReadPaper. asp 的主要代码。

1) 显示试卷信息和考生信息

程序根据参数 pid 和 uname 获取试卷信息和考生信息,显示在页面中。代码如下:

```
<%'读取试卷名称
  Set pa=New EPaper
  Set ls=New EPaperList
  Set ls1=New EPaperList
  Set dt=New EData
  Set eq=New EQuestion
  Set usr=New EUsers
  '试卷编号
  pid=Request.QueryString("pid")
  '考生用户名
  uname=Request.QueryString("uname")
  '读取试卷信息
  pa.GetPaperInfo(pid)
  pname=pa.rs("PName")
  lid=pa.rs("Lid")
  '读取用户信息
  usr.GetUserInfo(uname)
%>
```

```
<form name="forms" action="ReadSubmit.asp" method="post">
<input type="hidden" value="<%=pid%>" name="pid">
<input type="hidden" value="<%=uname%>" name="uname">
    <div align=center>
    <p><font size=5 color=red><b><%=pname%></b></font></p>
    <p align=right><b>姓名:<%=usr.rs("RealName")%>   
 班级:<%=usr.rs("UserClass")%></b></p>
```

2) 按试题类型显示试题和得分信息

程序使用嵌套的两个 Do While 语句分别显示试题类型和其中的试题信息。代码如下:

```
<%'读取试卷所有试题,并按类型显示
  n=0
  m=0
  '读取试卷包含的试题类型信息
  ls.GetTypeList(pid)
  Do While NOT ls.rs.EOF
    n=n +1
    tid=ls.rs("TId")
    '计算该类型题目数量
    cnt=eq.GetCount(tid,lid)
%>
<tr><td colspan=3><font size=4><%=n%>、<%=ls.rs("TName")%>
    (共<%=cnt%>题,每题<%=ls.rs("TValue")%>分)</font></td></tr>
<% '读取该类型下试题
  ls1.GetDetail pid,tid
  Do While Not ls1.rs.EOF
  m=m+1
  '设置分值文本框名称
  txtname="txt_" & ls1.rs("qid")
  qid=ls1.rs("qid")
  '读取试题答案信息
  eq.GetQuestionInfo(qid)
  '读取考生答案
  dt.GetDataByUser pid,uname,qid
%>
  <tr>
    <td width="30%">正确答案:<%=eq.rs("QAnswer")%></font></td>
    <td width="40%">考生答案:<%=dt.rs("UAnswer")%></font></td>
    <td width="30%">实际得分:
    <%'如果答案与正确答案完全一致,则实际得分为规定分值,否则由教师评判
      If Trim(eq.rs("QAnswer"))=Trim(dt.rs("UAnswer")) Then%>
    <input type="text" value=<%=ls.rs("TValue")%>name="<%=txtname%>" size="5">
    <%Else%>
```

```
    <input type="text" value="<%=dt.rs("DValue")%>" name="<%=txtname%>"
    size="5">
    <%End If%>
    </td>
  </tr>
<% ls1.rs.MoveNext
    Loop
    ls.rs.MoveNext
    Loop
%>
```

此段代码与查看试卷内容的代码相似。

3）保存批阅记录

用于接收用户输入的批阅记录的表单定义如下：

```
<form name="forms" action="ReadSubmit.asp" method="post">
```

当用户提交表单时，执行 ReadSubmit.asp，保存批阅结果。代码如下：

```
<%'读取评卷分值信息
  Set pa=New EPaper
  Set ls=New EPaperList
  Set dt=New EData
  pid=Request("pid")
  '读取用户信息
  uname=Request("uname")
  '读取分值信息
  ls.GetAlllist(pid)
  Do While Not ls.rs.EOF
    qid=ls.rs("QId")
    '文本域名字
    tname="txt_" & qid
    '读取对应字段的数据为答案
    tvalue=Request(tname)
    '更新表 EData 分数
    dt.UserName=uname
    dt.PId=pid
    dt.QId=qid
    dt.DValue=tvalue
    dt.UpdateData()
    ls.rs.MoveNext
  Loop
  Response.write "试卷批阅完毕！"
%>
```

### 3. 查询考生成绩

在管理主页面中,单击"成绩管理"超链接,打开成绩管理页面(ScoreList.asp),如图 13.17 所示。

**图 13.17　成绩管理页面**

下面介绍 ScoreList.asp 的主要代码。程序根据用户选择的班级记录获取班级中所有考生的成绩记录,并以表格形式显示在页面中。相关代码如下:

```
<%
 '读取考生的试卷数据到记录集 rs 中
 dt.GetDataByPId(0)
 If dt.rs.EOF Then
  '如果记录集为空,则显示"目前还没有记录"
  Response.Write "<tr><td colspan=4 align=center><font style='COLOR: Red'>目
  前还没有记录。</font></td></tr></table>"
 Else
  '在表格中显示试卷名称
  Do While Not dt.rs.EOF
   uname=dt.rs("UserName")
   dv=dt.rs("dv")
   pid=dt.rs("PId")
   '读取试卷名称
   pa.GetPaperInfo(pid)
   pname=pa.rs("PName")
   '读取考生信息
   usr.GetUserInfo(uname)
   cno=usr.rs("UserClass")
   rname=usr.rs("RealName")
%>
    <tr><td align=center><%=cno%></td>
```

```
          <td align=center><%=rname%></td>
          <td align=center><%=pname%></td>
          <td align=right><%=dv%></td>
      </tr>
<% dt.rs.MoveNext()
    LOOP
  End If
%>
```

程序首先调用 EData.GetDataByPId(pid)方法,根据试卷编号获取所有满足条件的考生试卷记录。然后使用 Do While 语句依次显示记录内容。每处理完一条记录,则调用 dt.rs.MoveNext 方法,将游标移至下一条记录。对象 dt 是本程序定义的 EData 对象。

### 13.3.8　用户管理模块设计

管理员可以管理用户信息,包括添加用户和删除用户等。每个用户都可以修改自己的用户密码。本节介绍用户管理模块的设计过程。

在管理主页面中,单击"用户管理"超链接,打开用户管理页面(UserList.asp),查看和管理系统用户信息,如图 13.18 所示。

| 在线考试系统 | 用户管理 | | | | |
|---|---|---|---|---|---|
| 课程管理 | 班级编号 | 用户名 | 用户姓名 | 用户类型 | 操　作 |
| 试题类型管理 | 0 | Admin | Admin | 管理员 | 修改 |
| 题库管理 | 5250043 | 大可 | 大可 | 考生 | 修改 删除 |
| 试卷管理 | 20010203 | cc | xiaoxi | 考生 | 修改 删除 |
| 审卷管理 | 20010203 | aa | 王新 | 考生 | 修改 删除 |
| 成绩管理 | 20020304 | bb | ha | 考生 | 修改 删除 |
| 用户管理 | 20020305 | 周明华 | 周明华 | 考生 | 修改 删除 |
| 修改密码 | | | 添加用户信息 | | |
| 退出登录 | | | | | |

**图 13.18　用户管理页面**

#### 1. 显示用户信息

显示用户信息的代码如下:

```
<%
  Set usr=New EUsers
  usr.GetUserlist()
  Do While Not usr.rs.EOF
%>
```

```
<tr>
<td align="center"><%=usr.rs("UserClass")%></td>
<td align="center"><%=usr.rs("UserName")%></td>
<td align="center"><%=usr.rs("RealName")%></td>
<td align="center">
  <%If usr.rs("UserType")=0 Then%>考生<%Else%>管理员<%End If%></td>
<td align="center"><a href=UserEdit.asp?action=edit&uname=<%=usr.rs
    ("UserName")%>onclick="return newwin(this.href)">修改</a>
<%If usr.rs("UserName")<>"Admin" Then %>
    <a href=UserDel.asp?uname=<%=usr.rs("UserName")%>onclick="if(confirm
      ('确定要删除该用户信息?')){return newView(this.href);}return false;">
      删除</a></td>
    <%End If%>
</tr>
<%usr.rs.MoveNext
  Loop
%>
```

程序首先定义一个 EUsers 对象 usr,然后调用 usr. GetUserlist 方法获取所有用户信
息,存放到 usr. rs 结果集中,最后使用 Do While 循环语句在表格中显示所有用户的信
息。在每个用户记录的后面,都定义了"修改"和"删除"超链接。admin 用户记录后面则
不显示"删除"超链接。

**2. 添加用户信息**

在用户管理页面中,单击"添加用户信息"超链接,将执行 UserEdit. asp,如图 13.19
所示。

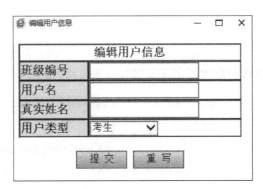

**图 13.19 编辑用户信息**

定义该表单的代码如下:

```
<form name="form1" method="POST" action="UserSave.asp?action=<%=Action%>
&uname=<%=uName%>" onsubmit="return CheckFlds()">
```

当提交数据时,将执行 CheckFlds()函数,对用户输入的数据进行检查,必须输入用

户名信息。通过检查后,将执行 UserSave. asp,保存用户信息。UserSave. asp 的主要代码如下:

```
<%
  Dim StrAction,uname
  '得到动作参数,如果为 add 则表示添加操作,如果为 edit 则表示更改操作
  StrAction=Request.QueryString("action")
  Set usr=New EUsers
  usr.UserName=Request("uid")
  usr.UserClass=Request("cid")
  usr.RealName=Request("rname")
  usr.UserType=Request("type")
  If StrAction="edit" Then
    uname=Request.QueryString("uname")
    '更改信息
    usr.UpdateUser(uname)
  Else
    '在数据库表 EUsers 中插入新信息
    '插入用户前判断该用户名是否已经存在
    If usr.HaveUserName(Request("uname")) Then
      response.write "<script>alert('该用户名已经存在');history. go(-1); </script>"
      response.end
    End If
    usr.InsertUser()
  End If
  Response.Write "<h3>用户成功保存</h3>"
%>
```

### 3. 删除用户信息

在每条用户信息记录的后面都定义了"删除"超链接,定义代码如下:

```
<a href=UserDel.asp?uname=<%=usr.rs("UserName")%>onclick="if(confirm('确
定要删除该用户信息?')){return newView(this.href);}return false;">删除</a>
```

在超链接的 onclick 事件中,程序调用行 newView(this. href)函数,打开一个新窗口运行 UserDel. asp。UserDel. asp 的功能是删除用户信息,参数 uname 表示要删除的用户名。UserDel. asp 的主要代码如下:

```
<%
  Dim uid
  '读取 UserId 参数
  uid=Request.QueryString("uname")
  Set usr=New EUsers
  Set dt=New EData
```

```
'判断是否参加考试
If dt.GetUserName(uid) Then
  Response.Write "<Script>alert('答卷中包含该用户信息,不允许删除');window.
    close();</Script>"
  Response.End
Else
  '删除用户信息
  usr.DeleteUser(uid)
  Response.Write "<h2>成功删除</h2>"
End If
%>
```

程序调用 usr.DeleteUser 方法删除指定的用户信息。

### 4. 修改登录密码

在管理主页面中,单击"修改密码"超链接,执行 PwdChange.asp,允许管理员修改登录密码,如图 13.20 所示。

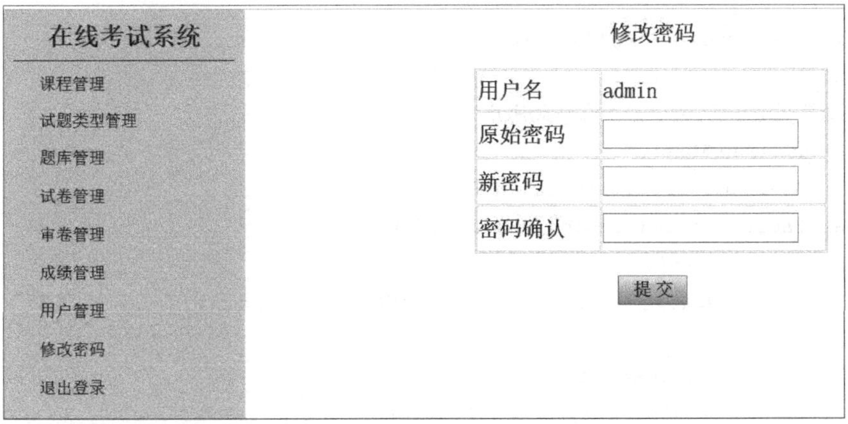

**图 13.20　修改密码页面**

当管理员单击"提交"按钮时,将提交该表单。代码如下:

```
<form method="POST" action="PwdSave.asp?uid=<%=uname%>" name="myform"
onsubmit="return ChkFields()">
```

函数 ChkFields 的功能是对输入的新密码进行校验,代码如下:

```
<Script Language="javascript">
function ChkFields() {
  if (document.myform.OriPwd.value=='') {
    alert("请输入原始密码!")
    return false
  }
  if (document.myform.Pwd.value.length<6) {
```

```
    alert("新密码长度大于或等于 6!")
    return false
  }
  if (document.myform.Pwd.value!=document.myform.Pwd1.value) {
    alert("两次输入的新密码必须相同!")
    return false
  }
  return true
}
</Script>
```

程序将检查原始密码是否已输入、新密码长度是否大于或等于 6 位和两次输入的新密码是否相同,只有满足以上条件,才执行 PwdSave.asp。

在 PwdSave.asp 页面中,程序调用 usr.HaveUser 函数判断表 Users 中是否存在该用户,原始密码是否正确,如果都满足以上要求,则调用 usr.UpdatePassword 方法更改密码。代码如下:

```
<%
  OriPwd=Request.Form("OriPwd")
  Pwd=Request.Form("Pwd")
  '设置 SQL 语句,判断是否存在此用户
  Set usr=New EUsers
  usr.UserName=trim(Session("UserName"))
  usr.UserPwd=trim(Session("UserPwd"))
  If usr.HaveUser(1)=0 Then
    Response.Write "不存在此用户名或密码错误!"
%>
    <Script Language="JavaScript">
      setTimeout("history.go(-1)",1600);
    </Script>
<%
  Else
    usr.UserPwd=Pwd
    usr.UpdatePassword()
    response.write "<h2>更改密码成功!</h2>"
    Session("UserPwd")=Trim(Pwd)
%>
    <Script Language="JavaScript">
      setTimeout("window.close()",1600);
    </Script>
<%
  End If
%>
```

### 13.3.9　考生界面设计

当系统运行时,首先打开登录窗口,只有考生才能进入系统。在用户登录成功后,将显示考生界面。

**1. 设计考生登录界面**

在线考试系统考生登录界面为 Login. asp,如图 13.21 所示。

**图 13.21　考生登录界面**

在考生登录界面中,考生可以通过选择考试试卷来参加考试,也可以对自己的考试结果进行查询。

在考生登录界面中,显示所有已经发布的试卷信息。代码如下:

```
<td width=40%height=50 align="right">选择试卷   </td>
    <td><select name=pid>
    <option value=0>--请选择试卷名称--</option>
    <%pa.GetPubPaper()
      DO While Not pa.rs.EOF%>
        <option value=<%=pa.rs("PId")%>><%=pa.rs("PName")%></option>
      <%pa.rs.MoveNext
      Loop
    %></select></td>
```

GetPubPaper 方法用来读取数据库表 EPaper 中状态标志为 1 的试卷信息。

当考生输入用户名和密码后,可单击“开始考试”按钮提交表单,代码如下:

```
<form name="myform" method="Post" action="putSession.asp" onsubmit="return
FldCheck()">
```

FldCheck 函数判断用户是否选择了考试试卷,是否输入了用户名和密码。

文件 putSession. asp 将当前考生用户的登录信息保存到 Session 中,并在显示试卷内容前判断该考生是否已经参加过此试卷考试。具体代码如下:

```
<%
  Dim UID,PSWD
  '读取输入的用户名和密码
  UID=Request("loginname")
  PSWD=Request("password")
  pid=Request("pid")

  '把用户名和密码放入 Session
  Session("UserName")=UID
  Session("UserPwd")=PSWD
  '判断该用户是否已经完成此试卷考试
  Set dt=New EData
  dt.UserName=UID
  dt.PId=pid
  If dt.GetUserPaper() Then
    Response.Write "<Script language=javascript>alert('您已经完成了该课程的考
    试!');history.go(-1);</script>"
  Else
    Response.Redirect("index.asp?pid=" & pid)
  End IF
%>
```

GetUserPaper 方法在 EData 表中查找是否存在该考生的用户名和试卷编号相对应的记录,如果存在,则表示该考生已经参加过这个试卷的考试,系统将提醒该考生不能重考。

## 2. 考试试卷界面

在考生登录页面中,选择试卷,输入用户名和密码,单击"开始考试"按钮,可以打开考试试卷界面,如图 13.22 所示。

下面详细介绍试卷中试题显示的实现过程。

1) 定义所需的对象变量

代码如下:

```
<%                      '读取试卷名称
  Set pa=New EPaper     '试卷对象
  Set ls=New EPaperList  '试卷列表对象
  Set ls1=New EPaperList '试卷列表对象
  Set eq=New EQuestion   '试题对象
  n=0                    '循环变量
  m=0                    '循环变量
```

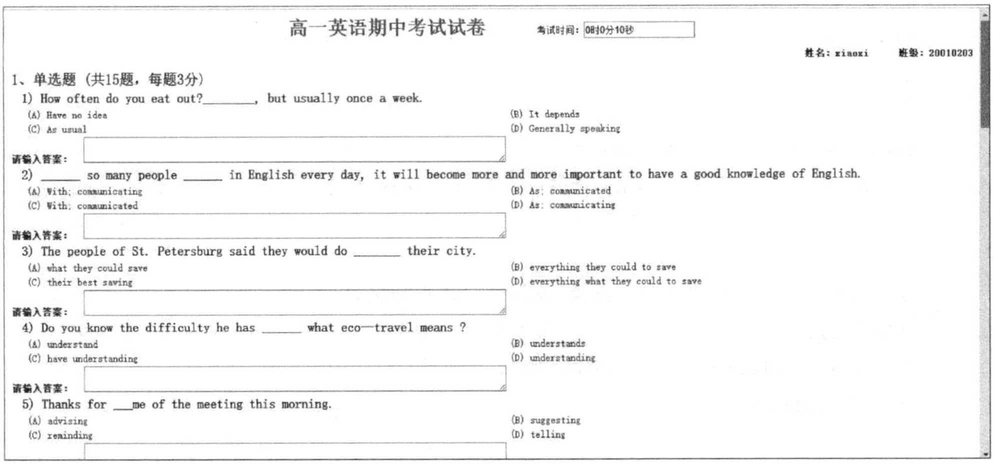

**图 13.22　考试试卷界面**

2) 读取试卷和用户信息

在试卷中,首先显示试卷的名称和考生的姓名,代码如下:

```
<%'读取试卷名称
    Set pa=New EPaper
    pid=Request.QueryString("pid")
    pa.GetPaperInfo(pid)
    pname=pa.rs("PName")
    lid=pa.rs("Lid")
    '读取用户信息
    uname=Session("UserName")
    usr.GetUserInfo(uname)
%>
```

GetPaperInfo 方法根据试卷编号从 EPaper 表中读取试卷名称和所属课程信息。过程 GetUserInfo 方法用来读取考生的真实姓名和所属班级信息。

3) 计时器

每个试卷的考试时间统一设定为 2h。在显示试卷的同时,系统开始计时。代码如下:

```
<Script language="javascript">
var sec=0;
var min=0;
var hou=0;
flag=0;
idt=window.setTimeout("update();",1000);
function update(){
    sec++;
    if(sec==60){
        sec=0;
```

```
    min+=1;}
  if(min==60){
    min=0;
    hou+=1;}
  if(hou==1&&min==50&&flag==0){
    window.alert("离考试结束只有10分钟,请尽快提交试卷!");
    flag=1;}
  if(hou==2&&flag==1){
    window.alert("您考试已经结束,系统将自动提交试卷!");
    flag=0;}
  if(hou==2&&flag==0){
    //自动提交试卷
    form.submit();
  }
  document.forms.input1.value=hou+"时"+min+"分"+sec+"秒";
  idt=window.setTimeout("update();",1000);
}
</script>
```

在考试进行到 1 小时 50 分时,系统将自动提醒考生尽快提交试卷。如果考生没有主动提交试卷,则在考试结束时,即计时器计满 2h 的时候,系统自动提交考生试卷。

显示考试时间的代码如下:

```
<input type=text name=input1 size=20>
```

**4) 按试题类型显示试卷信息**

试卷中的试题是按试题类型显示的,具体代码如下:

```
<%'读取试卷的所有试题,并按类型显示
  Set ls=New EPaperList
  Set ls1=New EPaperList
  Set eq=New EQuestion
  n=0
  m=0
  '读取试卷包含的试题类型信息
  ls.GetTypeList(pid)
  DO WHILE NOT ls.rs.EOF
    n=n +1
    tid=ls.rs("TId")
    '计算该类型题目数量
    cnt=eq.GetCount(tid,lid)
%><tr><td colspan=2><font size=4><%=n%>、<%=ls.rs("TName")%>
    (共<%=cnt%>题,每题<%=ls.rs("TValue")%>分)</font></td></tr>
<%   '读取该类型下的试题
    ls1.GetDetail pid,tid
```

```
Do While Not ls1.rs.EOF
  m=m +1
   '设置文本框名称
  txtname="txt_" & ls1.rs("qid")
   '读取试题信息
%>
 <tr>

...

 </tr>
 <tr>
  <td colspan=2><font color=blue><b>请输入答案: <textarea rows="2"
    name="<%=txtname%>" cols="80"></textarea></b></font></td>
 </tr>
<% ls1.rs.MoveNext
   Loop
   ls.rs.MoveNext
 Loop
%>
```

首先,系统根据试卷编号从 EPaperList 表中读取该试卷下的所有试题类型信息,并计算每种类型的试题个数,同时读取并显示每种类型下的试题具体信息。允许考生将结果写入指定的文本域中。文本域定义规则是以试题编号命名,这样在后面读取考生的考试结果时会很方便。

在考试结束前,考生需提交试卷,提交代码如下:

```
<form name="forms" action="PaperSubmit.asp?pid=<%=pid%>" method="post">
```

5) 保存考试数据

文件 PaperSubmit.asp 用来保存考试试卷的结果,代码如下:

```
<%
'读取试卷包含的试题信息
 ls.GetAlllist(pid)
 DO WHILE NOT ls.rs.EOF
   qid=ls.rs("QId")
   '文本域名字
   tname="txt_" & qid
   '读取对应字段的数据作为答案
   tans=Request(tname)
   '插入数据到 EData 表
   dt.UserName=uname
   dt.PId=pid
   dt.QId=qid
```

```
    dt.UAnswer=tans
    dt.DValue=0
    dt.InsertData()
    ls.rs.MoveNext
Loop
Response.write "试卷已经成功提交!"
%>
```

程序将从 EPaperList 表中读取试卷的所有试题,根据试题编号即可找到对应的文本域,同时将考生的考试结果保存到 EData 表中。

### 3. 查询考试成绩界面

在考生界面中,"成绩查询"超链接的定义代码如下:

```
<a href="ScoreSearch.asp" target=_blank>成绩查询</a>
```

ScoreSearch. asp 脚本为考生提供成绩查询功能,界面如图 13.23 所示。

**成绩查询**

输入班级编号 _____

输入用户名 _____

查询

图 13.23　成绩查询

成绩查询表单的定义代码如下:

```
<form id="form1" name="form1" action="ScoreResult.asp" method="POST">
```

当用户提交表单时,运行 ScoreResult. asp,查询当前考生的成绩。下面介绍 ScoreResult. asp 的主要代码。

1) 获取当前用户信息

程序首先根据参数 uname 判断当前考生是否存在,如果存在,则获取考生信息。代码如下:

```
<form id="form1" name="form1" method="POST">
<%Set pa=New EPaper
    Set dt=New EData
    Set usr=New EUsers
    '判断该考生是否存在
```

```
uname=Request("uname")
cid=Request("cid")
usr.GetUserInfo(uname)
If Not usr.rs.EOF Then
  If Not Trim(cid)=Trim(CStr(usr.rs("UserClass"))) Then
    Response.Write "<Script>alert('此班级中没有该考生');history. go(-1)
      </Script>"
    Response.End
  End If
Else
  Response.Write "<Script>alert('没有该考生');history.go(-1)</Script>"
  Response.End
End If
rname=usr.rs("RealName")
%>
```

### 2）读取试卷信息

程序调用 EData.GetUserData 方法，获取所有指定用户的考试信息，并显示在页面
中。代码如下：

```
<%
  '读取已参加考试的考试试卷数据到记录集 rs 中
  dt.GetUserData(uname)
  If dt.rs.EOF Then
    '如果记录集为空，则显示"目前还没有记录"
    Response.Write "<tr><td colspan=4 align=center><font style='COLOR: Red'>目
      前还没有记录。</font></td></tr></table>"
  Else
    '在表格中显示试卷名称
    Do While Not dt.rs.EOF
      dv=dt.rs("dv")
      pid=dt.rs("PId")
      '读取试卷名称
      pa.GetPaperInfo(pid)
      pname=pa.rs("PName")
%>
    <tr><td align=center><%=cid%></td>
        <td align=center><%=rname%></td>
        <td align=center><%=pname%></td>
      <td align=right><%=dv%></td>
      </tr>
<% dt.rs.MoveNext()
    LOOP
  End If
%>
```

# 本 章 实 训

### 1. 实训目的

（1）在熟练掌握本章的相关知识和应用程序开发流程后，能进行管理员用户权限的修改，主要是能修改管理员的密码。

（2）掌握 Conndb.asp 模块的详细设置。

（3）在老师的指导下能完成在线考试系统部分模块的修改。

### 2. 实训内容和步骤

（1）对管理员权限的操作。

① 以 Windows 身份验证登录 SQL Server，在 Microsoft SQL Server Management Studio 对象资源管理器中展开"安全性"项，再展开"登录名"项，如图 13.24 所示。

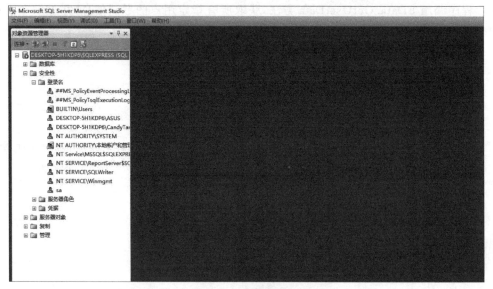

**图 13.24  以 Windows 身份验证登录的登录名列表**

② 选择 sa 用户，右击该项，在快捷菜单中选择"属性"命令，进入图 13.25 所示的界面。在"登录属性 - sa"对话框中设置密码并确认密码，选择默认数据库。

**特别说明**：在线考试系统要与数据库相连接，必须以 sa 用户登录才可以正常运行和操作。如果以 Windows 身份验证登录到系统，那么本系统与数据库是连接不成功的。

③ 单击"确定"按钮完成设置，退出 Microsoft SQL Server Management Studio 对象资源管理器。

④ 再次启动，进入 Microsoft SQL Server Management Studio 对象资源管理器，如图 13.26 所示，选择"SQL Server 身份验证"，登录名为 sa，密码为 1，即可以 sa 身份进入

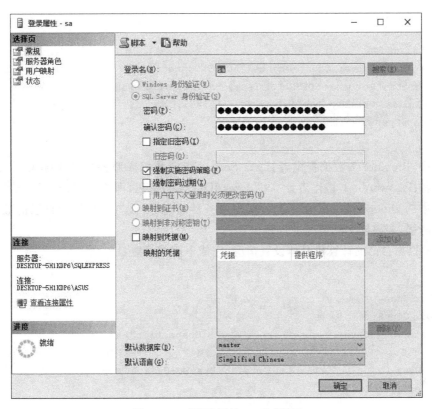

**图 13.25 "登录属性 - sa"对话框**

Microsoft SQL Server Management Studio 对象资源管理器(可以参照 2.3.8 节的相关
内容)。

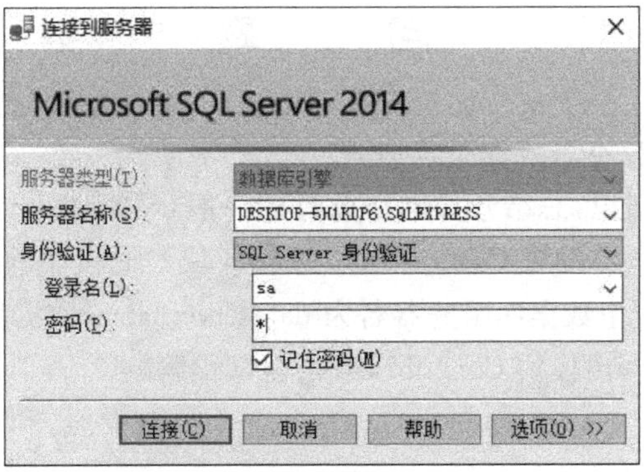

**图 13.26 sa 用户登录界面**

(2) Conndb.asp 模块的详细设置。

在 exam 目录下找到 Conndb.asp,它的功能是实现到数据库的连接。因为在很多网
页中都有连接数据库的操作,所以把它保存在文件 Conndb.asp 中,这样可以避免重复编
码。Conndb.asp 的代码如下:

```
<%
  Dim Conn
  Dim ConnStr
  Set Conn=Server.CreateObject("ADODB.Connection")
  ConnStr="Provider=SQLNCLI.1;Password=1;Persist Security Info=True;User ID=sa;
    Initial Catalog=ExamDB;Data Source=zhouq1\zhouqi"
  Conn.Open ConnStr
%>
```

其中,Provider 为数据提供者;Data Source 指定数据库服务器;Initial Catalog 指定数据库名;Password＝1 是作者计算机 User ID＝sa 的密码,即为 1;Data Source＝zhouqi\zhouqi 中的 zhouqi\zhouqi 是作者数据库服务器的名称,读者在连接到自己的数据库服务器的时候,要根据实际情况进行修改。

（3）根据自己的计算机具体设置情况,完成下面的设置：

```
<%
  Dim Conn
  Dim ConnStr
  Set Conn=Server.CreateObject("ADODB.Connection")
  ConnStr="Provider=SQLNCLI.1;Password=_____;Persist Security Info=True;
    User ID=_____;Initial Catalog=ExamDB;Data Source=_____"
  Conn.Open ConnStr
%>
```

（4）按照本章的知识进行程序调试,看设置是否成功。

（5）完成在线考试系统部分功能模块修改(具体由老师引导或指定)。

# 习　　题

1. 简述 B/S 模式在本系统的工作原理。

2. 结合本章相关知识,总结开发网络软件的一般步骤。

3. 在本系统中为何要设置 Conndb.asp 通用模块？此模块的功能是什么？

4. 假设你的计算机中数据库服务器名为 dataservername,数据库名为 databasename,用户 ID 为 sa,密码为 2。写出模块 Conndb.asp 的全部代码。